高职高专机电类专业系列教材

AutoCAD 2010 中文版
实用教程

张忠蓉　编

机 械 工 业 出 版 社

本书是在《AutoCAD 2006 中文版实用教程》（ISBN：978-7-111-23303-9）一书的基础上，根据 AutoCAD 软件的 2010 版，并按照最新的机械制图国家标准编写而成的。书中通过大量的绘图实例，用精炼的语言和简单的方法介绍了中文版 AutoCAD 2010 软件的常用功能和基本绘图知识。

本书的章节安排是按机械图的作图顺序，由浅入深地从绘图样板文件（绘图环境设置）的建立到基本图形绘制与编辑，从三视图、斜视图、正等轴测图到机械零件图以及装配图的绘制以及简单三维实体的绘制等。由平面到空间，较细致地、简捷地介绍了计算机绘图的基本技能与技巧。

本书所举的实例主要是机械图样，图样多，例题多，习题多，适合于学生进行多方面的练习。每章后面都有思考与上机练习内容，附录中还专门设置了一些计算机绘图图例，供学生练习提高，不仅方便教师课后给学生安排练习题目，也适合于读者自学。

本书建议教学学时数为 40 ~ 60 学时。本书可作为高职高专计算机绘图课程的教材，也可供高等工科院校、成人教育和工程技术人员使用或参考。

图书在版编目（CIP）数据

AutoCAD 2010 中文版实用教程/张忠蓉编．—北京：机械工业出版社，2014.12（2023.6 重印）
高职高专机电类专业系列教材
ISBN 978-7-111-48499-8

Ⅰ.①A…　Ⅱ.①张…　Ⅲ.①AutoCAD 软件—高等职业教育—教材
Ⅳ.①TP391.72

中国版本图书馆 CIP 数据核字（2014）第 265162 号

机械工业出版社（北京市百万庄大街 22 号　邮政编码 100037）
策划编辑：薛　礼　责任编辑：薛　礼
版式设计：霍永明　责任校对：刘秀芝
封面设计：路恩中　责任印制：常天培
三河市骏杰印刷有限公司印刷
2023 年 6 月第 1 版第 8 次印刷
184mm × 260mm · 14.25 印张 · 346 千字
标准书号：ISBN 978-7-111-48499-8
定价：45.00 元

电话服务	网络服务
客服电话：010-88361066	机　工　官　网：www.cmpbook.com
010-88379833	机　工　官　博：weibo.com/cmp1952
010-68326294	金　　书　　网：www.golden-book.com
封底无防伪标均为盗版	机工教育服务网：www.cmpedu.com

前　言

本书是根据高职高专院校的培养目标、学生的特点，以及对计算机绘图课程的教学要求，在《AutoCAD 2006 中文版实用教程》（ISBN：978-7-111-23303-9）一书的基础上，针对 AutoCAD 2010 版，并按照最新的机械制图国家标准编写而成的。本书的主要特点如下：

1）按机械图的作图顺序编写，循序渐进地介绍了用 AutoCAD 2010 软件绘制机械图的基本技能及相关技术，符合教学进程安排，适合于教师授课。

2）本书所举的实例主要是机械图样，图样多，例题多，习题多，适合于学生进行多方面的练习。

3）在编写内容上，首先从认识 AutoCAD 2010 用户界面开始，介绍绘图样板文件的建立（绘图环境设置），以提高作图效率；然后按作图顺序介绍基本绘图命令、基本编辑命令、快速绘制三视图、斜视图的画法、正等轴测图的画法、文字与尺寸标注、尺寸公差与几何公差的标注、表面粗糙度属性图块的建立、零件图的绘制、装配图的画法、简单三维实体图形的绘制等。本书较细致、简捷地介绍了计算机绘图的基本技能与技巧。

4）本书教学重点突出、语言精练、方法简单、通俗易懂，且页面清新，每章后面都有思考与上机练习内容。附录中还专门设置了一些计算机绘图图例，供学生练习提高，不仅方便教师课后给学生安排练习题目，也适合于读者自学。相信读者在用过此书后能迅速掌握 AutoCAD 2010 的绘图技能与技巧，使计算机绘图能力得到较大的提高。

5）本书建议教学学时数为 40 ~ 60 学时。可作为高职高专计算机绘图课程的教材，也可供高等工科院校、成人教育和工程技术人员使用或参考。

编　者

目　录

第一章　AutoCAD 2010 基础知识

AutoCAD 是美国 Autodesk 公司推出的供多行业设计人员设计和绘图使用的设计软件包。由于它功能强大，使用方便，易于进行平面图形与三维图形的绘制，且兼容性好，是目前世界上最流行的计算机辅助设计软件之一，被广泛地应用于机械、建筑、电子、航天以及石油化工等领域。AutoCAD 2010 较以前的版本，在功能上又有了很大的提高。

本章主要介绍以下内容：

- AutoCAD 2010 的启动与退出
- AutoCAD 2010 用户界面
- AutoCAD 2010 文件管理
- AutoCAD 2010 数据输入方式与命令执行
- AutoCAD 2010 工具选项板及图形显示控制

第一节　AutoCAD 2010 的启动与退出

一、启动

单击“开始”菜单/“所有程序”/“Autodesk”/“AutoCAD 2010-Simlified Chinese”/“AutoCAD 2010”，或双击桌面上的 AutoCAD 2010 图标（图 1-1），打开 AutoCAD 2010 用户界面，如图 1-2 所示。

图 1-1　桌面快捷方式

二、退出

在用户界面窗口中，单击主窗口右上角“关闭”按钮，或直接双击主窗口左上角的应用程序按钮，也可点击“文件”菜单/“退出”命令，即可关闭程序，返回 Windows 桌面。

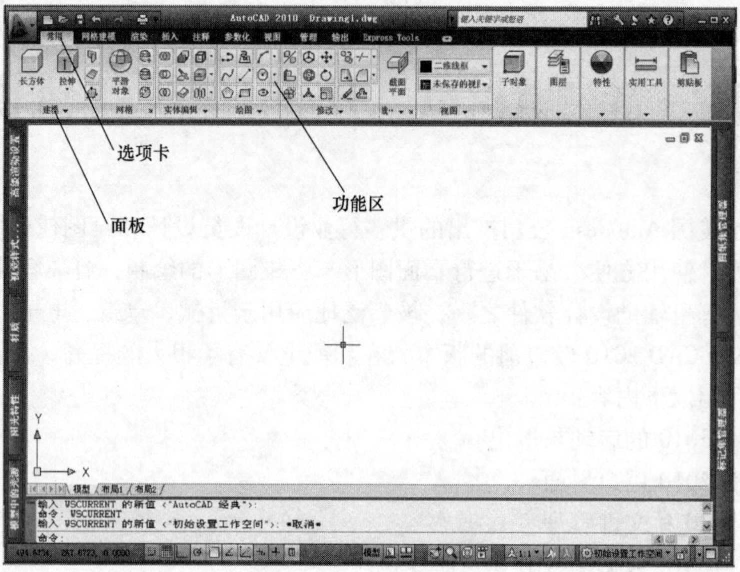

图 1-2　AutoCAD 2010 用户界面

第二节　AutoCAD 2010 用户界面

一、AutoCAD 2010 工作空间

AutoCAD 2010 的用户界面是通过工作空间来组织的，工作空间是由分项组合的菜单、工具栏、选项板和功能区（带有特定任务的控制面板）组成的集合，使用户可以按不同的任务在专门的绘图环境中工作。AutoCAD 2010 有四个预设的工作空间，分别是初始设置工作空间（图 1-2）、二维草图与注释工作空间（图 1-3）、三维建模工作空间（图 1-4）及 AutoCAD 经典工作空间（图 1-5），可以通过窗口右下角状态栏上的“切换工作空间”按钮，在不同工作空间之间切换，该按钮打开后如图 1-6 所示。

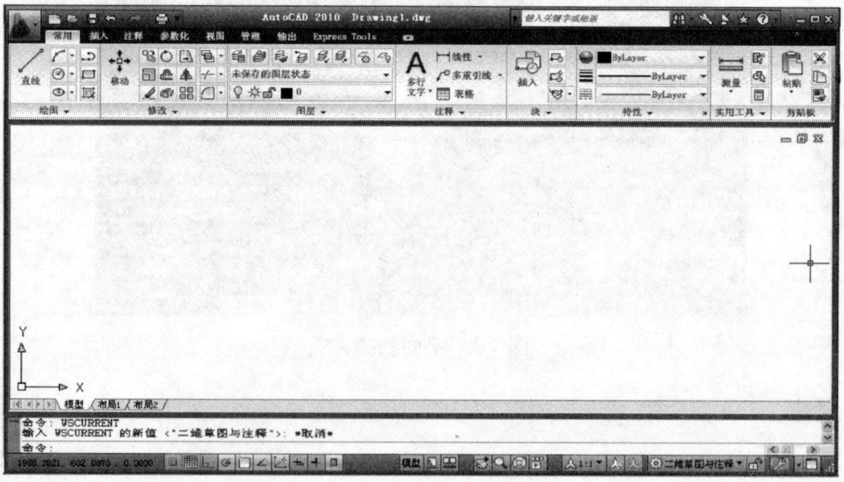

图 1-3　二维草图与注释工作空间

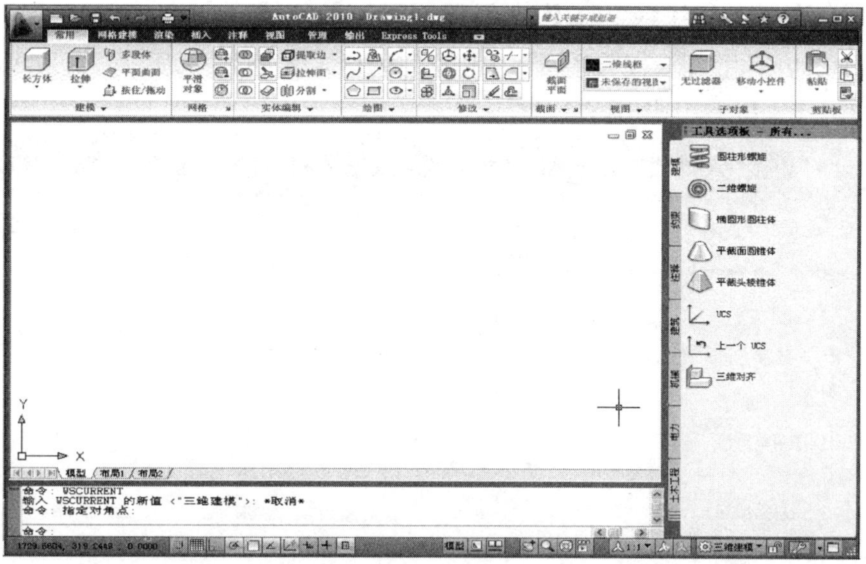

图 1-4　三维建模工作空间

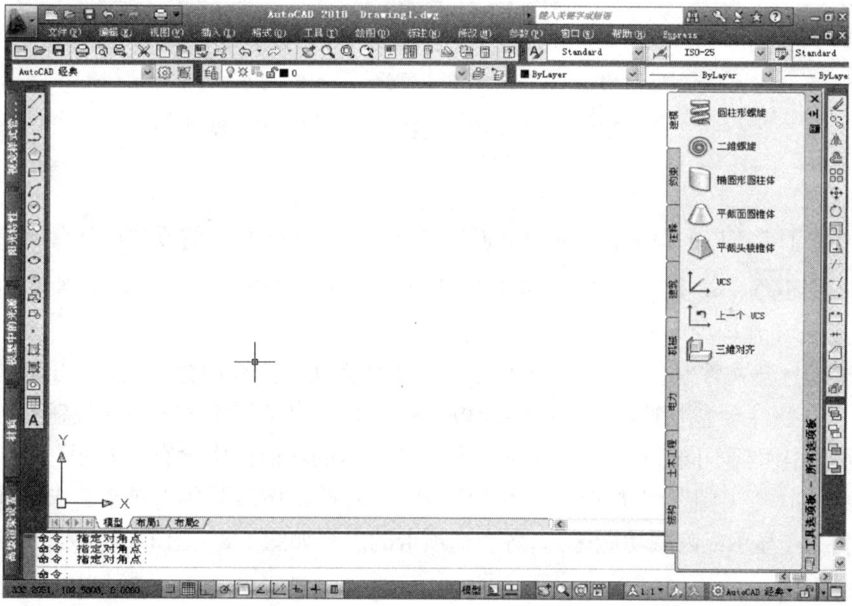

图 1-5　AutoCAD 经典工作空间

用户可以创建自己的工作空间，还可以修改默认工作空间。使用或切换工作空间就是改变绘图区域的显示。用户还可以通过“自定义用户界面”对话框来管理工作空间。

习惯于使用 AutoCAD 经典空间绘制二维图形的老用户可选择如图 1-5 所示的“AutoCAD 经典”工作空间，其用户界面风格和 AutoCAD 过去的版本风格基本一致。

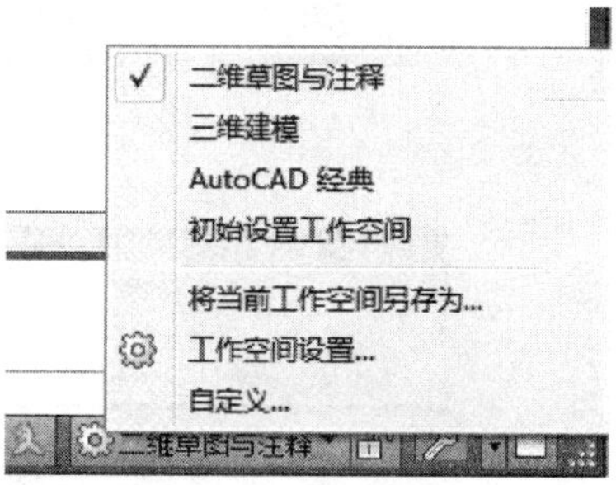

图 1-6　切换工作空间

二、“二维草图与注释”工作空间用户界面的组成

AutoCAD 2010“二维草图与注释”工作空间用户界面如图 1-7 所示，它是 AutoCAD 的新用户界面，主要用于二维绘图与注释。

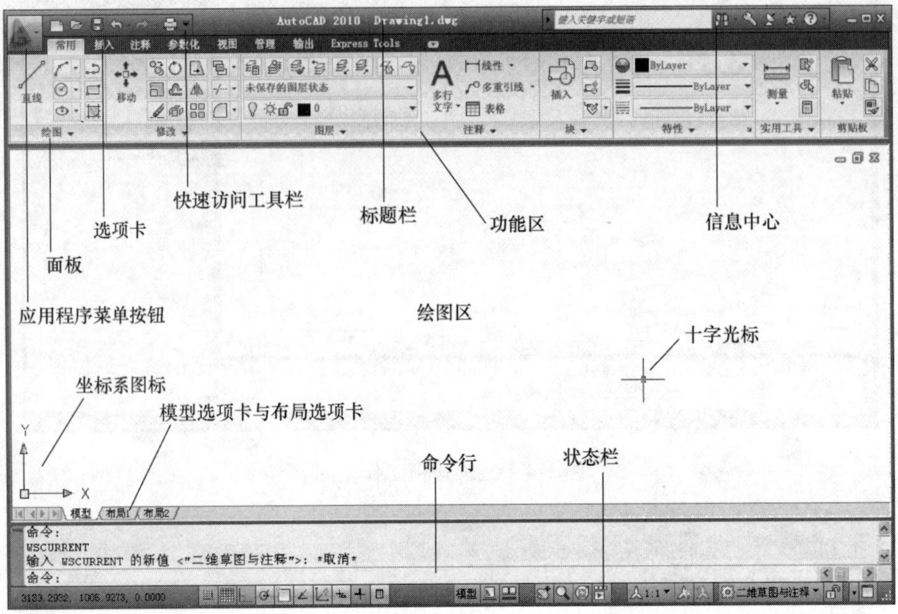

图 1-7　“二维草图与注释”工作空间用户界面

1. 标题栏

标题栏位于主窗口的顶部，显示 AutoCAD 2010 程序名称及当前操作的文件名。左侧有应用程序菜单按钮，单击它可弹出应用程序菜单；右侧有最小化、最大化/还原和关闭按钮。

2. 功能区（含选项卡和面板）

在创建或打开文件时，“二维草图与注释”工作空间用户界面会自动显示出功能区，如图 1-7 所示。功能区主要包括选项卡和许多面板，每个面板中又包含很多命令按钮和控件，这些面板按任务被组织到不同选项卡中。例如，图 1-7 所示的功能区中含有“常用”、“插入”“注释”、“参数化”、“视图”、“管理”、“输出”及“Express Tools”等选项卡，末端还有一个功能区操作按钮（显示或隐藏功能区）。各个选项卡的内容如图 1-8 ~ 图 1-14 所示。

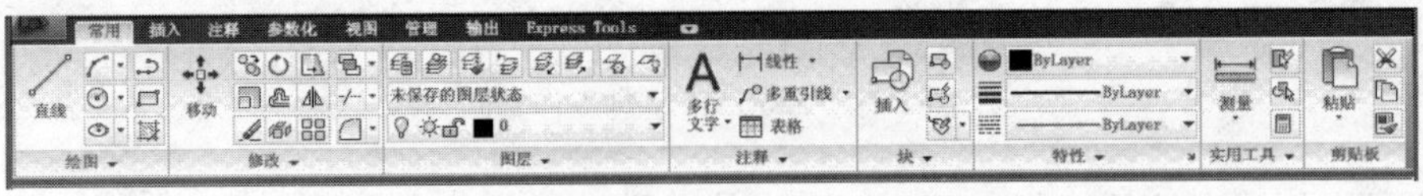

图 1-8　“常用”选项卡中所含的面板

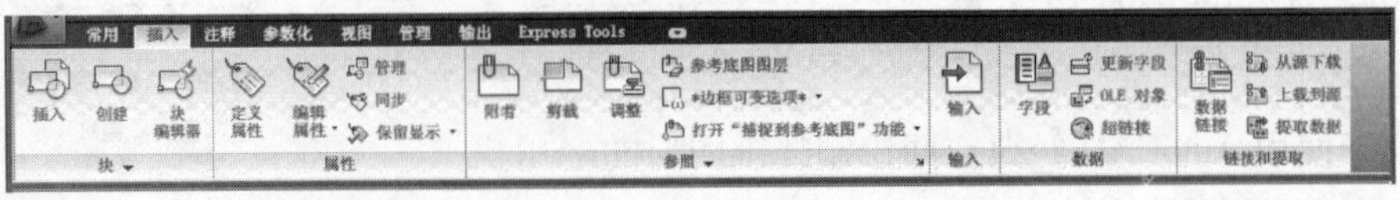

图 1-9　“插入”选项卡中所含的面板

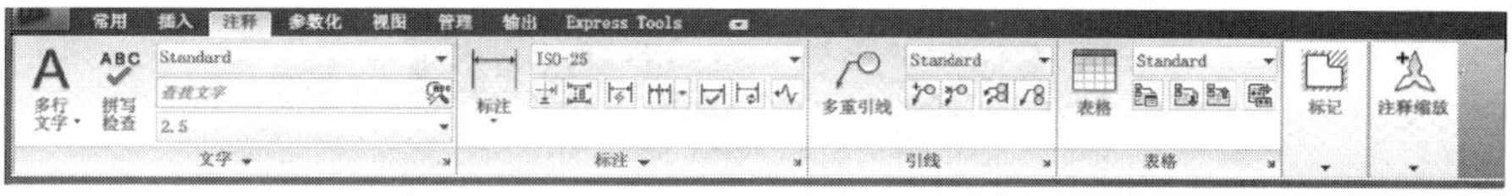

图 1-10　“注释”选项卡中所含的面板

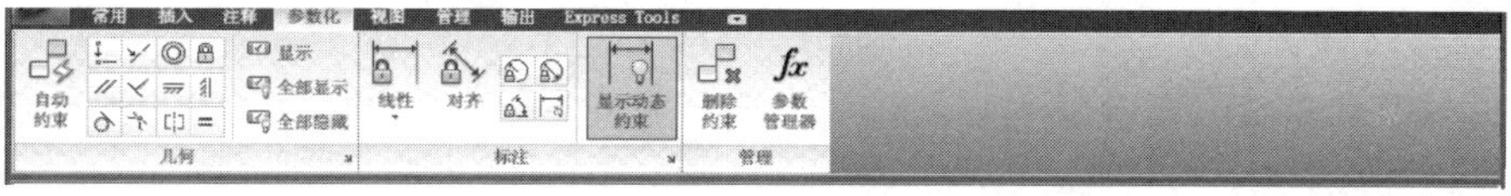

图 1-11　“参数化”选项卡中所含的面板

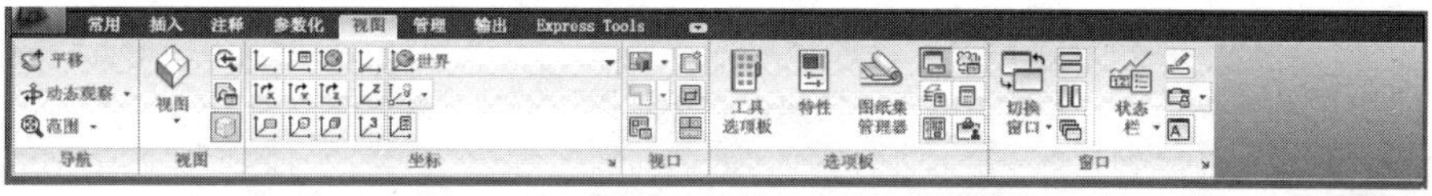

图 1-12　“视图”选项卡中所含的面板

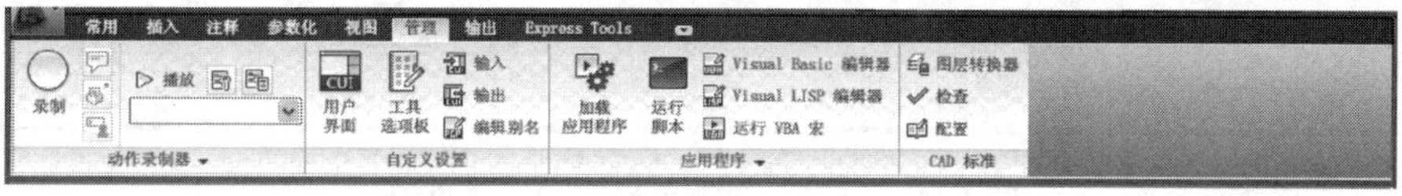

图 1-13　“管理”选项卡中所含的面板

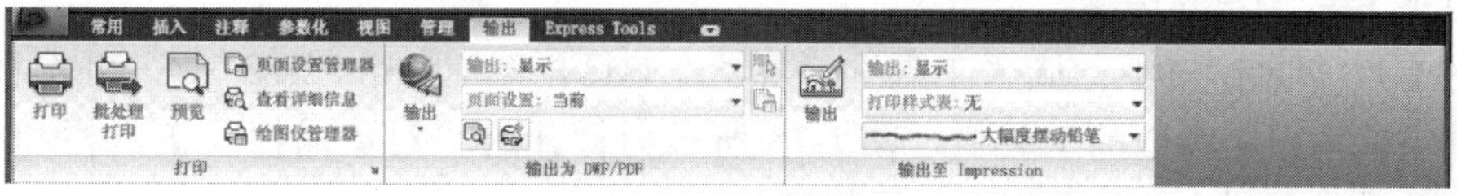

图 1-14　“输出”选项卡中所含的面板

面板下方的下拉按钮可展开面板，显示出更多的命令按钮，图 1-15所示为展开的“绘图”面板，在该面板左下角有一个按钮，单击可将该展开的面板锁定，再次单击可取消锁定。

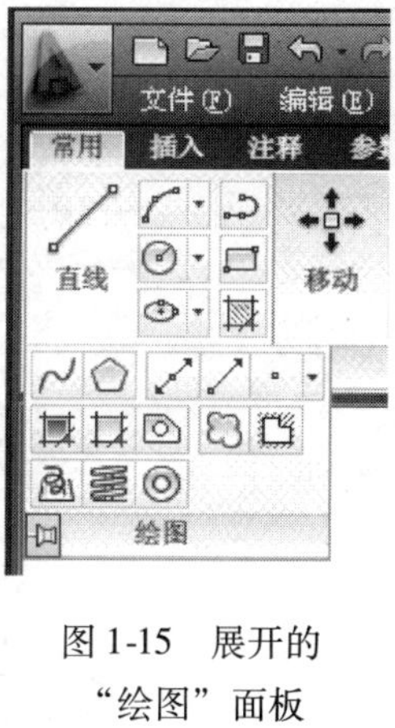

图 1-15　展开的“绘图”面板

功能区一般在文件窗口的顶部水平显示，如用鼠标右键单击任一选项卡标题，从右键菜单中选择“浮动”，便可用鼠标拖动功能区竖直显示。

3. 快速访问工具栏

快速访问工具栏位于主窗口顶部的左侧，其中主要有常用文件管理命令按钮（“新建”、“打开”、“保存”、“放弃”、“重做”、“打印”)，可通过其右侧的下拉按钮，自定义快速工具栏中的命令按钮，并控制菜单显示等，如图 1-16 所示。例如，在图 1-16 显示的下拉列表菜单中选中“特性”，快速访问工具栏中将会增加一个“特性”按钮；若选中“显示菜单栏”，可打开窗口菜单，如图 1-17 所示，再次选择该命令可关闭菜单栏。

☞**注：**

图 1-17 所示的菜单栏是 AutoCAD 的经典菜单栏，包括文件、编辑、视图、插入、格式、工具、绘图、标注、修改、参数、窗口及帮助等下拉菜单，AutoCAD 2010 大多数操作命令都可以在此找到（熟悉经典版本的用户可打开该经典菜单栏方便操作)。

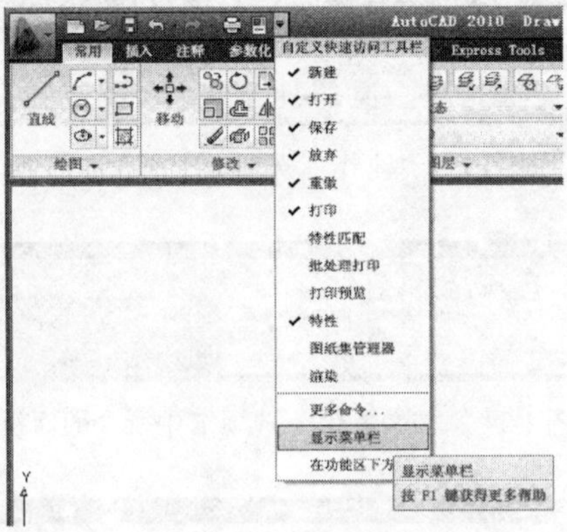

图 1-16　“快速访问工具栏”下拉列表

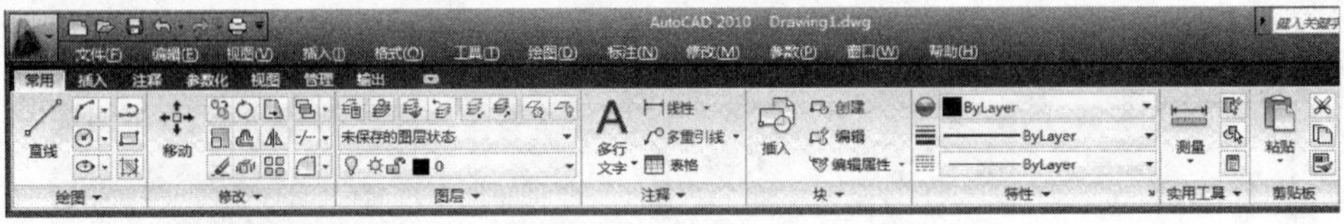

图 1-17　显示出“菜单栏”的窗口界面

4. 工具栏的调出与隐藏

在图 1-17 所示窗口中，从“工具”菜单/“工具栏”/“AutoCAD”/，可选择打开与经典工作空间窗口中类似的工具栏，图 1-18 所示为打开的“对象捕捉”工具栏和“标注”工具栏，单击工具栏右侧的关闭按钮可将其关闭。

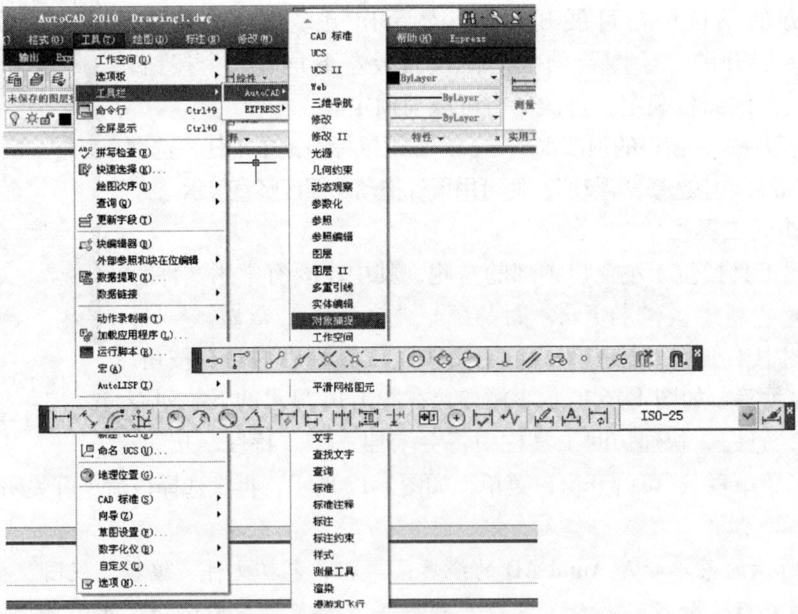

图 1-18　“工具”菜单中选择打开工具栏

5. 工具选项板的调用

单击“视图”选项卡/“选项板”面板/“工具选项板”按钮（或选择“工具”菜单/“选项板”/“工具选项板”），可打开系统预置的各种工具选项板，如图 1-19 所示。工具选项板中集合了多种类型的操作命令，单击工具选项板左下角的折叠处，可打开工具选项板的各种选项卡名称供选择（工具选项板的详细介绍见本章第五节）。另外，如果选择图示菜单中的“功能区”命令，可关闭或打开功能区。

图 1-19 “工具”菜单中选择打开工具选项板

6. 应用程序菜单

单击图 1-7 中标题栏左侧的应用程序菜单按钮，可弹出应用程序菜单，如图 1-20 所示。在此菜单中，可执行对命令的实时搜索，进行文件管理，打印或发布文件，浏览最近使用过的文件，关闭 AutoCAD 程序等操作。

7. 绘图区

用户界面上最大的空白区域即是绘图区，是显示和绘制图形的工作范围。绘图区没有边界，利用视窗缩放功能，可使图形无限增大或缩小。工作区域的实际大小（即长、高）可根据用户需要自行设定。绘图区中有十字光标、用户坐标系图标、滚动条等。绘图区的背景颜色和十字光标的颜色都可以更改，可通过“工具”菜单/“选项”/“显示”选项卡下的“颜色”按钮设置不同的颜色，打开的对话框如图 1-21 所示。

图 1-20 应用程序菜单

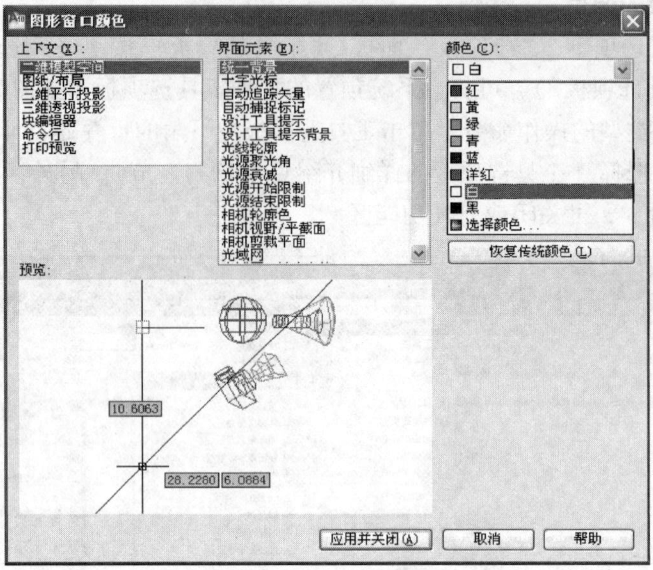

图 1-21　绘图区背景颜色和十字光标颜色设置对话框

十字光标反映了光标当前位置，绘图区左下角的坐标系图标则反映当前所使用的坐标系形式及 *X* 轴、*Y* 轴方向。绘图区底部是模型空间与图纸空间的切换按钮（模型/布局 1/布局 2）。用户可利用它方便地在模型空间与图纸空间之间切换。默认用户的绘图空间是模型空间，如图 1-22 所示。

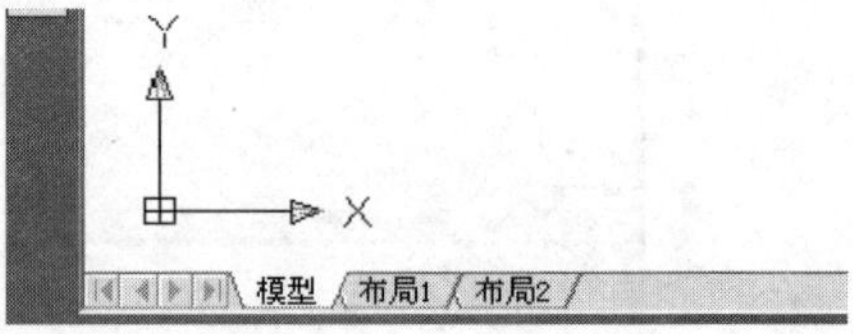

图 1-22　模型空间与图纸空间切换按钮

8. 命令行

命令行如图 1-23 所示，也称命令窗口或命令提示区，是用户与 AutoCAD 程序对话的地方。命令行显示的是用户从键盘上输入的命令信息，以及用户在操作过程中程序给出的提示信息。在绘图时，用户应密切注意命令行的各种提示，以便准确快捷的绘图。命令窗口的大小可以调整。

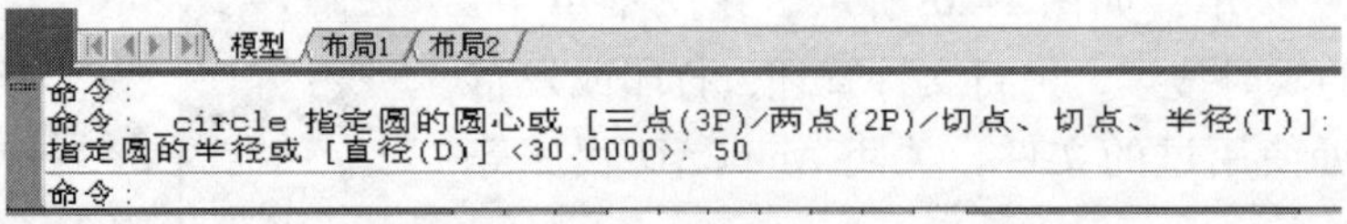

图 1-23　命令行

9. 状态栏

状态栏位于 AutoCAD 工作界面的底部，也称应用程序状态栏。默认情况下左端显示当前十字光标的三维坐标值，中部是辅助绘图工具图标按钮，右侧是快速查看工具图标按钮等。中部的 10 种辅助绘图工具按钮常用于快速绘制图形，默认情况下这些辅助绘图工具按钮是图标显示状态，如图 1-24 所示。当鼠标在某个图标上停留时，可显示出该图标的功能名称，也可以不使用图标显示方式，当用鼠标右键单击某图标按钮，从弹出的快捷菜单中不选择“使用图标”命令，即可直接显示出各按钮的中文功能名称，如图 1-25 所示。单击各按钮，可在系统设置的 ON 和 OFF 状态之间切换。

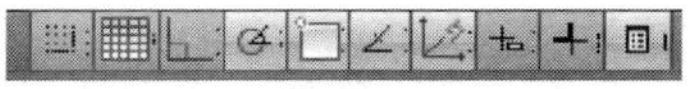

图 1-24　使用图标显示按钮

图 1-25　不使用图标显示按钮

状态栏的右侧还有模型与布局转换按钮、快速查看工具按钮、导航工具按钮、注释工具按钮、切换工作空间按钮、工具栏/面板与窗口位置锁定按钮及全屏显示按钮等，如图 1-26 所示。

图 1-26　状态栏右侧布局转换按钮、快速查看工具按钮、导航工具按钮、注释工具按钮、切换工作空间按钮、工具栏/面板与窗口位置锁定按钮及全屏显示按钮等

10. 信息中心

信息中心是一个供用户使用的查询搜索信息源，用户可轻松地访问产品更新和通告，其中主要有搜索、速博应用中心、通讯中心、收藏夹、帮助等。

三、“AutoCAD 经典”工作空间用户界面的组成

“AutoCAD 经典”工作空间用户界面的组成如图 1-27 所示，是 AutoCAD 的传统用户界面，主要用于二维绘图与注释，其界面的组成延续了该软件老版本界面的风格。与“二维草图与注释”工作空间不同之处主要有如下两处：

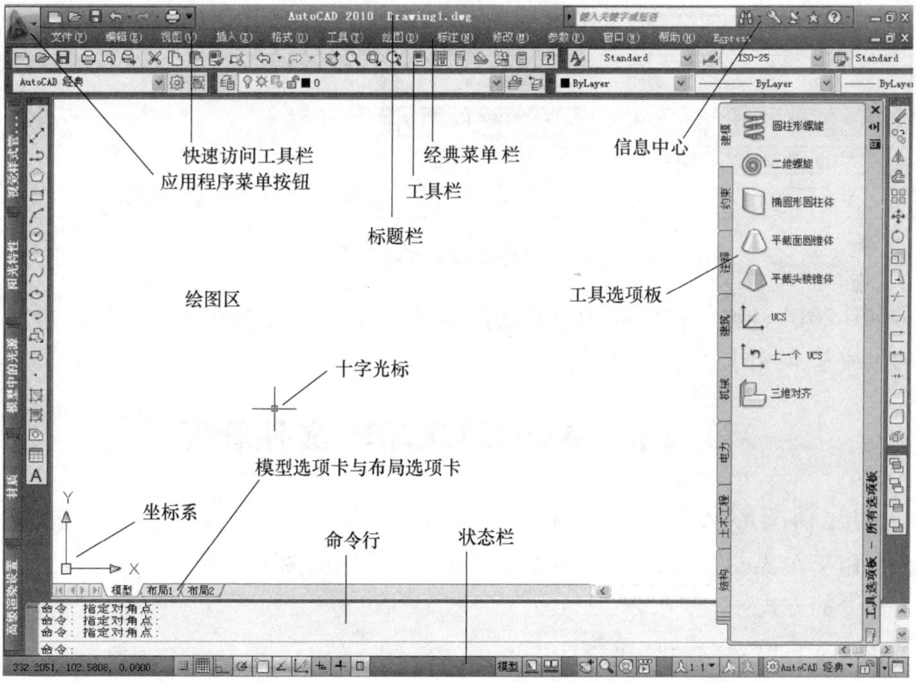

图 1-27　AutoCAD 2010 经典工作空间用户界面的组成

（1）经典菜单栏　经典菜单栏是该用户界面的主要命令源，共有文件、编辑、视图、插入、格式、工具、绘图、标注、修改、参数、窗口和帮助等下拉菜单，AutoCAD 2010 大多数操作命令都可以在此找到。

☞注：

1）允许自定义下拉菜单。方法是选择“工具”/“自定义”/“界面”命令，在弹出的对话框中定义。

2）如无意中丢失了下拉菜单或窗口其他元素，可在命令行输入“Menu”命令，在弹出的对话框中打开“acad. cuix”菜单文件即可修复。

（2）工具栏　工具栏是由一系列图标按钮构成的，每一个图标按钮都形象地表示了一条 AutoCAD 命令。单击某图标按钮，可调用相应的命令。如果光标在某个图标按钮上稍作停留，屏幕上将显示出该按钮的名称（提示），并同时对该命令的功能做出简要的说明。

☞注：

1）每个工具栏都可用鼠标拖动到任何位置（拖动工具栏左侧的竖条），横放或竖放。但如果用鼠标右键单击状态栏右侧的“工具栏/窗口位置锁定”按钮，将浮动工具栏锁定后，则不可移动。

2）二维绘图常用的工具栏主要有：标准、图层、特性、样式、绘图、修改和标注等，如图 1-28 所示。

3）打开或关闭工具栏的操作为：用鼠标右键单击任一图标按钮，可弹出工具栏右键菜单，如图 1-29 所示，选中即打开，没选中则处于关闭状态。

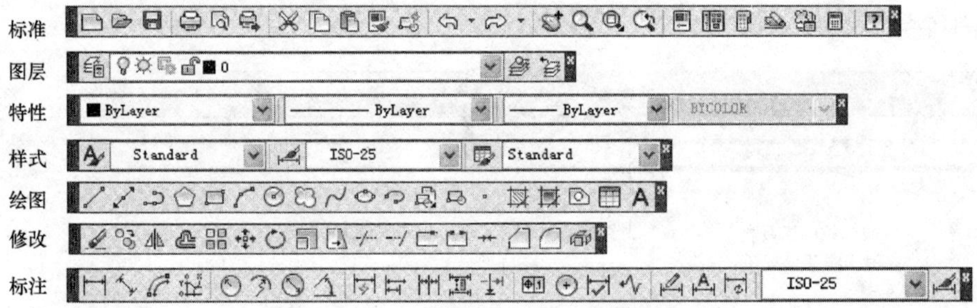

图 1-28　二维绘图常用的工具栏

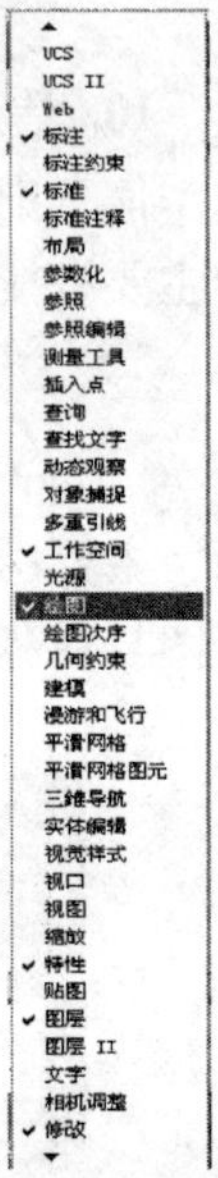

图 1-29　工具栏右键菜单

AutoCAD 2010 经典工作空间用户界面的其他组成与二维草图与注释工作空间的组成基本相同，在此不再赘述。

第三节　AutoCAD 2010 文件管理

一、创建新图形文件

该命令用于在 AutoCAD 2010 工作界面下建立一个新的图形文件。

输入命令的方式：

➤ 菜单“文件”/“新建”

➤ 快速访问工具栏上的“新建”按钮

➤ 应用程序菜单按钮/“新建”/“图形”

➤ 标准工具栏上的“新建”按钮

➤ 键盘输入命令：New ↙

➤ 快捷键：Ctrl + N

使用上述任一种方式都可打开如图 1-30 所示的“选择样板”对话框。该对话框中将默认打开系统预置的样板文件夹“Template”，该文件夹中每一个文件都是一个预先设置好的样板（包括系统配置、绘图单位、图幅、图层、图框、线型、标题栏、文字样式及尺寸样式等），可多次调用，该类型文件的扩展名为“. dwt”。如果用户要用自己的方式来设置绘图环境，可选择“acadiso. dwt”，如图 1-30 所示，再单击“打开”按钮，便可建立公制绘图环境下的一个新文件，若选择“acad. dwt”，则为英制文件。

图 1-30　“选择样板”对话框

二、保存图形文件

该命令将所绘的图形以文件的形式存盘且不退出绘图状态。

输入命令的方式：

- 菜单“文件”/“保存”或“另存为”
- 快速访问工具栏上的“保存”按钮
- 应用程序菜单按钮/“保存”或“另存为”
- 标准工具栏上的“保存”按钮
- 键盘输入命令：Qsave 或 Save ↙
- 快捷键：Ctrl +S

对于新文件，以上任一种方式都可打开“图形另存为”对话框，用户可将文件取名存盘。保存文件的类型为：“AutoCAD 图形”，扩展名为“. dwg”，如图 1-31 所示。对于已有的图形文件，除了“另存为”命令外，均不再打开此对话框。

图 1-31　“图形另存为”对话框

☞注：

1）在图 1-31 所示的“图形另存为”对话框中，系统默认保存的文件类型为“AutoCAD 2010 图形（＊. dwg）”。若从下拉列表中选择“AutoCAD2007/LT2007 图形（＊. dwg）”，该类型文件可兼容于 AutoCAD2007 以上版本。如果用户所绘制的图形想在 AutoCAD2006 版本（或 AutoCAD2004 版本）中也能打开使用，可选择文件类型为““AutoCAD2004/LT2004 图形（＊. dwg）”。

2）在保存图形文件时，如在图 1-31 中单击“工具”/“安全选项”命令，可为该图形文件设置保护密码，打开的“安全选项”对话框如图 1-32 所示。当设置好密码保护后，再次打开该图形文件时，AutoCAD 会提示用户输入打开该图形文件的密码，否则不能打开该图形文件。

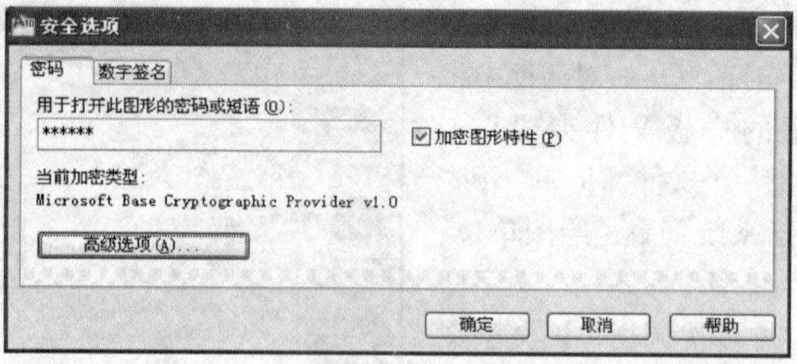

图 1-32　为图形文件设置保护密码的“安全选项”对话框

三、打开图形文件

该命令用于在 AutoCAD 工作界面下打开一个或多个已有的图形文件。

输入命令的方式：

➢ 菜单“文件”/“打开”

➢ 快速访问工具栏上的“打开”按钮

➢ 应用程序菜单按钮/“打开”/“图形”

➢ 标准工具栏上的“打开”按钮

➢ 键盘输入命令：Open ↙

➢ 快捷键 Ctrl +O

在出现的“选择文件”对话框中选择图形文件，单击“打开”即可，如图 1-33 所示。

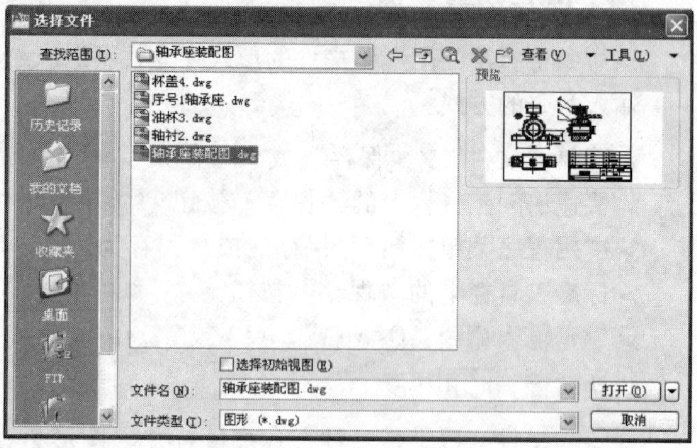

图 1-33　“选择文件”对话框

第四节　AutoCAD 2010 数据输入方式与命令执行

一、平面图形上点的数据输入方式

在 AutoCAD 中有两种坐标系，一种是世界坐标系（WCS），是默认的；另一种是用户坐标系（UCS），由用户自定义。WCS 中，*X* 轴是水平的，*Y* 轴是垂直的，*Z* 轴垂直于 *XY* 平面，原点是图形左下角 *X*、*Y* 和 *Z* 轴的交点（0，0，0）。一般的二维图形都是在 WCS 中绘制的。下面以 WCS 为例来讲述确定平面上点的数据输入方法。

1. 动态输入点的坐标

先用鼠标左键单击状态栏上的“DYN”按钮（图 1-25），使其处于按下的状态（或用 F12 键切换）。当打开该功能时，在命令行输入的数据和命令行信息都会在光标附近显示。例如，当绘制图形时，屏幕上会出现当前点所在位置的坐标以及长度或角度的标注值等提示，该提示会随着光标移动而动态更新，使用 Tab 键可在这些值之间进行切换，用户可单击屏幕上的点确定点的位置，也可从键盘上输入点的坐标来确定点的位置。

例 1-1　绘制一条水平直线，选择“直线”命令后，十字光标在移动中屏幕上出现坐标位置提示，如图 1-34 所示，可用鼠标单击屏幕上的点来确定第一点，也可从键盘上输入 *X*、*Y* 值，输入完 *X* 坐标后，用 Tab 键移动到后一个提示中输入 *Y* 坐标值，按回车键确认。当要求输入第二点时，屏幕上出现标注长度提示，极轴角提示等。如图 1-35 所示。用户可以通过单击鼠标确定第二点，也可直接输入长度值（例如 500）画出第二点。

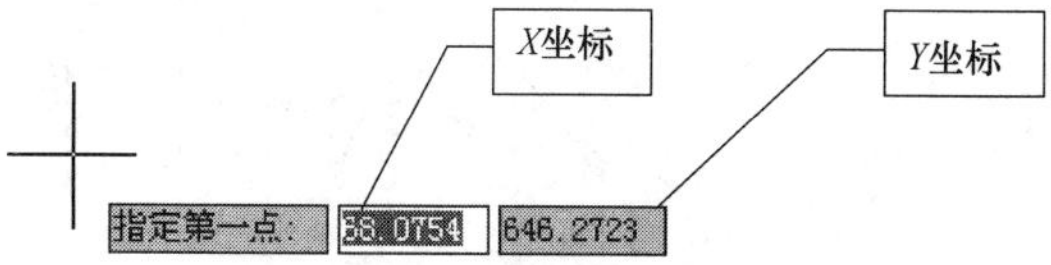

图 1-34　用动态输入法绘制水平线第一点时产生的动态提示

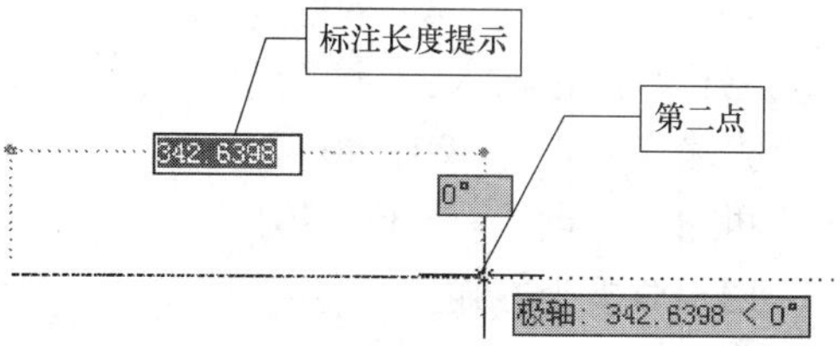

图 1-35　用动态输入法绘制水平线第二点时产生的动态提示

需要说明的是，用动态输入法输入点的坐标值时，第二个点和后续点的输入默认设置为相对极坐标（对于“矩形”命令，为相对笛卡儿坐标），不需要输入“@”符号。如果需要使用绝对坐标，应使用“#”号作前缀。例如，画一条直线，第一点在任意位置处，第二点要画到原点上，应在提示输入第二个点时，输入 *#0*，*0*。第二点如要画到点（*100*，*50*）上，应输入 *#100*，*50*。

例 1-2　绘制一条竖直线，当要求输入第二点时，屏幕上出现标注长度提示、极轴角提示等，如图 1-36 所示。用户可以通过单击鼠标确定第二点，也可输入长度值后按回车键，画出第二点。

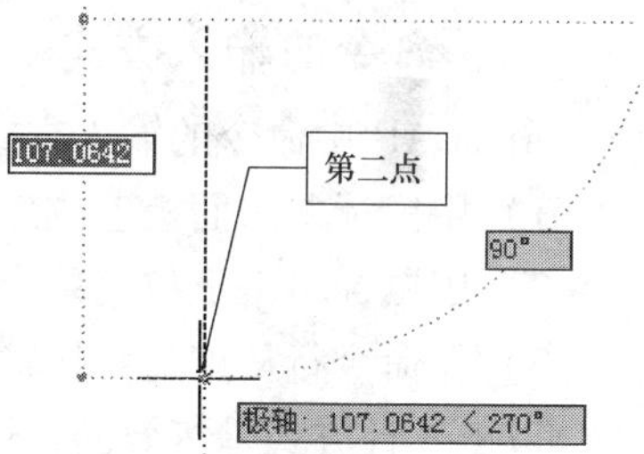

图 1-36　用动态输入法绘制竖直线时产生的动态提示

同理，画斜线时产生的动态提示如图 1-37 所示。画圆时产生的动态提示为半径，如图 1-38所示。

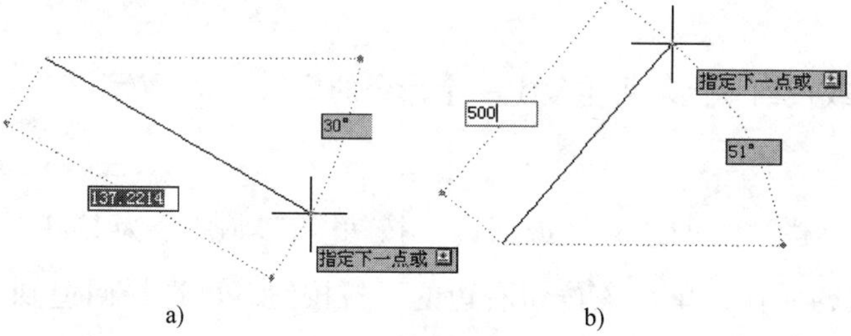

a)　b)

图 1-37　画斜线时的动态提示

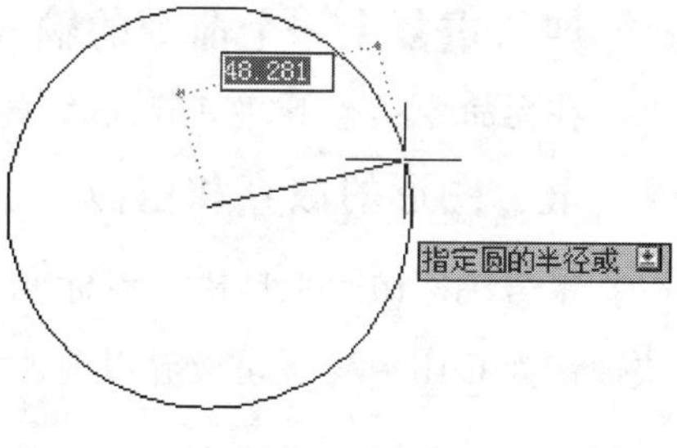

图 1-38　画圆时关于半径的动态提示

2. 关闭动态输入时点坐标的输入方法

如果关闭了动态输入（即弹起“DYN”按钮）时，点坐标的输入显示都是在命令行中出现，在光标处就不再出现提示信息了。这时，用户要按照命令行中的提示信息进行操作，下面是关闭了动态输入时常用的几种点坐标的输入方法。

1）键盘输入点的坐标

绝对坐标：*x*，*y*　（相对于坐标原点）

相对坐标：@ Δ*x*，Δ*y*　（相对于当前点）

相对极坐标：@ 长度 < 角度　（相对于当前点）

例 1-3　用三种不同的方式输入 *a*、*b* 两点的坐标，如图 1-39 所示。

用绝对坐标分别输入：

a 点　　　20，40

b 点　　　50，80

用相对坐标输入：

先输入 *a* 点　　20，40

再输入 *b* 点　　@ 30，40

用相对极坐标输入：

先输入 *a* 点　　20，40

再输入 *b* 点　　@ 50 < 53. 13

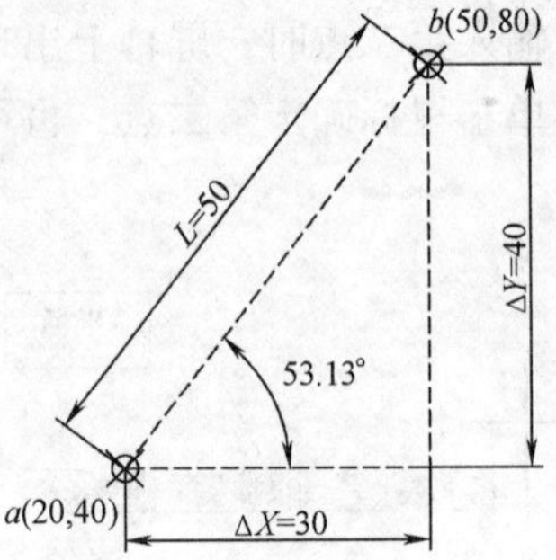

图　1-39

2）鼠标输入：左键单击某点。

3）对象捕捉输入。命令执行时，提示输入点，可点取对象捕捉图标，用鼠标精确捕捉输入。

二、命令的输入方式

AutoCAD 中命令的输入方式通常有以下三种：

1）用鼠标单击面板上或工具栏上的图标按钮。

2）用鼠标单击下拉菜单中相应的命令。

3）在命令行从键盘直接输入命令（例如输入直线命令：Line 或 L），按回车键执行。

以上三种方式是等效的，用户可自行选择。由于图标按钮积聚在面板上或工具栏上，直观且方便用户使用，且不必记英文命令，故本书主要介绍第一种方式输入，即用鼠标单击面板上的图标命令按钮或工具栏上的图标命令按钮。

三、终止命令的输入与执行

当一个命令在执行中时，可按 Esc 键、回车键或鼠标右键等终止执行。

四、重复上一个命令的输入

在无命令状态下，单击鼠标右键或按回车键均可重复上一个命令的执行。

五、图形的放弃和重做

单击快速访问工具栏（或标准工具栏）上的放弃（或回退）按钮（命令为 Undo，快捷键为 Ctrl + Z），可放弃以前所做的操作，单击该按钮右边的下拉按钮，可选择回退到任意一步；重做按钮（命令为 Redo）的功能与之相反。

第五节　AutoCAD 2010 工具选项板及图形显示控制

一、AutoCAD 2010 工具选项板

图 1-19 所示窗口右侧的工具选项板是一个可停靠面板，该选项板是很多不同的工具选项板的集合，选项板左侧有很多不同的标签，每个标签都代表着一个工具选项板，大量的绘

图信息或命令都集中在选项板上，单击不同的标签，可得到不同的工具选项板，如图 1-40 所示。用户可以根据窗口的需要关闭、打开或隐藏它，以便增大窗口中的绘图区域。其方法是，用鼠标左键单击工具选项板上的“关闭”按钮，可将其关闭，用鼠标左键单击关闭按钮下方的“自动隐藏”按钮，可将其隐藏（图 1-40）。在自动隐藏状态下，当鼠标移动到隐藏条位置时，选项板又自动显示出来，鼠标移走后选项板又自动隐藏起来。工具选项板可以停靠在绘图窗口的左侧或右侧，也可处于浮动状态。在工具选项板标签下方的折叠处单击鼠标左键，会弹出工具选项板菜单，让用户选择更多的工具选项板，如图 1-41 所示。

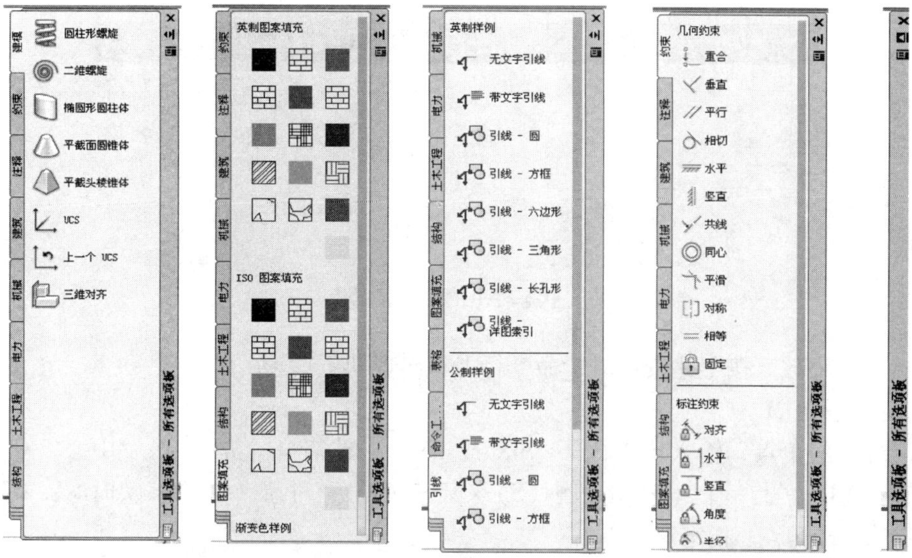

图 1-40　几个不同的工具选项板和自动隐藏的工具选项板

工具选项板如果被关闭，可单击“视图”选项卡，从“选项板”面板上单击“工具选项板”命令将其再次打开，如图 1-42 所示。也可选择“工具”菜单/“选项板”/“工具选项板”命令，或按快捷键Ctrl +3，都可打开工具选项板。

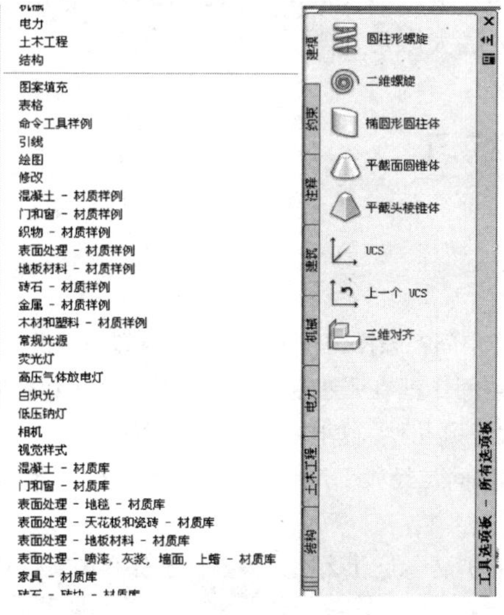

图 1-41　弹出工具选项板菜单

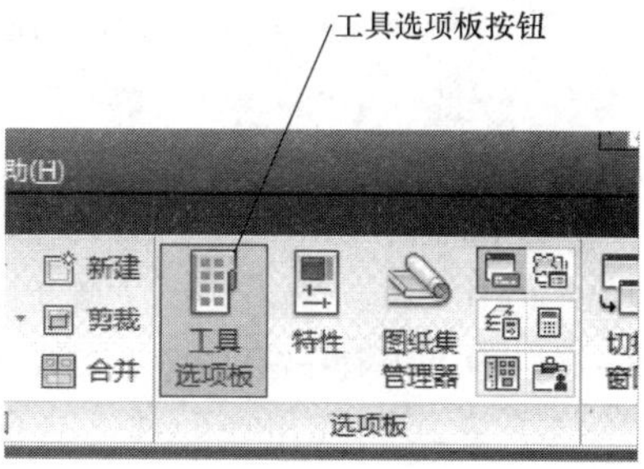

图 1-42　“视图”选项卡下的选项板面板

此外，用户还可根据自己的需求，通过“设计中心”向工具选项板中添加自定义的工具选项板。

二、状态栏上的图形显示控制按钮的使用

状态栏右侧的三个图形缩放显示控制按钮如图 1-43 所示。

（1）实时平移　按下此按钮时，鼠标变成手状，按住鼠标可使图形按拖动方向平移。

图 1-43　状态栏上的图形显示控制按钮

（2）实时缩放　按下此按钮时，命令行上将出现如下提示：

命令：’_ZOOM

指定窗口的角点，输入比例因子（nX 或 nXP），或者［全部（A）/中心（C）/动态（D）/范围（E）/上一个（P）/比例（S）/窗口（W）/对象（O）］<实时>：w

指定第一个角点：指定对角点：

选择 W，即按窗口放大显示图形，系统提示指定窗口的两个对角点。一般用拖动窗口方式选择图形，被该窗口选中部分被放大显示，一般用于局部放大显示时用（常用）。其中按对象 O 或范围 E 都可按最大范围放大图形显示。

（3）全屏显示　用鼠标左键单击状态栏右下角的“全屏显示”按钮，可隐藏功能区，全屏幕地显示图形，再次单击该按钮可返回原状态。输入命令“Z”（全称 ZOOM），选择 A，即可显示绘图空间中全部已绘图形；选择 E，可最大限度地显示全部已绘图形。

思考与上机练习

复习与思考

1. 启动 AutoCAD 2010 程序，观察启动过程及窗口情况。

2. AutoCAD 2010 程序窗口中，有哪几种系统预设的工作空间？怎样进行工作空间的设置与转换？

3. AutoCAD 2010 程序窗口中，其二维绘图与注释工作空间中都有哪些基本配置？在经典工作空间中，屏幕上一般放置了几个常用的工具栏，这几种常用的工具栏是哪几种，怎样将其调出或隐藏？

4. AutoCAD 2010 程序窗口中，其二维绘图与注释工作空间与经典工作空间有哪些不同？

5. 新建图形文件时，怎样调出样板文件？

6. 保存图形文件时，怎样选择保存的文件类型，文件的扩展名是什么？如果要使已保存的文件在 AutoCAD 2006 中能打开，应选择什么样的文件类型？

7. 在绘制平面上输入点的数据，有哪几种输入方法，怎么输入一个距离值？试用不同的方法输入图 1-

39 中的点数据。

8. AutoCAD 2010 的工具选项板的作用是什么？怎样将其关闭、隐藏、打开？

9. AutoCAD 2010 的状态栏上都有哪些功能按钮？

10. 打开一个 AutoCAD 2010 自带的样板文件，进行缩放、平移操作，观察图形，最后退出，不要保存文件。

第二章　AutoCAD 2010 绘图环境设置

用户在绘制机械图样时，首先需要根据自己的要求设置绘图环境，比如图纸幅面大小、图层种类、线型、尺寸标注样式及文字标注样式等。为了精简篇幅，使读者能快速掌握绘图环境的设置方法，本章通过自建图形样板文件的操作过程介绍该内容。

本章主要介绍以下内容：

- 用户自建图形样板文件
- 调用系统预置的图形样板文件
- 图层面板及特性面板的使用

第一节　用户自建图形样板文件

我国的机械制图国家标准对图样的幅面与格式、标题栏格式等都提出了具体的要求，并且每过几年都有更新，为使作图方便，减少重复劳动，在使用 AutoCAD 软件绘制机械图样时，用户可以按制图标准事先设置或修改好图纸幅面、标题栏、绘图单位、所用的图层、线型、尺寸标注样式、文字样式以及打印样式等，将其做成图形样板文件，存入系统样板文件夹中，下次绘图时可直接调用该样板文件而不需要重新设置，以提高绘图效率。

下面以建立 A3 图形样板文件为例，介绍自建图形样板文件的过程，并从中掌握绘图环境的设置方法。

一、用“新建”命令建立新图形文件

启动 AutoCAD 2010 程序后，单击快速访问工具栏上的“新建”按钮，打开“选择样板”对话框（图 1-30），选择米制样板文件 acadiso. dwt，单击“打开”按钮，即建立了新图形文件。

二、设置绘图单位为毫米

在设置绘图边界之前，应先进行绘图单位设置，该命令可用来改变绘图时的长度单位、角度单位、精度和角度方向等。

输入命令的方式：

➢ 菜单“格式”/“单位”

➢ 键盘输入命令：Units ↙

可打开图 2-1 所示的“图形单位”对话框进行设置，注意单位选择“毫米”，可采用对话框中默认的数值精度。单击“方向”可打开图 2-2 所示的“方向控制”对话框进行设置，默认基准角度 0°为“东”。

☞**注：**

若用户在新建文件时选择了米制样板文件 acadiso. dwt，此项设置可跳过。

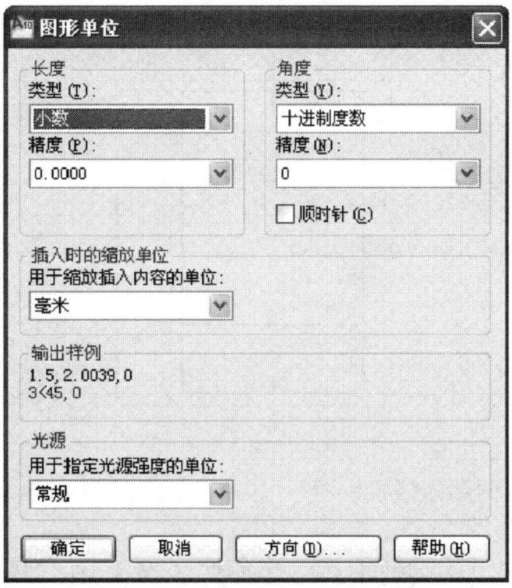

图 2-1 “图形单位”对话框

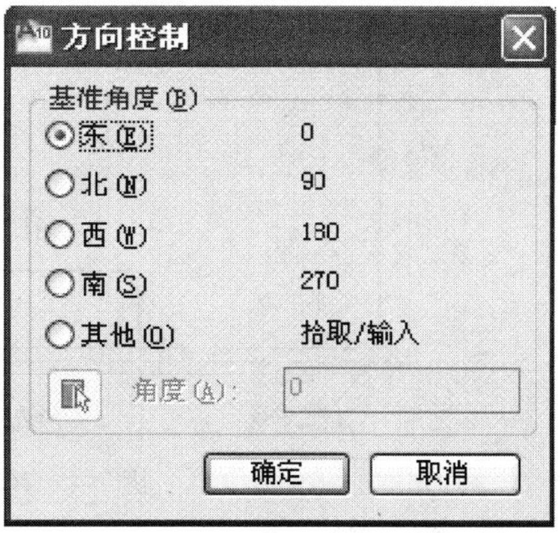

图 2-2 “方向控制”对话框

三、设置绘图界限（图纸幅面）

绘图界限是标明用户的工作区域和图纸的边界。绘图界限是一个矩形的区域，相当于用户在绘图时先要确定图幅的大小，比如 A3 图纸幅面为 297mm×420mm，A4 图纸幅面为 210mm×297mm。设置绘图边界有利于打印时可按设置的图形界限来打印，同时也使一些图形显示命令有效，避免用户所绘制的图形超出边界。

图 2-3 和图 2-4 所示为机械制图国家标准对图框格式的规定（GB/T 14689—2008），表 2-1 是机械制图国家标准对图幅尺寸和图框尺寸的规定。

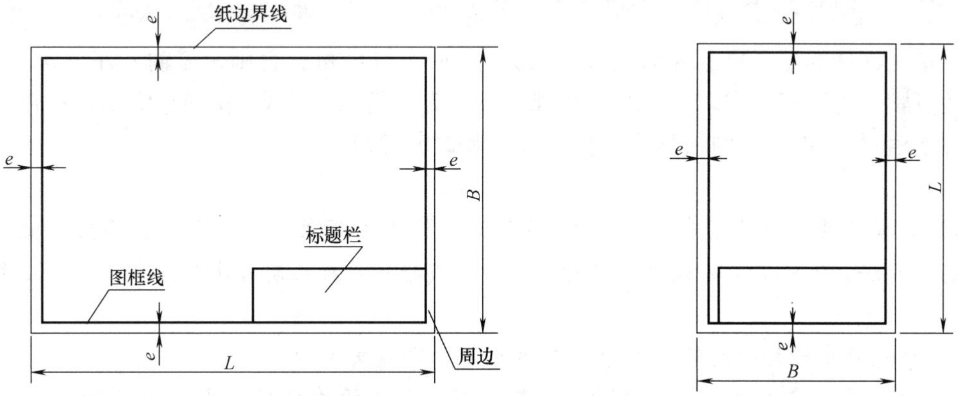

图 2-3 无装订边图纸的图框格式

表 2-1 图幅尺寸和图框尺寸 （单位：mm）

幅面代号	A0	A1	A2	A3	A4
$B \times L$	841×1189	594×841	420×594	297×420	210×297
e	20		10		
c	10			5	
a	25				

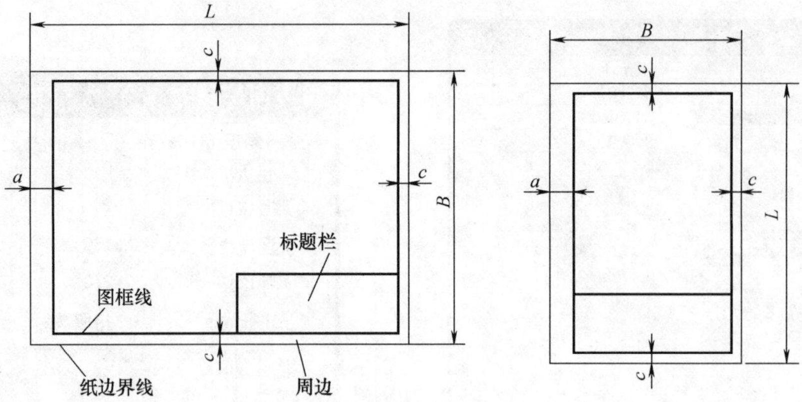

图 2-4　有装订边图纸的图框格式

用户应根据图形的大小和复杂程度选择合适的图纸幅面。此处参照表 2-1 用“图形界限”命令来设置 A3 图纸的纸边界限，从命令行输入图幅左下角坐标（0，0）、右上角坐标（420，297），按回车键确认。

输入命令的方式：

➢ 菜单“格式”/“图形界限”

➢ 键盘输入命令：Limits ↙

命令行将出现提示：

重新设置模型空间界限：
指定左下角点或［开（ON）/关（OFF）］<0.0000，0.0000>：↙
指定右上角点<420.0000，297.0000>↙

若接受默认的左下角点为原点（0，0），按回车键即可；否则，需输入左下角点坐标。右上角点默认为（420，297），即 A3 图纸大小，若设置 A3 图纸，按回车键即可；否则，需输入其他值（例如，A4 图纸竖放，右上角应为 210，297）。

☞注：

1）此操作既可用鼠标单击命令行，从命令行输入左下角点或右上角点的坐标值，也可用动态输入法在光标工具栏处输入坐标值，还可直接用鼠标在屏幕上直接点击屏幕点来输入该值。

2）该操作中坐标值间的“逗号”应为半角（即英文逗号）。

3）上述设置完成后，用户绘图时，其绘图范围并没有锁定，即用户绘制的图形既可绘制在绘图界限内，也可绘制在绘图界限外，若想将绘制的图形锁定在绘图界限内，还须再重新执行“图形界限”命令，选择“ON”选项，使绘图范围有效，才能使用户绘制的图形不会超出设置的绘图界限（在绘图过程中，当所绘图形超出范围时，系统会提示：“＊＊超出图形界限”并拒绝绘图）。如果用户使用按图形界限范围打印，建议使用“ON”选项。

四、用栅格点显示出图幅范围

上述两步设置后，屏幕上看不到图幅范围。可用鼠标单击状态栏上的“栅格”按钮

（图 1-25，使其处于按下的状态）或按F7键，屏幕上将出现用栅格点圈出的图幅范围。

☞注：

在 AutoCAD 2010 中，栅格点显示是否超出图形界限的范围是由图 2-5 所示的选项来控制的，用户要想显示出按图形界限设置的范围，必须要注意此选项是否被选中。方法是：用鼠标右键单击状态栏上的“栅格”按钮，从弹出的右键菜单中选择“设置”选项，便可打开图 2-5 所示的对话框，取消选择“显示超出界限的栅格”，然后单击“确定”按钮，关闭该对话框。此时，窗口中将用栅格点显示出用户设置的图形范围。

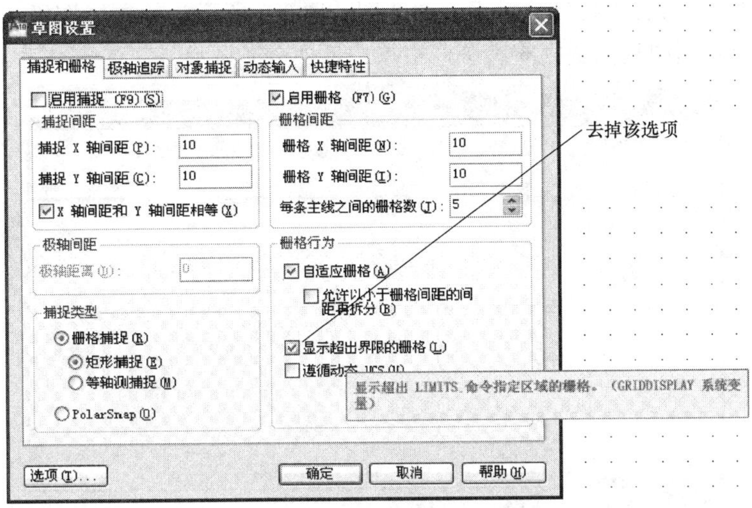

图 2-5 在“草图设置”对话框中修改栅格显示的界限

五、输入“Zoom”命令，选择 A 选项全屏显示图幅

上述用栅格显示出的图幅范围，默认位于左下角，只占居很小的区域，不利于绘制图形，如图 2-6 所示。

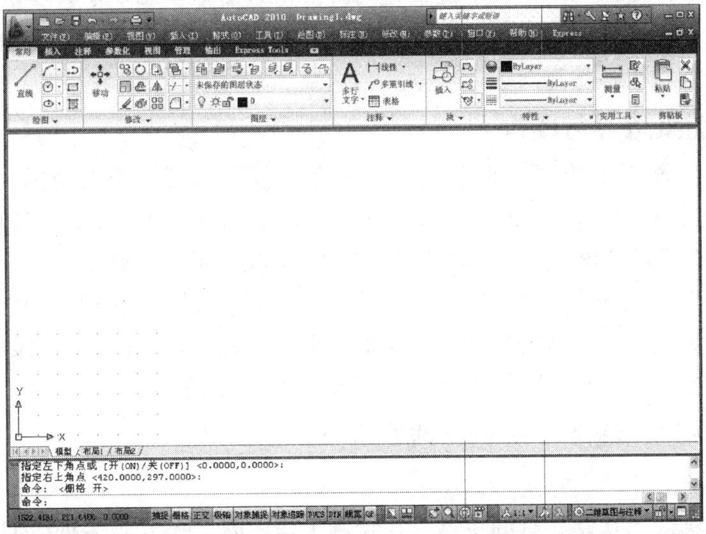

图 2-6 用栅格显示出的图幅范围（屏幕缩放前）

为了让绘图范围充满屏幕整个区域，一般要将图幅范围放大，在操作时可用屏幕缩放命令 ZOOM 进行。具体的操作是：在命令行输入“Z”（全称 ZOOM，输入命令时可用简称“Z”），按回车键，出现提示：

ZOOM
指定窗口的角点，输入比例因子（nX 或 nXP），或者
［全部(A)/中心(C)/动态(D)/范围(E)/上一个(P)/比例(S)/窗口(W)/对象(O)］<实时>：

选择 A，按回车键确认，此时屏幕上用充满绘图界限的栅格点显示出全图范围。如选择 E，按回车键确认，可最大限度地显示全图范围。图 2-7 所示为绘制了图纸边界线后看到的效果，从图中可看到图纸范围内充满了栅格点，且是全屏显示。

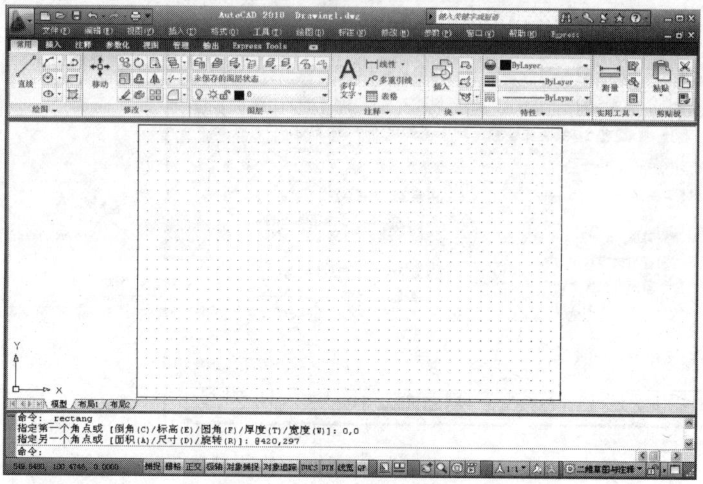

图 2-7　用栅格显示出的图幅范围（屏幕缩放后）

☞**注：**

在绘图过程中，初学者往往很容易将所绘制的图形弄丢了（看不见），遇到这种情况，可随时执行该命令，选择 A，按回车键来找到所绘制的图形。此命令将显示出所有绘制的图形，不论是在图形界限内的图形还是在图形界限外的图形。要想让所绘制的图形充满屏幕显示，应将图形绘制在图形界限内。

六、绘制图纸边界与图框

单击“绘图”面板上的“矩形”命令，从命令行输入第一角点坐标（0，0），按回车键后，再输入第二角点坐标（420，297），此时窗口会出现一个矩形，该矩形便是 A3 图纸的边界，如图 2-7 所示。再次单击“栅格”按钮，可取消栅格点显示。

单击“修改”面板上的“偏移”命令按钮，从命令行输入“10”，按回车键确认，用鼠标选择图纸边界框，按命令行提示单击矩形边框内的任一点，此时，向内增加的矩形框便是图框（是无装订边的图框，参见图 2-3），其结果如图 2-23 所示。

七、设置图层、线型、颜色、线宽等

1. 图层的概念

图层是计算机绘图软件共有的特性，在绘制工程图时，需要有多种线型、颜色等，若要进行分项管理，就需要充分利用图层的功能。图层相当于没有厚度的透明玻璃板，如图 2-8

所示，可将实体按线型或颜色画在不同的板上，重叠在一起便形成图形。图层可以关闭（不显示出来），也可以冻结（不能修改）。各图层可设置不同的颜色、线宽和线型等。

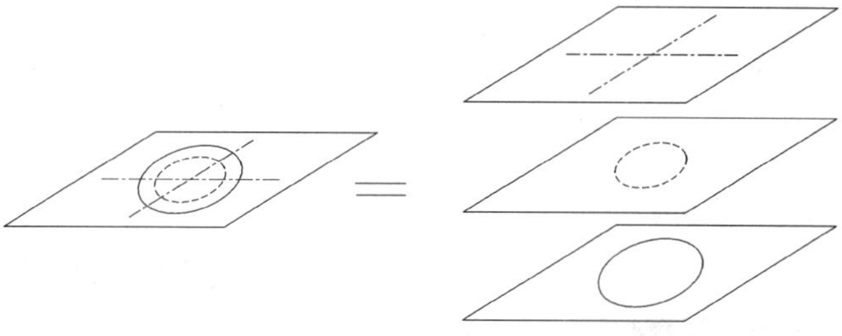

图 2-8　图层

2. 图层、线型、线宽、颜色等的设置

利用“图层特性管理器”可以对图层、线型、线宽及颜色等进行设置。

打开“图层特性管理器”的方法有：

➢ 图层面板上的“图层特性”按钮（图 2-9）

➢ 菜单“格式”/“图层”命令

➢ 键盘输入命令：Layer ↙

打开的“图层特性管理器”对话框如图 2-10 所示。

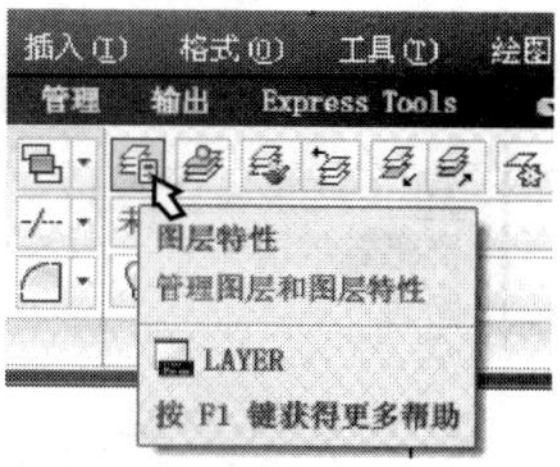

图 2-9　图层面板上的“图层特性”按钮

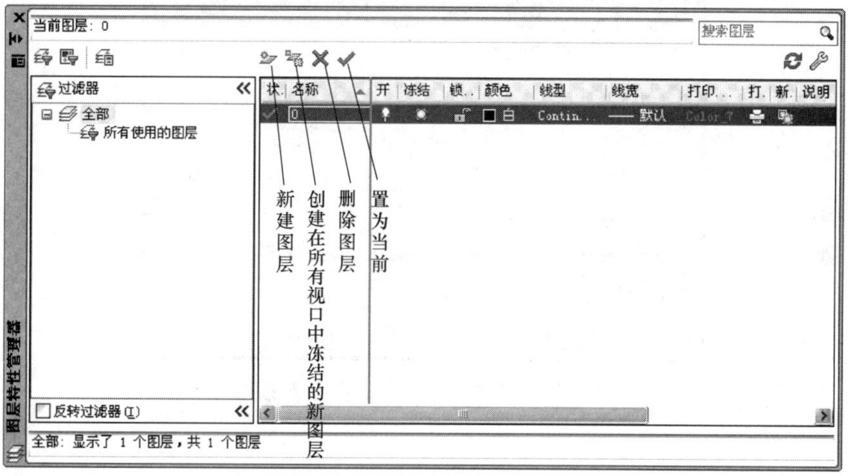

图 2-10　“图层特性管理器”对话框

（1）新建图层　单击“新建图层”按钮，可依次建立“图层 1”、“图层 2”……等，可为各图层取名，其中 0 层为系统默认。

例如，设置“粗实线层”、“细实线层”、“中心线层”、“虚线层”等。

（2）删除图层　选中某图层，单击“删除图层”按钮，该图层即被删除。

（3）更改颜色　单击某图层中颜色（默认为白色），可打开“选择颜色”对话框，如图 2-11 所示，可为该图层选择颜色。例如，设置中心线层为 1 号红色，设置虚线层为 6 号洋红色。

（4）更改线型　单击某图层中线型（默认为实线 continuous）可打开“选择线型”对话框，如图 2-12 所示。如果该对话框中有所需的线型，选中它，单击“确定”即完成设置；若没有所需的线型，则单击“加载”按钮，弹出“加载或重载线型”对话框，如图 2-13 所示。在图 2-13 中选择所需的线型，单击“确定”按钮，返回图 2-12，再从图 2-12 中选中所需的线型，单击“确定”按钮即完成设置。

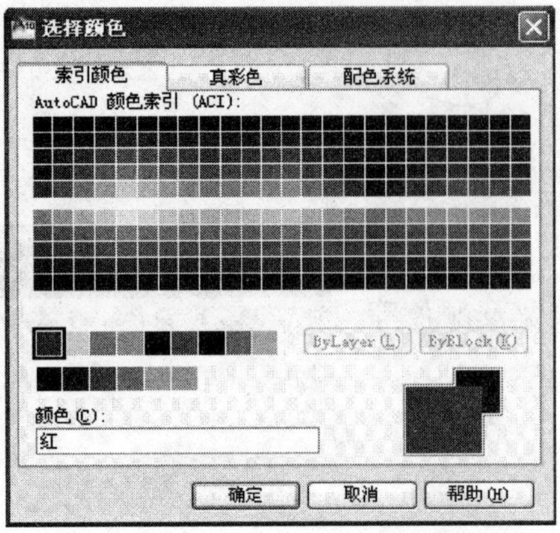

图 2-11　“选择颜色”对话框

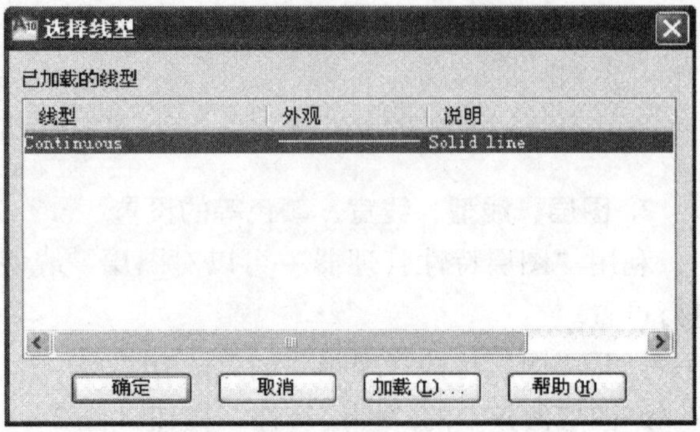

图 2-12　“选择线型”对话框

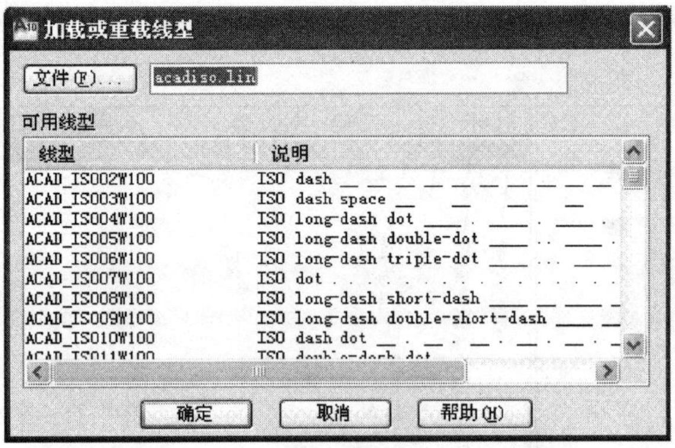

图 2-13　“加载或重载线型”对话框

☞**注：**

1）工程制图中常用的线型主要有实线，虚线，点画线及双点画线等。AutoCAD 标准线型库中提供了约 60 种不同的线型，虚线或点画线都有多种长短不同、间隔不同的线型，只有适当搭配它们，在同一线型比例下才能绘制出符合工程制图标准的图线。下面推荐几种常用的线型，供参考。

① 实线：Continuous。

② 虚线：DASHED（或 ACAD_ISO02W100）。

③ 点画线：CENTER（或 ACAD_ISO04W100）。

④ 双点画线：ACAD_ISO05W100

2）下面推荐几个常用的设置要求（图形样板可按下述几种要求设置）。

图层名	颜色	线型	线宽
0	白色	Continuous（实线）	默认
粗实线层	白色	Continuous	0. 5mm
细实线层	绿色	Continuous	0. 25mm（或 0. 13mm）
中心线层	红色	Center（点画线）	0. 25mm（或 0. 13mm）
虚线层	洋红	Dashed（虚线）	0. 25mm（或 0. 13mm）
尺寸标注层	白色	Continuous	0. 25mm（或 0. 13mm）
文字标注层	白色	Continuous	0. 25mm

（5）更改线宽　单击图 2-10 中某图层的线宽（默认），可打开线宽设置对话框，为该层选择线宽，如图 2-14 所示，选择某值后单击“确定”按钮即可。例如，将粗实线层设置线宽为 0. 5mm，将细实线层、虚线层、中心线层设置线宽为 0. 25 mm（或 0. 13mm）等，如图 2-15 所示。

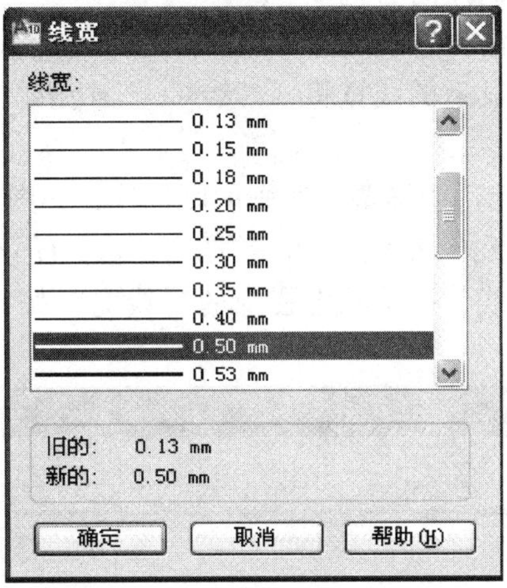

图 2-14　“线宽”设置对话框

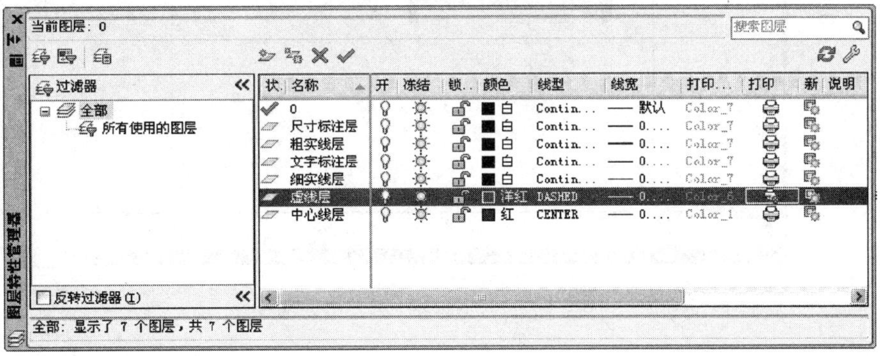

图 2-15　常用图层设置示例

☞注：

如果单击某图层的“打印”图标，则会为该图层加上不打印记号，该层将不可打印。如图 2-15 中的虚线层被加上了不打印符号。

以上项目设置完成后，单击“关闭”按钮，退出“图层特性管理器”对话框。

八、显示线宽设置

AutoCAD 提供了显示线宽的功能，但默认的系统配置是不显示线宽的，若要显示出设置的线宽，应按下述操作进行：

1）单击状态栏上的“线宽”按钮（处于按下状态），可按系统设置的比例显示线宽。

2）右键单击“线宽”按钮，选择“设置”，或用“格式”菜单/“线宽”命令，打开图 2-16 所示的“线宽设置”对话框。选中“显示线宽”选项，单击“确定”按钮即可。

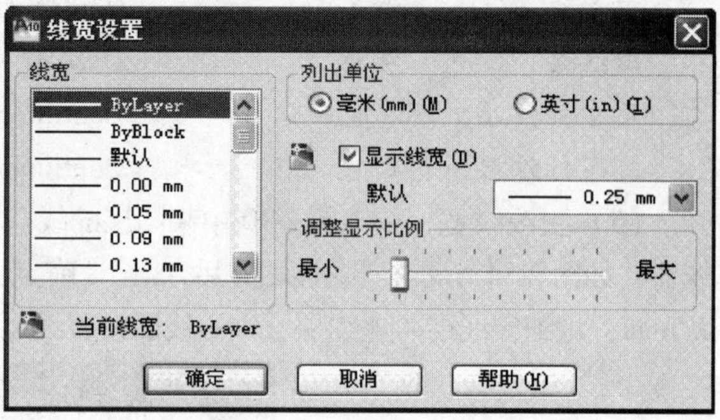

图 2-16　“线宽设置”对话框

在图 2-16 中，拖动“调整显示比例”滑块，可调整线宽显示的比例。向右拖动滑块，线宽渐粗；向左拖动滑块，线宽渐细。当前位置（第一格处）显示的线宽将与用户所设置线宽一致。

图层设置完成后，用鼠标选中屏幕上所画的图框线，如图 2-17 所示，从弹出的“快捷特性”对话框中，选择图层下拉列表中“粗实线层”，再关闭该对话框，此时，图框线便从原来的细实线转换成了粗实线，按下状态栏上的“线宽”按钮，图框便显示出粗实线来，如图 2-23 所示。

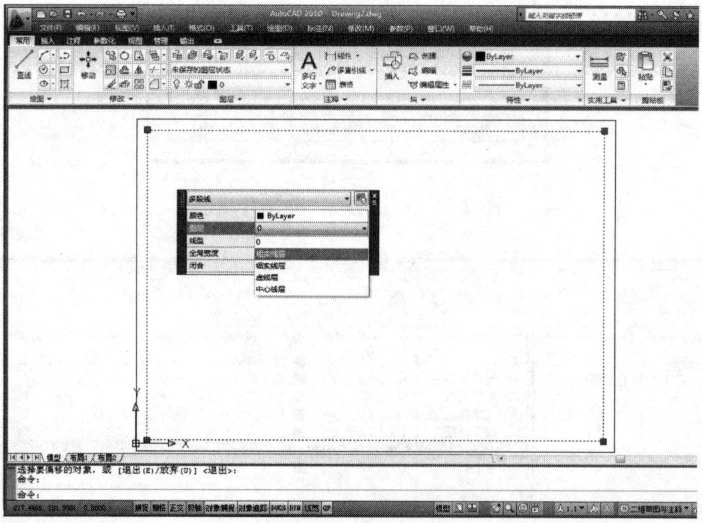

图 2-17　将图框线转换为粗实线

九、设置线型比例

线型比例是控制虚线、点画线的间隔与线段长短的，线型比例若不合适，会造成间隔过大或过小（使点画线或虚线看起来是实线）。因此，可根据图幅大小选择合适的线型比例，一般是按经验选取。

用“格式”菜单下的“线型”命令打开图 2-18 所示的“线型管理器”对话框。修改“全局比例因子”框中的比例值，默认为 1. 0000，一般设定为 0. 3 ~ 0. 7 较合适，其值大小随图幅的不同而不同，其他比例因子可以不调整。图 2-19 是“全局比例因子”为 1 的线型显示，图 2-20 是“全局比例因子”为 0.4 的线型显示。

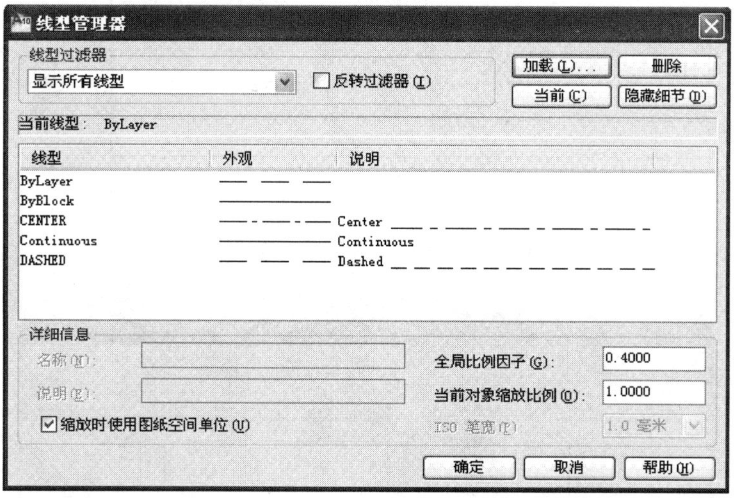

图 2-18　“线型管理器”对话框

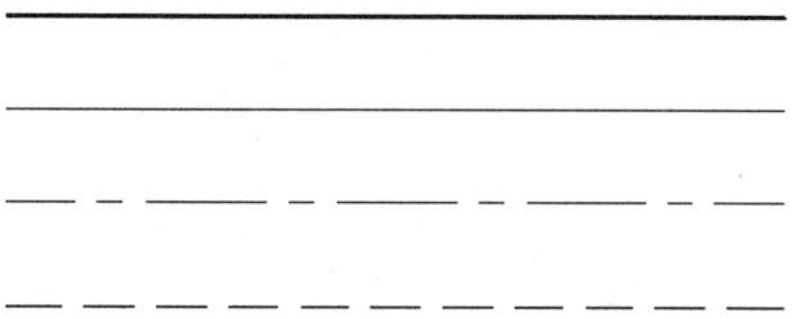

图 2-19　“全局比例因子”为 1 的图线

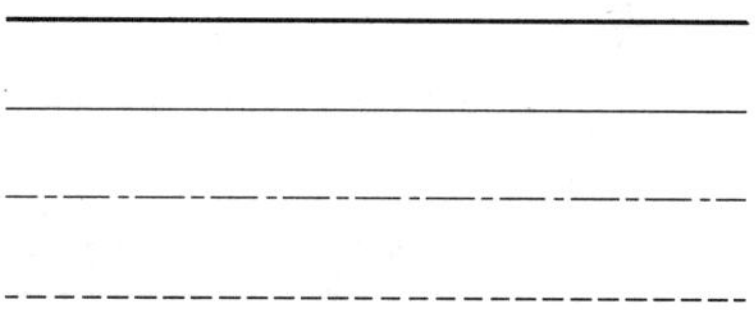

图 2-20　“全局比例因子”为 0.4 的图线

☞**注：**

如果在图 2-18 中未见到“全局比例因子”框，可用“隐藏细节/显示细节”按钮切换显示出来。

十、用“直线”命令画出标题栏并输入文字

GB/T 10609.1—2008 规定的标题栏格式如图 2-21 所示，在学校制图作业中也可采用图 2-22所示的标题栏格式和尺寸（建议）。绘制出标题栏后，将其移至图框的右下角处，如图 2-23 所示。

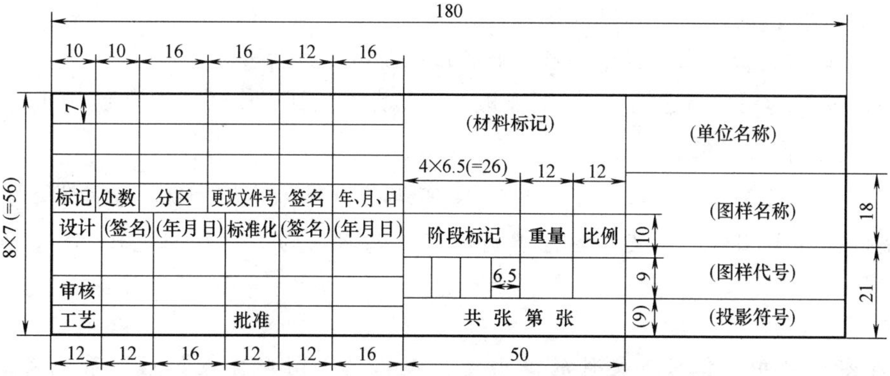

图 2-21　GB/T 10609.1—2008 规定的标题栏格式

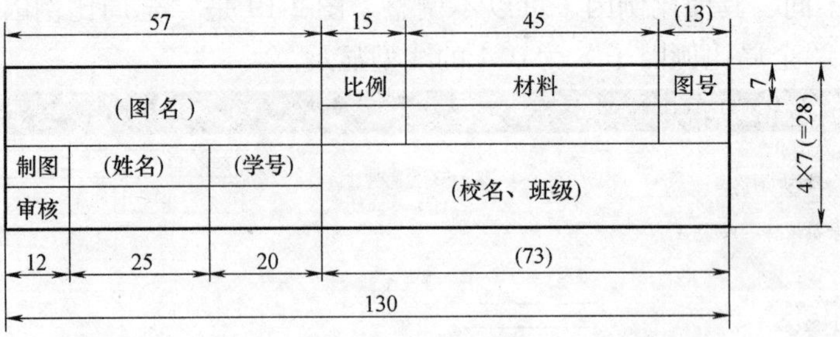

图 2-22　学校制图作业中采用的标题栏格式（建议）

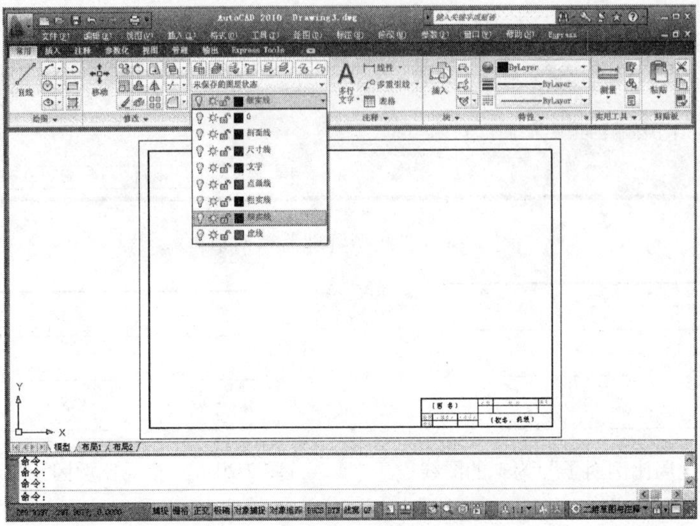

图 2-23　用户自建的 A3（无装订边）图形样板文件界面（模型空间）

十一、其他设置

1）设置辅助绘图工具模式（捕捉、极轴等，参见第五章，此处也可跳过，以后再设置）。

2）设置文字标注样式和尺寸标注样式（参见第六章，此处也可跳过，以后再设置）。

3）创建常用图块（如表面粗糙度图块、基准图块、剖切符号等，参见第七章，此处也可跳过，以后再设置）。

4）打印样式设置（参见第十一章，此处也可跳过，以后再设置）。

图 2-23 所示为用户自建的 A3 图形样板文件的界面，其工作环境为模型空间。

十二、保存图形样板文件

“文件”/“另存为”命令，从打开的“图形另存为”对话框中选择文件类型为“AutoCAD 图形样板（*.dwt）”，文件名称可自取，例如取名为“自建 A3_1.dwt”，如图 2-24 所示。

☞**注：**

1）在图 2-24 中选择保存文件的类型为“AutoCAD 图形样板”后，系统将默认打开“Template”文件夹作为存盘位置。

图 2-24　保存文件类型为“AutoCAD 图形样板（＊. dwt)”

2）以后再新建文件时，可从系统自动打开的“选择样板”对话框（图 1-30）中选择用户自建的样板文件（例如“自建 A3_1. dwt”），直接绘图即可，从而省略了重复设置绘图环境的操作。用户自建的绘图样板文件工作空间为模型空间。

3）同理，用户可调出自建的样板文件，通过修改图形界限为 A2 图幅（420×594）、A4 图幅（297×210），将其另存为“自建 A2. dwt”、“自建 A4. dwt”等图形样板。

4）关于“十一”步骤中捕捉工具、极轴的设置、文字标注样式、尺寸标注样式的设置、图块的创建以及打印样式的设置等内容，当学完后续几章内容后，可添加到图形样板文件中将其补充完整。其方法是通过调用样板文件，添加上述各项内容后，通过“另存为”命令重新存盘，覆盖原文件名即可更新图形样板文件。

第二节　调用系统预置的绘图样板文件

系统预先设置的图形样板文件已对绘图环境进行了设置（包括绘图单位、图幅、图层、图框、线型、标题栏、文字标注样式及尺寸标注样式等），用户直接选用即可。图 2-25 所示为打开的“选择样板”对话框，其中显示了系统提供的许多绘图样板文件，该类型文件的扩展名为“. dwt”，用户可以直接调用其样板来绘制图形。例如，在图 2-25 中选择了一个图形样板文件“Gb_a3-Color Dependent Polt Styles. dwt”，单击“打开”按钮后，直接进入图纸空间（布局 1）绘图，该图纸空间自动取名称为“Gb A3 标题栏”，如图 2-26 所示。

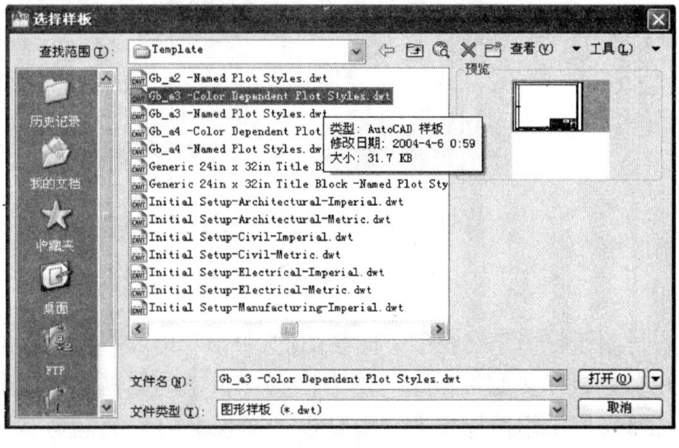

图 2-25　选择系统预置的样板文件

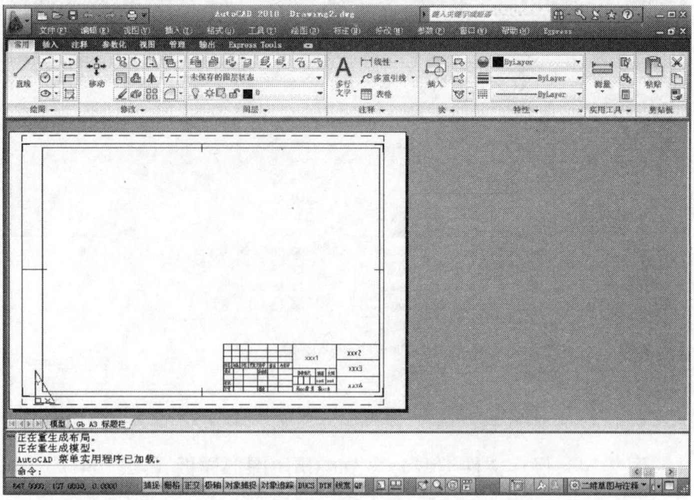

图 2-26　该布局名称为“Gb A3 标题栏”

从图 2-26 中可见，该样板文件中预置了标题栏格式及图框线，系统预置的图层如图 2-27所示，其线型均为实线，系统预置的尺寸标注样式为“GB－35”，文字标注样式有“Standard”和“工程字”两种。在该图纸空间中，用户可以像在模型空间一样进行图形的绘制，双击标题栏上的文字（称为属性）可打开“增强属性编辑器”对话框，可在其中修改文字内容（称为属性值），在图纸空间的绘图过程就像在一张图纸上绘图一样，只不过在绘图时要重新设置一些图层、线型以及尺寸标注样式，才能满足绘图的需要。

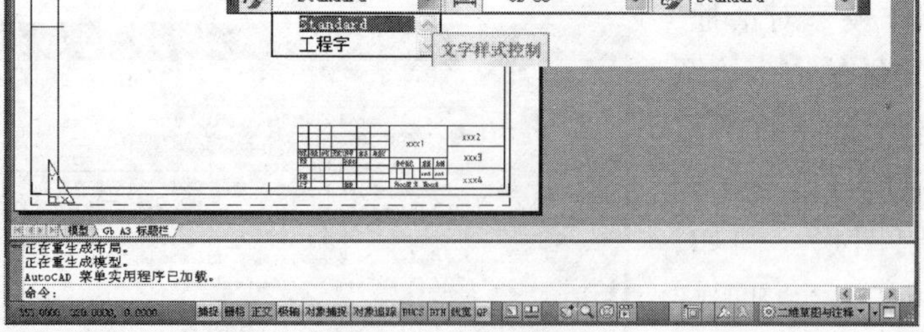

图 2-27　样板文件中系统预置的图层及文字样式和尺寸样式等

对于习惯于在模型空间绘图的用户，如果想用系统预置图形样板在模型空间绘图，可采用剪贴板“复制－粘贴”的方法将样板中的图框和标题栏等复制到模型空间，方法是：在图纸空间中用鼠标单击“剪贴板”面板上的“复制剪裁”按钮，拖动鼠标（窗选）将图框及标题栏等都选中，再单击窗口左下角的“模型”按钮，打开模型空间窗口，再单击“剪贴板”面板上的“粘贴”按钮，并指定插入点，便可将其复制到模型空间了，其复制结果如图 2-28 所示。

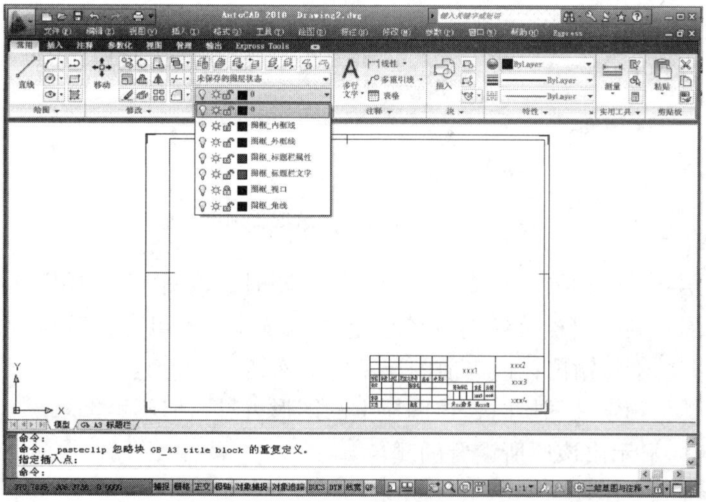

图 2-28　将图形样板从图纸空间复制到模型空间

☞**注：**

图纸空间（布局）中的图形样板文件是进行了打印设置的。当绘图完成后，从“文件”菜单中选择“打印”命令，从打开的对话框中选择打印机后便可以直接打印，不用再进行设置。将图框和标题栏等复制到模型空间后，完成绘图再打印时，需进行打印设置，具体设置操作参见第十一章。

第三节　图层面板及特性面板的使用

一、“图层”面板及工具栏的使用

1. 用“图层”面板切换当前图层

在绘图的过程中，经常需要通过切换图层来绘制出不同线型的图形。例如，画中心线时，要先切换到中心线层，然后画出来的线都是中心线（点画线）；要画虚线时，要先切换到虚线层，画出来的线都是虚线，直到下一次切换为止。切换图层最快捷的方法是：从“图层”面板的下拉图层列表中选择一个图层名，该图层即被设置为当前层，并显示在该窗口上，如图 2-29所示，接下来绘制的图形即为当前图层所设置的线型。此外，要修改已有实体的线型，可单击选中该实体，再从打开的“特性”对话框中修改（如图 2-17 中对图框线的修改），或按图 2-29所示的方法修改。

图 2-29　从“图层”面板切换当前图层

2. 图层工具栏

如果打开图层工具栏，也能切换图层。图层工具栏中其他各项的功能如图 2-30 所示。

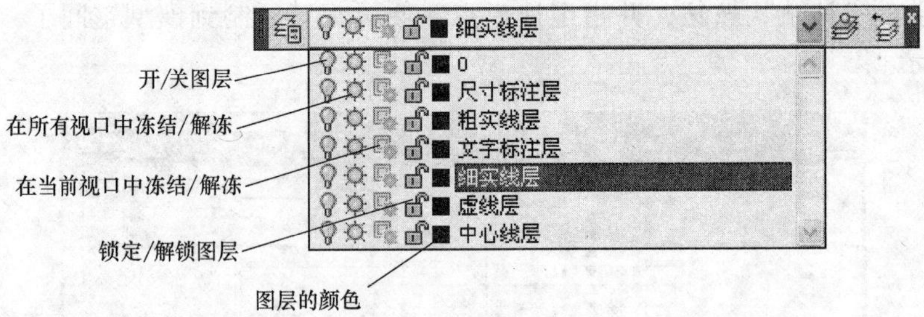

图 2-30　图层工具栏中其他各项的功能

1）开/关图层：单击切换开与关。当图层被关闭时，该图层上的图形被隐藏不可见。

2）冻结/解冻：某图层被冻结时，该层上图形被冻结不可见，其执行速度比关闭图层要快，在绘图仪上也不能输出，但当前图层不能被冻结。

3）锁定/解锁：锁定某图层时，该图层上的图形可见，但不可编辑。

4）图层颜色：显示出该层所设置的颜色。

二、“特性”面板及工具栏的使用

绘图时，为了便于管理，同一线型的图线一般画在同一层上。例如，画粗实线时，将“粗实线层”置为当前层，画出的图线均为粗实线；画虚线时，将“虚线层”置为当前层，画出的图线均是虚线。当需要将有些线型隐藏时，只需将该线型所在的图层关闭即可。若要某种线型不被修改，只需将该种线型所在的图层锁定，必要时再打开或解锁。此种情况下，“特性”面板（或“特性”工具栏）上的颜色、线型、线宽等均为“byLayer”（随层）。图 2-31所示为二维绘图与注释工作空间的“特性”面板，图 2-32 所示为“特性”工具栏。

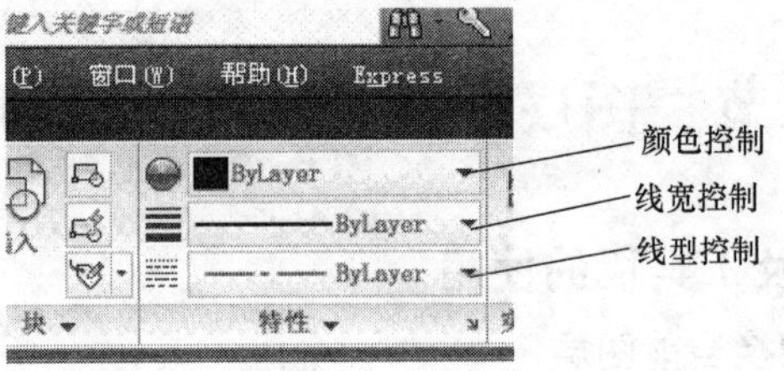

图 2-31　“特性”面板

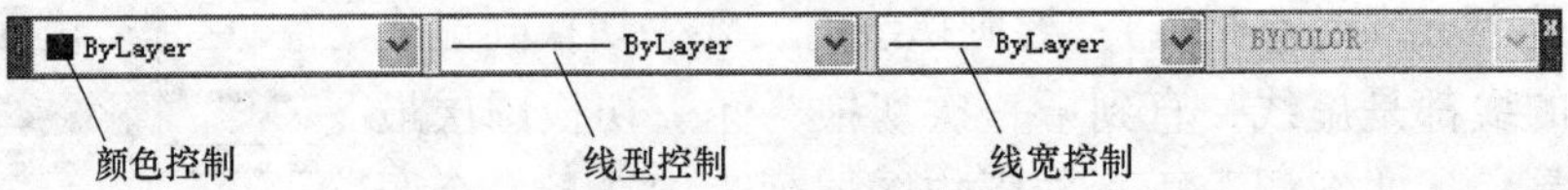

图 2-32　“特性”工具栏

但在有些情况下，需要在同一图层上画出不同的颜色或线型的图线。例如，需要将某个零件的全部图形画在一个图层上，以控制该零件在装配图中的显示与否。这时，可在同一图层上绘制不同颜色或线型的图线。但这时图层的线型、颜色及粗细等均不再随层变化了。同一图层上选择不同的颜色、线型及线宽的方法是分别从“颜色控制”、“线型控制”及“线宽控制”下拉列表中选择不同的颜色、线型及线宽等，如图 2-33 和图 2-34 所示，然后再画出图形。

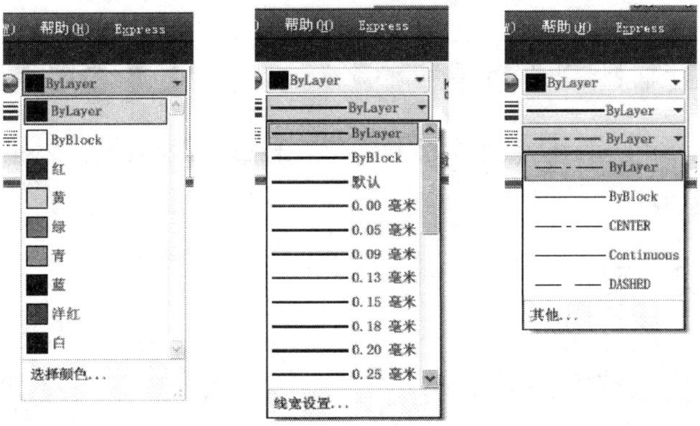

图 2-33　从面板下拉列表中选择不同的颜色、线型及线宽

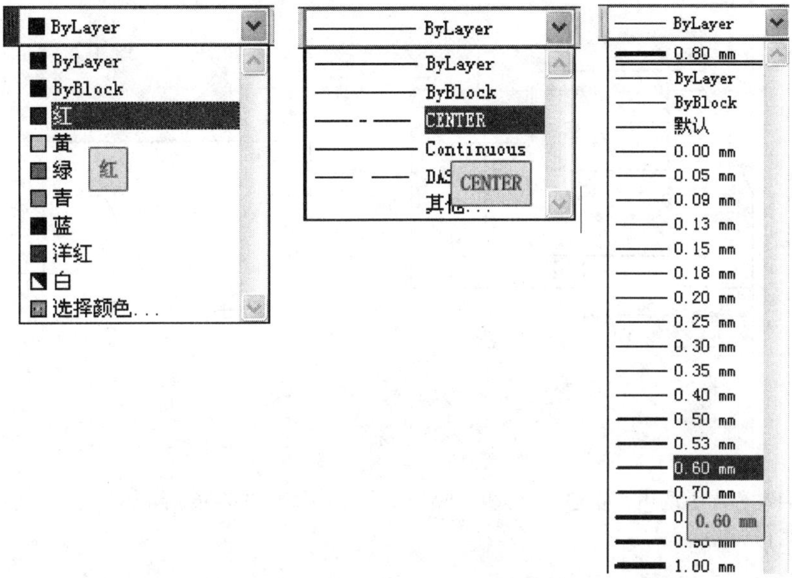

图 2-34　从工具栏下拉列表中选择不同的颜色、线型及线宽

思考与上机练习

一、复习与思考

1. 简述设置一张图幅界限为 420mm × 297mm（A3 图纸）的操作步骤。
2. 在绘制图形时，如果发现某一图形没有绘制在预先设置的图层上，应如何纠正？
3. 如果一个实体的线型不合要求，应怎样进行纠正？有哪几种方法？
4. 如果某种线型的比例不合适，如虚线的间距太长或线段太长，应如何调整？
5. 线宽设定之后，可能没有显示出来，应如何显示出线宽？又怎样保证按用户所设定的线宽显示？
6. 在同一图层上一般设置出一种线型，一种颜色，但有时需要在同一图层上显示出不同的线型或颜色，用什么方法才能实现？
7. 图层的特性最常用的是哪几项？如何设置？

二、上机练习

练习 1　根据本章第一节的操作步骤，自建一个名为“自建 A3 样板 . dwt”的图形样板文件，并保存在系统中。

练习 2　根据本章第一节的操作步骤，自建一个名为“自建 A4 样板 . dwt”的图形样板文件，并保存在系统中。

练习 3　启动程序，调用“自建 A3 样板 . dwt”文件，抄画出图 2-35 所示的图形，并保存文件为“第一次上机练习图形 . dwg”。

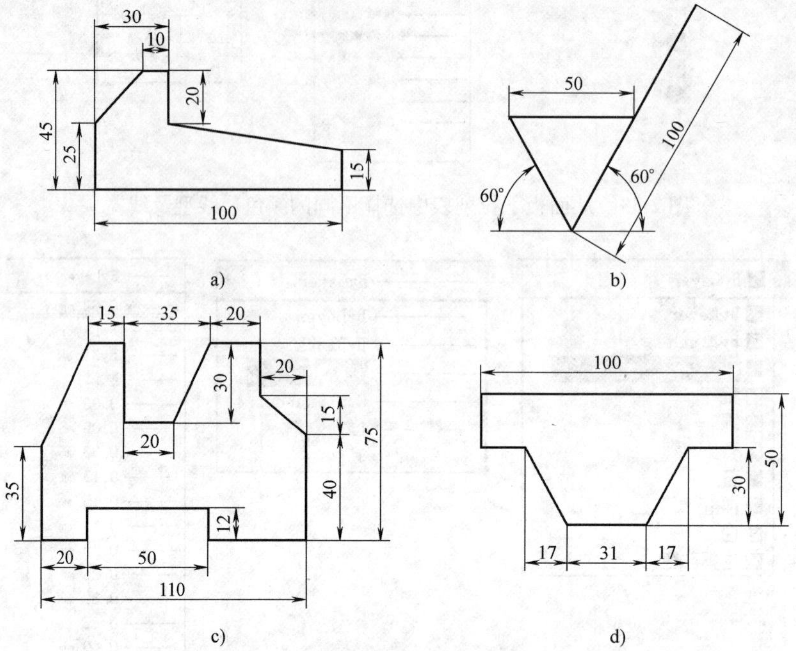

图 2-35　练习 3 图

练习 4　启动程序，调用“自建 A4 样板 . dwt”文件，抄画出图 2-36 所示的图形，并保存文件为“第二次上机练习图形 . dwg”。

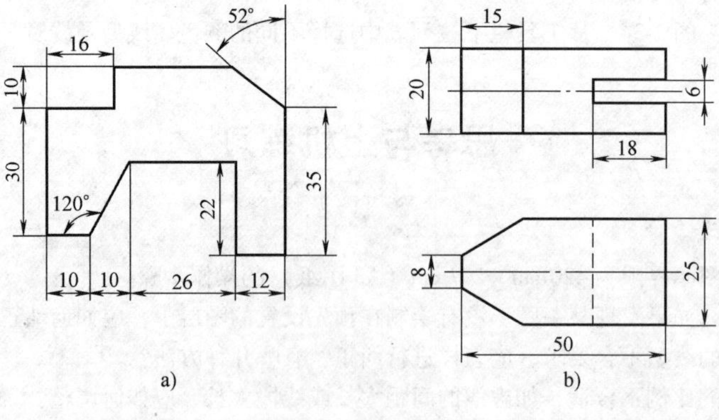

图 2-36　练习 4 图

第三章　AutoCAD 基本绘图命令

从本章开始，二维绘图主要在“二维绘图与注释”工作空间中进行。本章通过介绍面板上的基本绘图命令按钮介绍平面图形的绘制操作（包括点、直线、圆、圆弧、矩形、正多边形及椭圆等）。喜欢 AutoCAD 经典工作空间的用户也可在经典工作空间中进行操作，其方法仍与旧版本的操作类似。

本章主要介绍以下内容：

- 直线、构造线、射线、多段线
- 正多边形、矩形
- 圆、圆弧、椭圆、圆环
- 修订云线、样条曲线、点
- 图案填充、渐变色填充
- 创建表格

本章介绍的“绘图”面板上的命令按钮如图 3-1 所示。“绘图”工具栏上的相应命令按钮如图 3-2 所示。

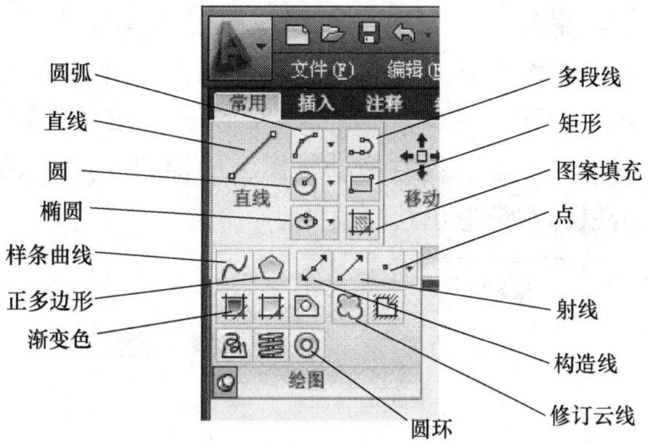

图 3-1　“绘图”面板上的命令按钮

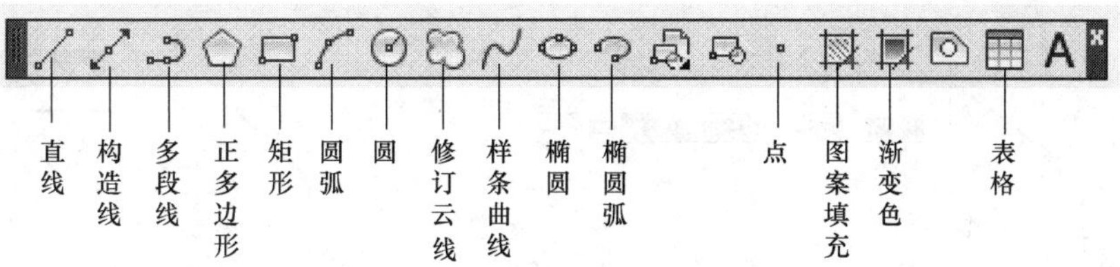

图 3-2　“绘图”工具栏上的命令按钮

第一节　直线、构造线、射线、多段线

一、直线

功能：按每两点连线方式绘制直线，如不终止，可连续绘制下去，每条线段都是可以单独编辑的直线对象。

输入命令的方式：

➢“绘图”面板上的“直线”命令按钮（图 3-3）

➢菜单“绘图”/“直线”

➢“绘图”工具栏上的“直线”按钮

➢键盘输入命令：Line（或 L）↙

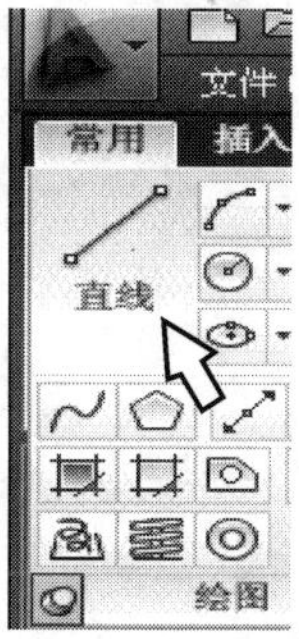

图 3-3　“绘图”面板上的“直线”命令按钮

操作提示：

1）输入第 1 点，下一点……U 为放弃，C 为闭合。

2）单击状态行上的“正交”按钮（或按 F8 键），只能画正交线。

3）可按下“DYN”按钮，按动态输入法绘制直线上的各点。

例 3-1　用直线命令绘制图 3-4 所示的图形。

方法 1：用动态输入法绘制(“DYN”按钮处于按下状态)

执行“直线”命令，用鼠标点取任意点作为第 1 点 *A*，将“极轴”按钮开启（按下状态），向上拖动鼠标出现极轴线时输入 25（图 3-5a），按回车键得到 *B* 点（图 3-5b）；向右上方拖动鼠标，出现图 3-5b 提示时输入（@20，20），如图 3-5c 所示，按回车键得到 *C* 点；再向右拖动鼠标，出现水平极轴线时输入 10，如图 3-5d 所示，按回车键得到 *D* 点；向下拖动鼠标，输入 20 按回车键得到 *E* 点；再向右下方拖动鼠标，输入（@70，－10），如图 3-5e 所示，按回车键得到 *F* 点；向下拖动鼠标，输入 15，按回车键得到 *G* 点，向左拖动鼠标，捕捉到 *A* 点，如图 3-5f 所示，单击鼠标左键完成图 3-4，再单击鼠标右键退出绘制直线。

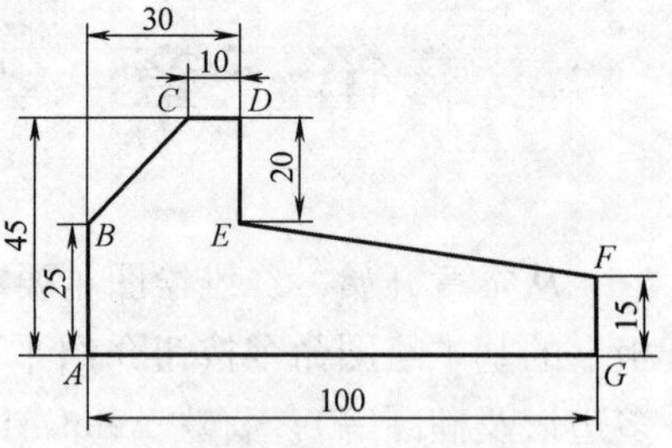

图 3-4　用直线命令绘制图形

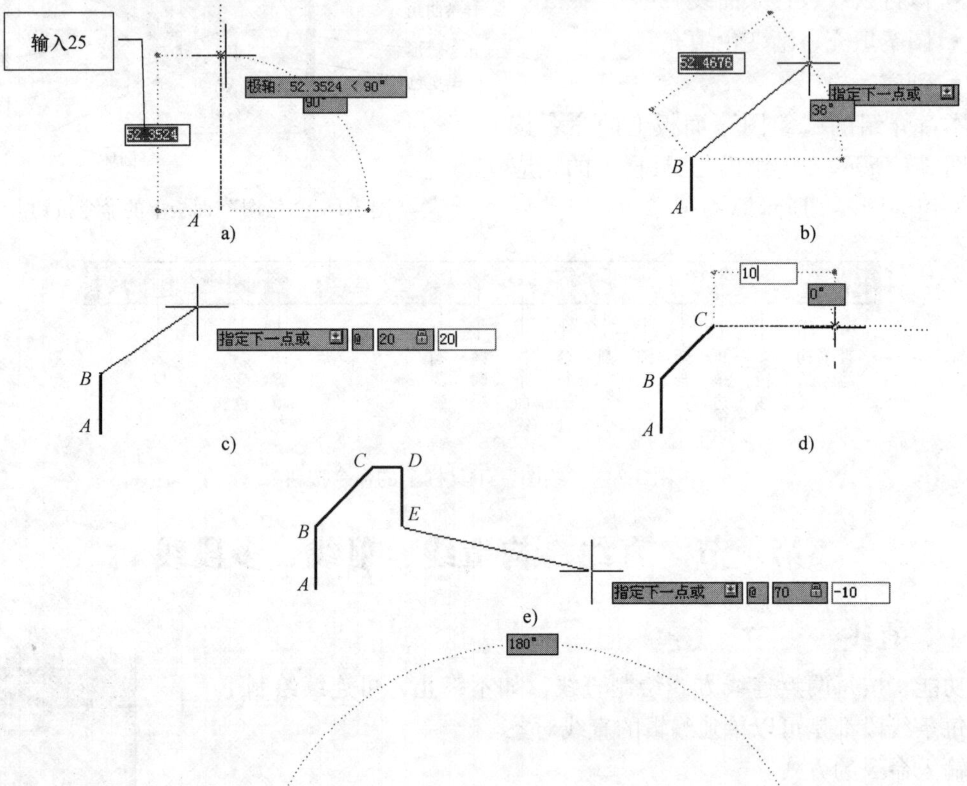

图 3-5　用动态输入法绘制图 3-4

方法 2：用非动态输入法绘制（“DYN”按钮弹起）

第 1 点 *A* 用鼠标点取，按下“极轴”，向上拖动鼠标，出现垂直极轴线时输入 25，按回车键得到 *B* 点；输入（@20，20）按回车键得到 *C* 点；向右拖动鼠标，出现水平极轴线时输入 10，按回车键得到 *D* 点；向下拖动鼠标，出现垂直极轴线时输入 20，按回车键得到 *E* 点；向右下方拖动鼠标，输入（@70，－10）得到 *G* 点；向下拖动鼠标，出现垂直极轴线时输入 15，按回车键得到 *F* 点；输入 C 并按回车键，封闭图形。

☞**注**：

1）方法一所示的数据输入均出现在绘图区域（图 3-5）中，而方法二所示的数据输入均出现在命令行上。

2）AutoCAD 2010 为每一个建立的实体对象（每类实体或一组实体）保存了最常用的特性设置，当用鼠标选定某一对象或一组对象时，窗口将自动打开“快捷特性”选项板，其中列出了选定对象或一组对象的特性的当前设置，可以对其进行修改，或指定新值，从而修改该对象的特性。例如，选中图 3-6 中的线段 *EF* 时，会打开该实体对象的“特性”选项板，从中显示出当前的特性值。图 3-7 所示为通过该选项板修改其特性值，如将粗实线修改为虚线、黑色修改为红色，设置完成后按 Esc 键关闭“快捷特性”选项板。

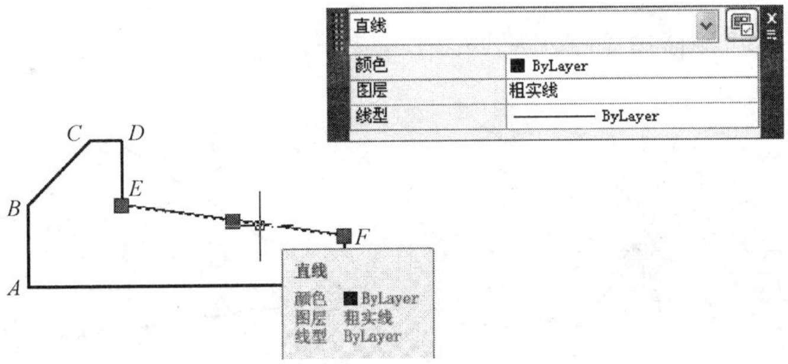

图 3-6　选中 *EF* 线段时打开其“特性”选项板

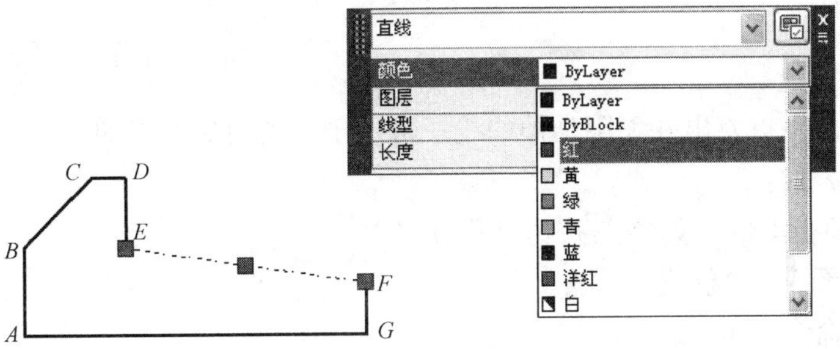

图 3-7　通过“特性”选项板修改 *EF* 线段的线型、颜色等特性值

二、**构造线**（无限长线）

功能：用于在工程图中画图架线、辅助线等，可按指定的方式和距离画一条或多条无限长直线。

输入命令的方式：

➢“绘图”面板上的“构造线”按钮（图 3-8）
➢“绘图”工具栏上的“构造线”按钮
➢菜单“绘图”/“构造线”
➢键盘输入命令：XLine（或 XL）↙

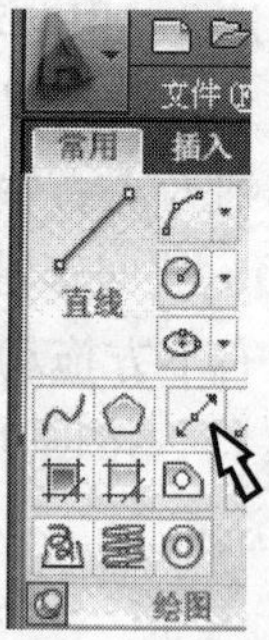

图 3-8　“绘图”面板上的“构造线”命令按钮

操作提示：

_xline 指定点或［水平(H)/垂直(V)/角度(A)/二等分(B)/偏移(O)］：

1）指定点：画出通过指定点的一组无限长线。提示指定通过点，确认后系统又提示指定通过点……（图 3-9a）。

2）水平（H）：画水平线。提示指定通过点，确认后系统又提示指定通过点……，可画出一组水平线。

3）垂直（V）：画垂直线：提示指定通过点，确认后系统又提示指定通过点……，可画出一组垂直线。

4）角度（A）：按指定角度画构造线，并提示指定通过点……

5）二等分（B）：画角二等分线（并提示输入角顶点 1. 角起点 2. 角终点 3 等，见图 3-9b）。

6）偏移（O）：同偏移命令（见第四章）。

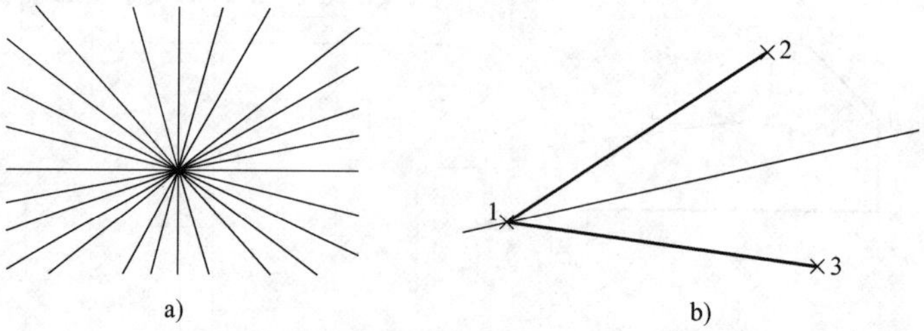

图 3-9　绘制构造线
a）通过指定点的一组射线（无限长）　b）用二等分（B）画角平分线（无限长）

三、射线

功能：创建由一点发出并无限延伸的线，可用于其他对象的参照。

输入命令的方式：

➢“绘图”面板上的“射线”按钮（图 3-10）
➢菜单“绘图”/“射线”
➢键盘输入命令：Ray↙

操作提示：

_ray 指定起点：

指定通过点：

指定通过点：

图 3-11 所示为指定一系列通过点绘制的射线图例。

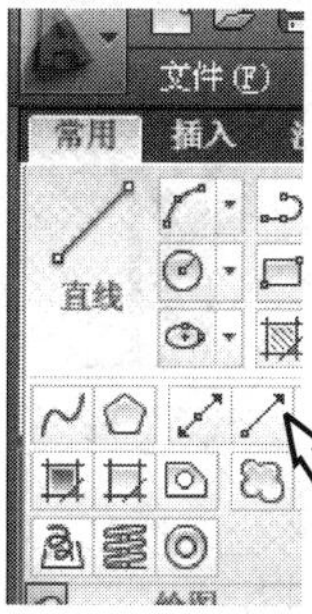

图 3-10　“绘图”面板上的“射线”命令按钮

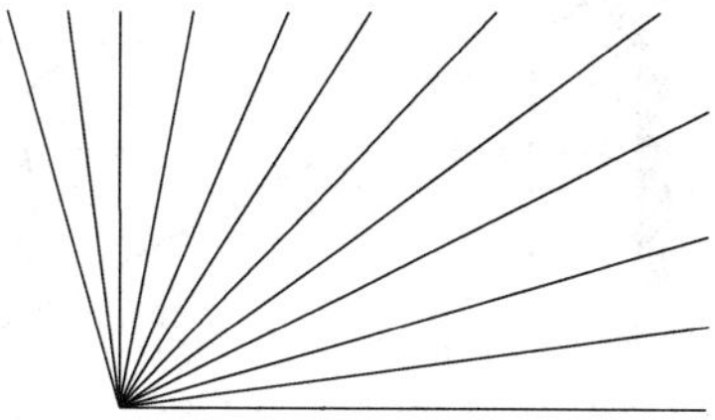

图 3-11　绘制射线

四、多段线（复合线）

功能：绘制二维多段线。多段线可由直线和弧线组成，可改变宽度，画成等宽或不等宽的线，由一次命令画成的直线或弧线是一个整体。

输入命令的方式：

➢“绘图”面板上的“多段线”按钮（图 3-12）

➢“绘图”工具栏上的“多段线”按钮

➢ 菜单“绘图”/“多段线”

➢ 键盘输入命令：Pline（或 PL）↙

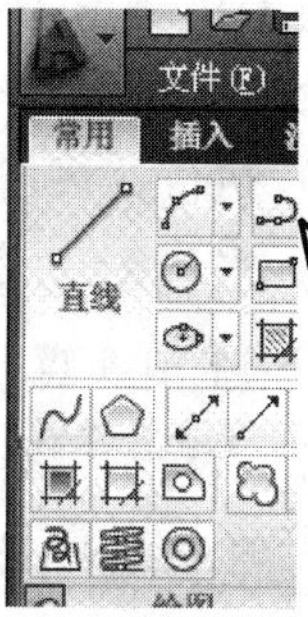

图 3-12　“绘图”面板上的“多段线”命令按钮

操作提示：

指定起点：
当前线宽为 0.0000
指定下一个点或［圆弧(A)/半宽(H)/长度(L)/放弃(U)/宽度(W)］：

1）连续指定下一个点，可画多条直线。

2）圆弧（A）：可由直线状态转为画圆弧。选择 A，按回车键后，继续提示为：

指定圆弧的端点或：
［角度(A)/圆心(CE)/闭合(CL)/方向(D)/半宽(H)/直线(L)/半径(R)/第二个点(S)/放弃(U)/宽度(W)］：

可按角度（A）指定角度画弧，按指定圆心（CE）方式画弧等，按直线（L）可重新转为画直线。

3）宽度（W）或半宽（H）：可指定线的宽度和半宽度画线。继续提示为：

指定下一个点或［圆弧(A)/半宽(H)/长度(L)/放弃(U)宽度(W)］：W
指定起点宽度 <0.0000>:5
指定端点宽度 <5.0000>:5
指定下一个点或［圆弧(A)/半宽(H)/长度(L)/放弃(U)/宽度(W)］：

☞**注：**

当起点宽度与终点宽度相同时，可画出指定宽度的等宽线；当起点宽度与终点宽度不同时，可画出锥度线或宽度变化的线；当某宽度为零时，可画出尖点，如图 3-13 所示。

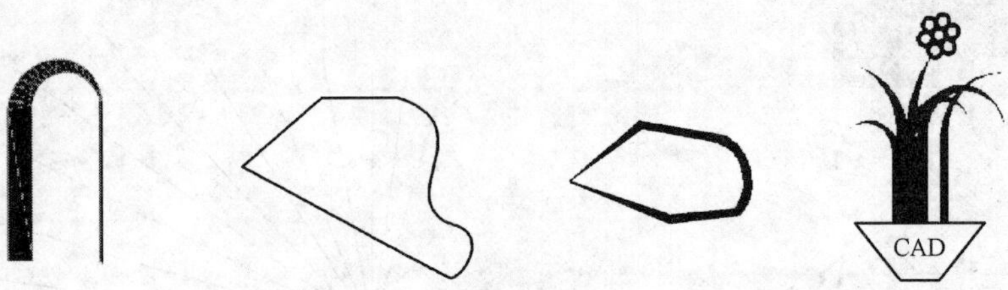

图 3-13　用多段线命令绘制的等宽线和锥度线（花用“圆环”命令绘制）

4）闭合（CL）：该选项自动将多段线闭合，并结束命令。

例 3-2　用多段线命令绘制图 3-14 所示的图形。

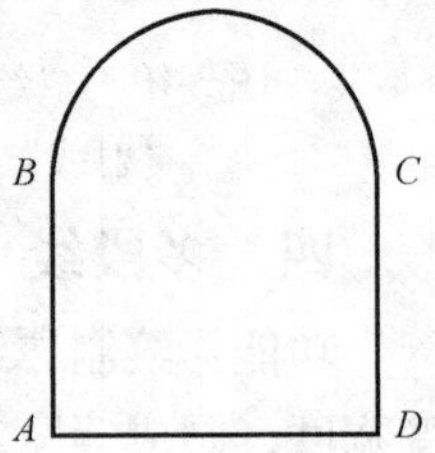

图 3-14　用多段线命令绘制的图形

操作步骤为：

1）执行“多段线”命令。

2）当提示“指定起点：”时，可用鼠标指定某点作为起始点（如图 3-14 中 *A* 点）。

3）当提示“指定下一个点或［圆弧（A）/半宽(H)/长度(L)/放弃(U)/宽度（W)］：”时，键盘输入 W，再按回车键。

4）当提示“指定起点宽度 <0.0000 >”时，输入起点线宽 0.4，按回车键。

5）当提示“指定端点宽度 <0.4000 >”时，输入端点线宽 0.4，按回车键。

6）拖动鼠标画出 *B* 点，得 *AB* 等宽的直线段。

7）当提示“指定下一个点或［圆弧(A)/ 半宽(H)/长度(L) /放弃(U) /宽度（W)］：”时，输入 A，按回车键（将转为画圆弧）。

8）当提示“指定圆弧的端点或［角度(A)/圆心(CE)/闭合(CL)/方向(D)/半宽(H)/直线(L)/半径(R)/第二个点(S)/放弃(U)/宽度(W)］：”时，拖动鼠标画出 *C* 点，得到圆弧 *BC* 段。

9）当提示“指定圆弧的端点或［角度(A)/圆心(CE)/闭合(CL)/方向(D)/半宽（H)/直线(L)/半径(R)/第二个点(S)/放弃(U)/宽度(W)］：”时，输入 L，按回车键（将圆弧再转为画直线）。

10）当提示“指定下一点或［圆弧(A)/闭合(C)/半宽(H)/长度(L)/放弃(U)/宽度(W)］：”时，拖动鼠标指定 *D* 点画出 *CD* 段直线。

11）当提示“指定下一点或［圆弧(A)/闭合(C)/半宽(H)/长度(L)/放弃(U)/宽度(W)］：”时，输入 C，按回车键，将图形封闭到 *A* 点，得到图 3-14 所示的图形。

例 3-3　用多段线命令绘制图 3-15 所示的箭头。

图 3-15　用多段线命令绘制箭头

操作步骤为：

1）执行“多段线”命令。

2）当提示“指定起点：”时，可用鼠标指定某点作为起始点，如图 3-15 中 *A* 点。

3）当提示“指定下一个点或［圆弧(A)/半宽(H)/长度(L)/放弃(U)/宽度(W)］:”时，键盘输入 W，再按回车键。

4）当提示“指定起点宽度 <0.0000>”时，输入起点线宽 0.5，按回车键。

5）当提示“指定端点宽度 <0.5000>”时，输入端点线宽 0.5，按回车键。

6）拖动鼠标画出 *B* 点，得 *AB* 等宽的直线段。

7）当提示“指定下一个点或［圆弧(A)/半宽(H)/长度(L)/放弃(U)/宽度(W)］:”时，键盘输入 W，再按回车键。

8）当提示“指定起点宽度 <0.5000>”时，输入箭头起点线宽 4，按回车键。

9）当提示“指定端点宽度 <4.0000>”时，输入箭头端点线宽 0，按回车键。

10）拖动鼠标画出 *C* 点，按回车键或右键结束画线。得到图 3-15 所示的箭头。

第二节　正多边形、矩形

一、正多边形

功能：可绘制三边形以上的正多边形。

输入命令的方式：

➢“绘图”面板上的“正多边形”按钮（图 3-16）

➢“绘图”工具栏上的“正多边形”按钮

➢菜单“绘图”/“正多边形”

➢键盘输入命令：Polygon↙

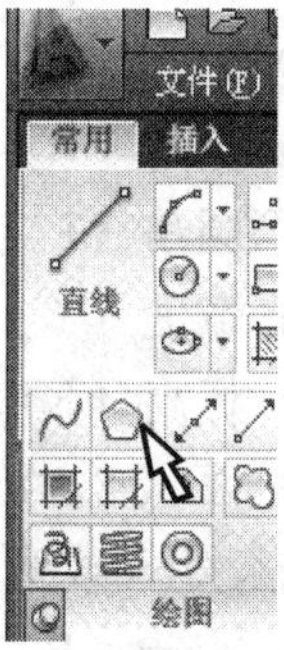

图 3-16　“绘图”面板上的“正多边形”命令按钮

操作提示：

_polygon 输入边的数目 <4>：输入多边形的边数

指定正多边形的中心点或边［边(E)］：指定中心点或按 E 键（按边长方式画多边形）

输入选项［内接于圆(I)/外切于圆(C)］<I>：用内接圆方式按 I 键，外切圆方式按 C 键

指定圆的半径：输入半径值

用三种方式画出的正六边形如图 3-17 所示。

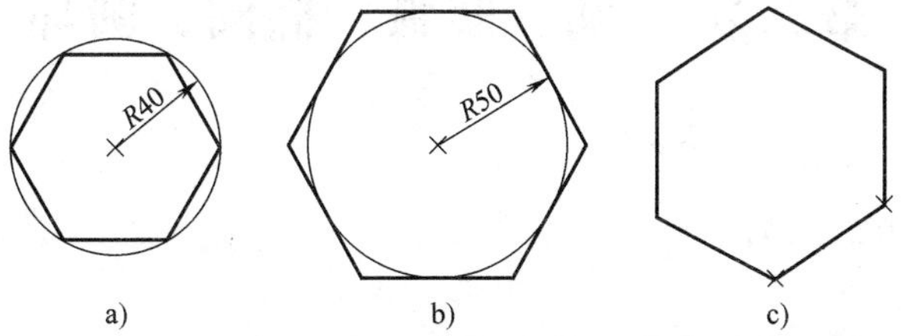

图 3-17　按三种方式画正多边形

a）内接圆方式　b）外切圆方式　c）指定边长

二、矩形

功能：指定两对角点画矩形。可画出指定线宽的矩形、圆角矩形和倒角矩形等。

输入命令的方式：

➤“绘图”面板上的“矩形”按钮（图 3-18）

➤“绘图”工具栏上的“矩形”按钮

➤菜单“绘图”/“矩形”

➤键盘输入命令：Rectang ↙

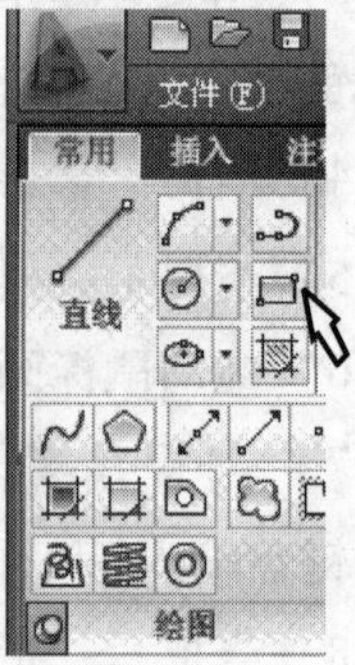

图 3-18　“绘图”面板上的“矩形”命令按钮

操作提示：

指定第一个角点或［倒角（C）/标高(E)/圆角(F)/厚度(T)/宽度(W)］：

指定另一个角点或［面积(A)/尺寸(D)/旋转(R)］：

1）指定第一个角点和第二个角点。可用鼠标沿对角线拖动画出两对角点，或用动态输入法输入两个对角点之间的相对坐标（即直接输入矩形的长度和宽度）画出两点，如图 3-19a 所示。

2）倒角（C）：指定倒角大小。画出带倒角的矩形，如图 3-19b 所示。

3）圆角（F）：指定圆角大小，画出带圆角的矩形，如图 3-19c 所示。

4）宽度（W）：指定线宽度，画出带有一定线宽度的矩形，如图 3-19d 所示。

5）标高（E）、厚度（T）：用于三维图形的绘制（此处略）。

6）面积（A）：用指定矩形面积的方式画矩形，此时需要进一步指定矩形面积大小以及矩形的长度（或宽度）等。

7）旋转（R）：按指定的旋转角度绘制矩形。

用四种方式画出的矩形如图 3-19 所示。

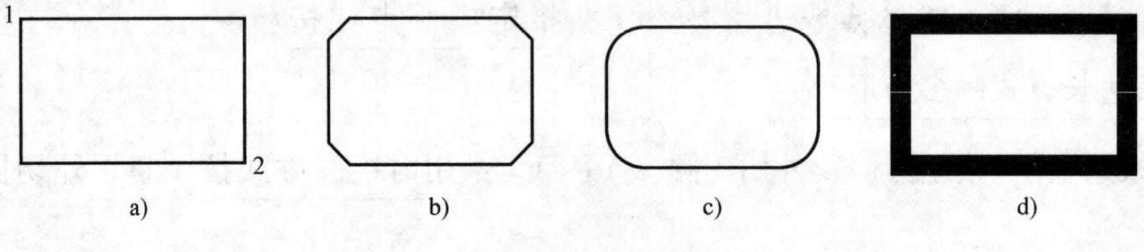

图 3-19　四种方式画矩形

a）指定两对角点　b）倒角 C　c）圆角 F　d）宽度 W

第三节　圆、圆弧、椭圆、圆环

一、圆

功能：按指定的方式画圆。

输入命令的方式：

➤“绘图”面板上的“圆”命令按钮（图 3-20）

➤“绘图”工具栏上的“圆”按钮

➢ 菜单“绘图”/“圆”

➢ 键盘输入命令：Circle ↙

“圆”命令按钮右侧的下拉列表中列出了 AutoCAD 提供的 6 种画圆方式，如图 3-21 所示。

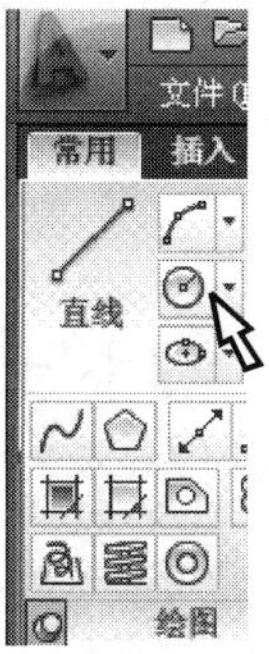

图 3-20　“绘图”面板上的“圆”命令按钮

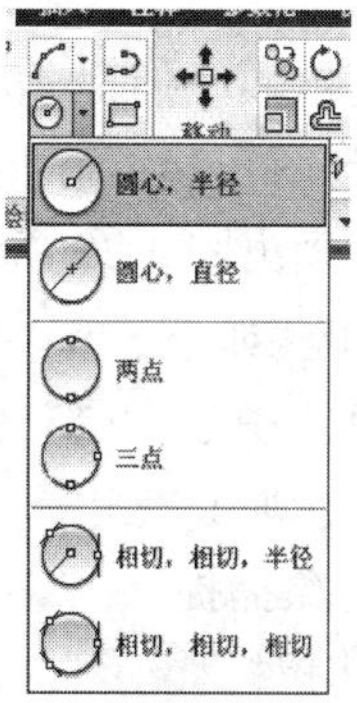

图 3-21　“圆”命令按钮右侧的下拉列表

1）指定圆心、半径（默认方式）。

2）指定圆心、直径（D）。

3）指定圆上两点（2P）（该两点间距离即为直径）。

4）指定圆上三点（3P）。

5）相切、相切、半径（T）（即指定两个切点及半径）。

6）相切、相切、相切（即指定三个切点目标，画公切圆）。

上述前五种方式会出现在系统提示中：

_Circle 指定圆的圆心或［三点（3P）/两点（2P）/相切、相切、半径（T）］：

例 3-4　用“相切、相切、半径”方式，画一个公切圆与一个圆和一条直线相切。

在上条提示中输入 T，按回车键。

指定对象与圆的第一个切点：选取点 1

指定对象与圆的第二个切点：选取点 2

指定圆的半径 <20> ：输入半径大小

结果如图 3-22 所示。

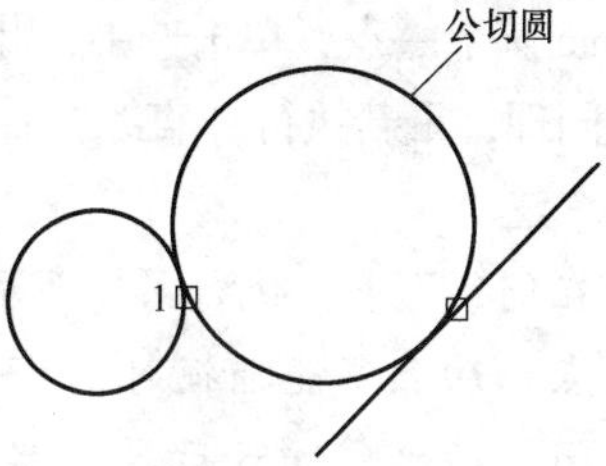

图 3-22　用“相切、相切、半径”方式画圆

例 3-5　画一个圆与圆 *A*、圆 *B*、圆 *C* 公切。

从图 3-21 中选择“相切、相切、相切”按钮，或从“绘图”菜单中选择“圆”/“相切、相切、相切”命令。

分别拾取 *A*、*B*、*C* 三个圆上一点即完成，结果如图 3-23 所示。

☞**注**：

与三个实体相切的公切圆，其大小和形状与拾取点 1、2、3 的位置有关。

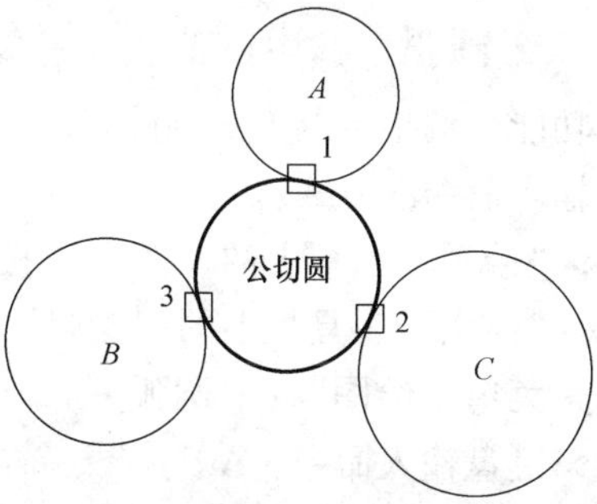

图 3-23　用“相切、相切、相切”方式画公切圆

例 3-6　用“圆”命令绘制三角形 *ABC* 的内

切圆。

其操作步骤如下：

1）选择图 3-21 中的“相切、相切、相切”按钮命令。

2）按提示顺序捕捉 *AB*、*BC*、*CA* 直线上任意一点，系统自动得到图 3-24 所示的内切圆。

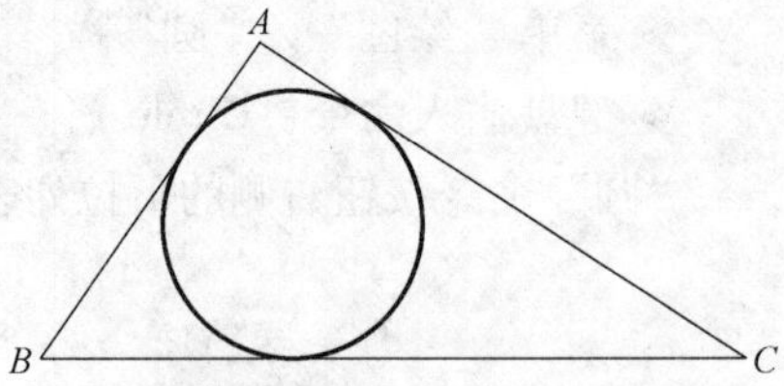

图 3-24　绘制三角形的内切圆

例 3-7　画出图 3-25 所示的圆及圆的切线。

其操作步骤如下：

1）切换“中心线层”为当前层，用“直线”命令画出水平中心线，再画出左边一条垂直中心线，按下状态栏上的“极轴”、“对象捕捉”、“对象追踪”三个按钮，重新执行“直线”命令，将鼠标移动到左侧垂直中心线的上端点处（上端点或下端点均可，此处假设为上端点，不要单击鼠标），再向右移动鼠标，此时出现一条水平极轴虚点线，输入 50 按回车键，即为线上第一点，再向下画出第二点，即得到右侧的那条中心线（两条垂直中心线相距 50）。

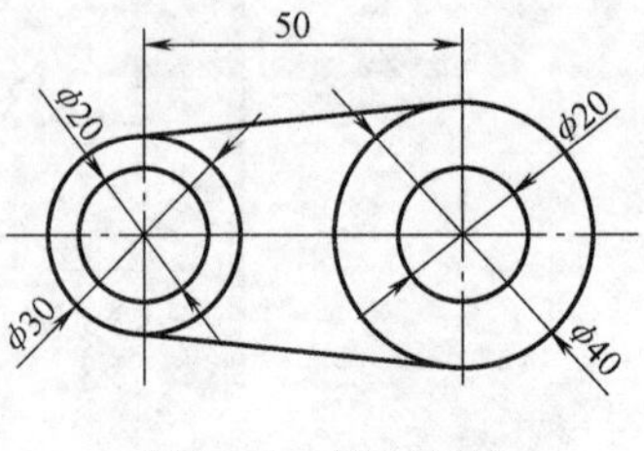

图 3-25　例 3-7 图

2）切换“粗实线层”为当前层，执行“圆”命令画出图 3-25 中的四个圆。

3）用鼠标右键单击状态栏上“对象捕捉”按钮，得到图 3-26 所示的对象捕捉选项，从中选择“切点”（使其呈亮显状态，见图 3-26）。

4）执行“直线”命令，当命令行提示输入第一点时，用鼠标去捕捉左侧 ϕ30mm 圆上一点（此时光标处会出现切点标记），单击选中。当命令行提示输入第二点时，用鼠标去捕捉右侧 ϕ40mm 圆上一点，单击选中，此时已画出一条切线，右键结束画线。同理，重新执行“直线”命令，画出第二条切线。

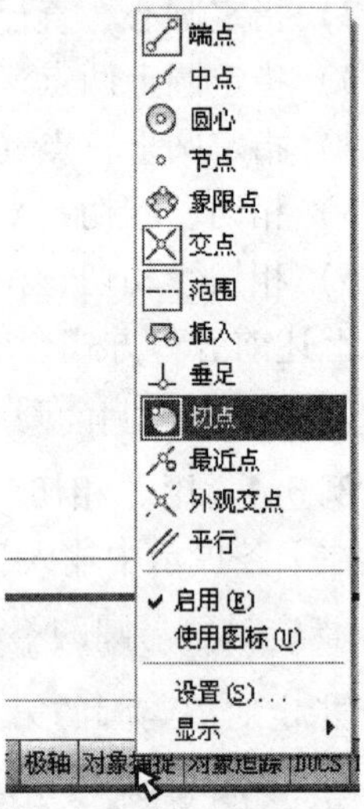

图 3-26　鼠标右键单击“对象捕捉”按钮时出现的捕捉选项

☞**注**：

在例 3-7 中，执行第 4 步骤画切线时，如果总是出现圆心捕捉点，切点不能捕捉时，可暂时将图 3-26 中的“圆心”捕捉关闭，待画完切点后再开启“圆心”捕捉方式。关于对象捕捉的设置详见第五章。

二、圆弧

功能：按指定的方式画圆弧。

输入命令的方式：

➢“绘图”面板上的“圆弧”按钮（图 3-27）

➢“绘图”工具栏上的“圆弧”按钮

➢菜单“绘图”/“圆弧”

➢键盘输入命令：Arc ↙

在“圆弧”按钮右侧的下拉列表中，AutoCAD 提供了多种画圆弧方式，如图 3-28 所示。

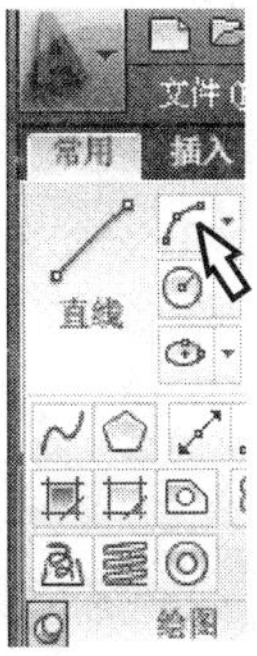

图 3-27　“绘图”面板上的“圆弧”命令按钮

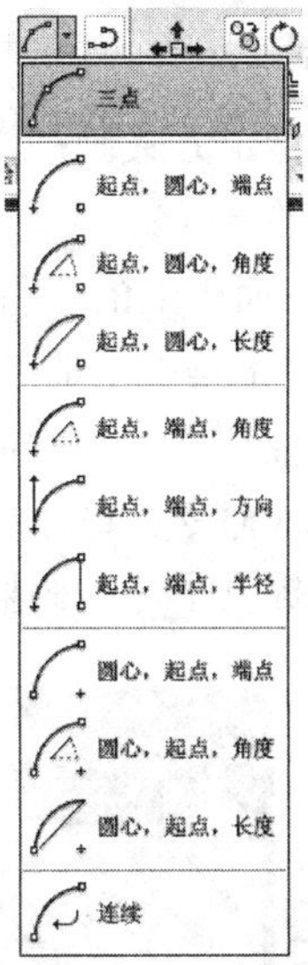

图 3-28　圆弧按钮右侧的下拉列表

例 3-8　三点画弧（默认方式）。

指定不在一直线上的三点即可画出圆弧。

操作提示：

_arc 指定圆弧的起点或[圆心(C)]：输入第 1 点

指定圆弧的第二个点或［圆心(C)/端点(E)]：输入第 2 点

指定圆弧的端点：输入第 3 点

结果如图 3-29 所示。

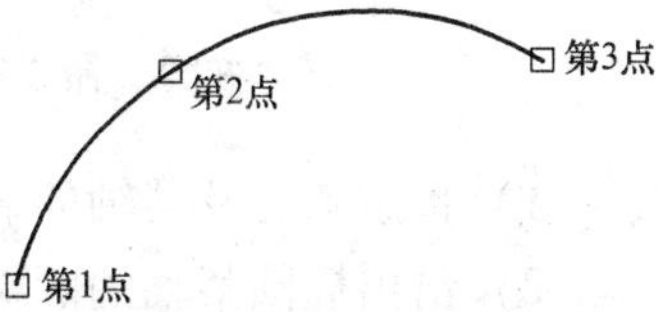

图 3-29　三点画弧

例 3-9　起点、圆心、端点画弧。

操作提示：

_ arc 指定圆弧的起点或[圆心(C)]：输入起点

指定圆弧的第二个点或［圆心（C）/端点（E)]：C

指定圆弧的圆心：输入圆心

指定圆弧的端点或［角度(A)/弦长(L)]：输入终点

结果如图 3-30 所示。

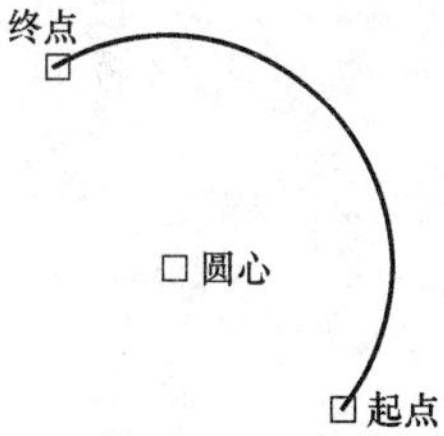

图 3-30　起点、圆心、端点画弧

例 3-10　起点、端点、角度画弧。

操作提示：

_arc 指定圆弧的起点或［圆心(C)]：输入起点

指定圆弧的第二个点或［圆心(C)/端点(E)]：E

指定圆弧的端点：输入端点

指定圆弧的圆心或［角度(A)方向(D)/半径(R)]：A

指定包含角：135

结果如图 3-31 所示。

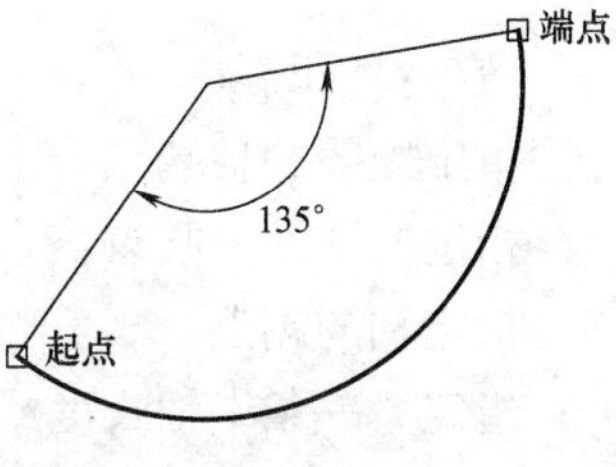

图 3-31　起点、端点、角度画弧

三、椭圆

功能：按指定方式画椭圆，并可取其一部分画成椭圆弧。

输入命令的方式：

➢“绘图”面板上的“椭圆”按钮（图 3-32）

➢“绘图”工具栏上的“椭圆”按钮

➢菜单“绘图”/“椭圆”

➢键盘输入命令：Ellipse ↙

AutoCAD 提供了三种画椭圆的方式，如图 3-33 所示。

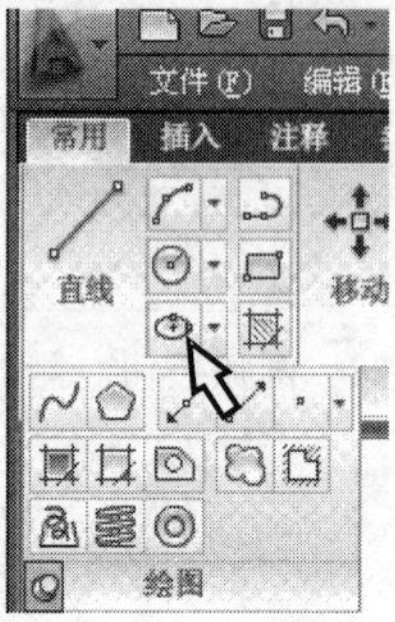

图 3-32　“绘图”面板上的“椭圆”命令按钮

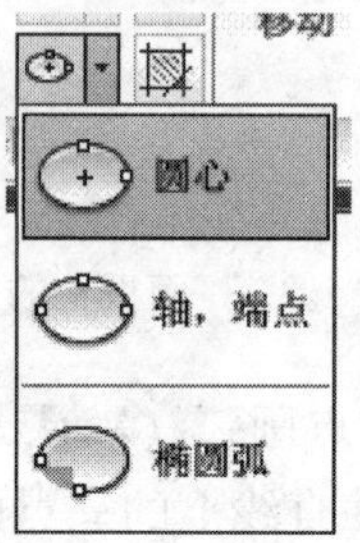

图 3-33　三种画椭圆方式

1）指定圆心及某轴的端点及另一半轴长度画椭圆（默认方式）。

2）给出椭圆某轴的两端点及另一半轴长度画椭圆。

3）画椭圆弧。

例 3-11　指定圆心、某轴的端点及另一半轴长度画椭圆（图 3-34）。

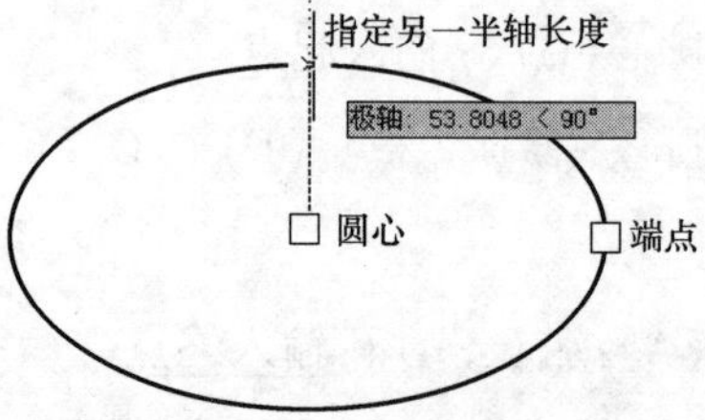

图 3-34　指定圆心、某轴的端点及另一半轴长度画椭圆

操作提示：

命令：_ellipse
指定椭圆的轴端点或［圆弧(A)/中心点(C)］：_c
指定椭圆的中心点：
指定轴的端点：
指定另一条半轴长度或［旋转(R)］：

例 3-12　指定椭圆某轴的两端点及另一半轴长画椭圆（图 3-35）。

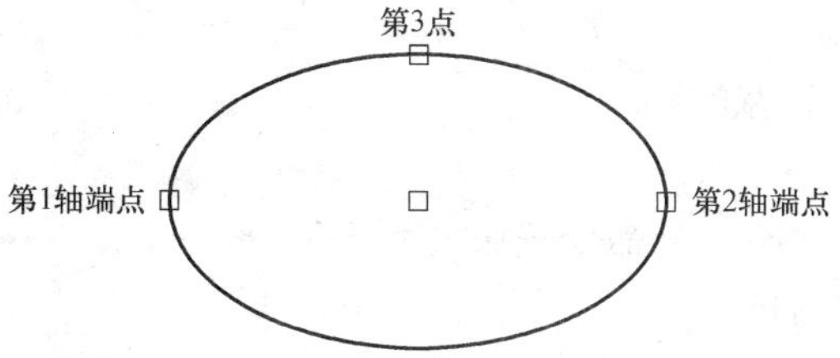

图 3-35　指定椭圆某轴的两端点及另一半轴长度画椭圆

操作提示：

命令：_ellipse

指定椭圆的轴端点或［圆弧(A)/中心点(C)］：输入第一轴端点

指定轴的另一个端点：输入第二轴端点

指定另一条半轴长度或［旋转(R)］：给出长度或输入第三点

☞注：

如果输入第三点，系统会将圆心到第三点的距离作为另一半轴长度计入。

例 3-13　画椭圆弧（图 3-36）。

操作提示：

命令：_ellipse

指定椭圆的轴端点或［圆弧(A)/中心点(C)］：a

指定椭圆弧的轴端点或［中心点(C)］：指定第一点

指定轴的另一个端点：指定第二点

指定另一条半轴长度或［旋转(R)］：指定第三点

指定起始角度或［参数(P)］：35

指定终止角度或［参数(P)/包含角度(I)］：235

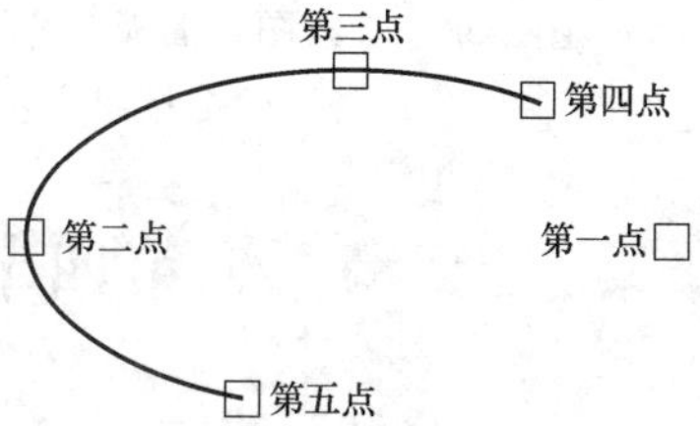

图 3-36　画椭圆弧

☞注：

画椭圆弧时，先按图 3-36 中的三点方法确定出一个椭圆位置，第四点确定椭圆弧的起点角度，第五点确定椭圆弧的终点角度。系统以第一点和椭圆圆心连线为零度作参考位置。

例 3-14　请自绘 3-37 所示的图形。椭圆长轴两端点间距为 50mm，另一半轴长度为 15mm，上、下两椭圆相距 40mm。

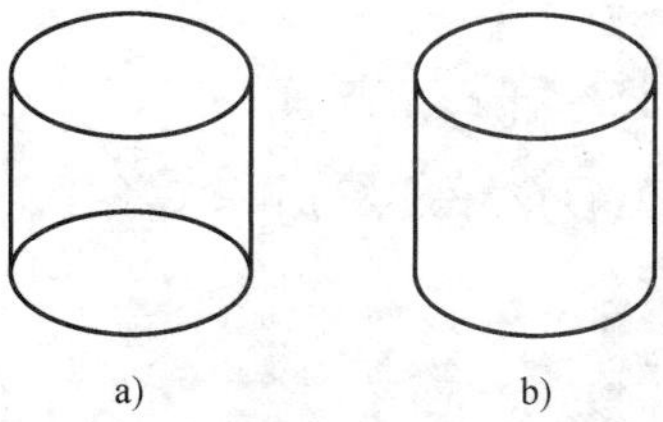

图 3-37　用两个椭圆和两条直线组成的图形

a）修剪前　b）修剪后

四、圆环

功能：创建实心圆或较宽的环。

输入命令的方式：

➢“绘图”面板上的“圆环”命令按钮（图 3-38）

➢ 菜单“绘图”/“圆环”

➢ 键盘输入命令：Donut ↙

操作时，系统会提示输入圆环内直径和外直径，若要绘制实心圆，应将内直径指定为零。图 3-39 所示为按“圆环”命令绘制的圆环和实心圆。

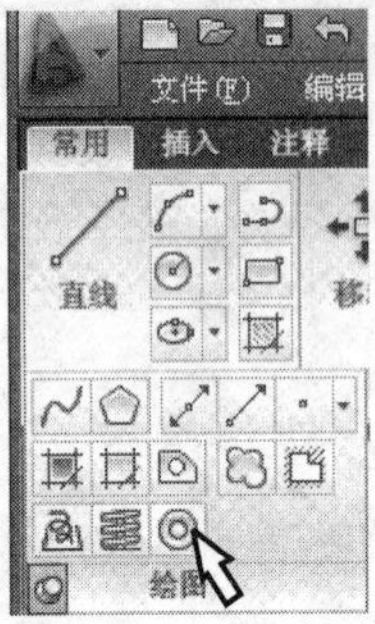

图 3-38 “绘图”面板上的“圆环”命令按钮

图 3-39 用“圆环”命令绘制的圆环和实心圆

第四节 修订云线、样条曲线、点

一、修订云线

功能：手动绘制封闭或不封闭的修订云线，或将其他线（直线或曲线）转换为修订云线，也可以将闭合对象（例如椭圆或多段线）转换为修订云线。

输入命令的方式：

➢“绘图”面板上的“修订云线”命令按钮（图 3-40）

➢“绘图”工具栏上的“修订云线”按钮

➢ 菜单“绘图”/“修订云线”

➢ 键盘输入命令：revcloud ↙

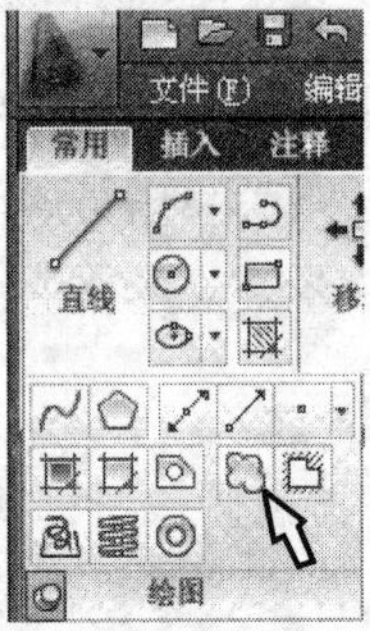

图 3-40 “绘图”面板上的“修订云线”命令按钮

操作提示：

命令：_revcloud

最小弧长：15 最大弧长：15 样式：普通

指定起点或［弧长(A)/对象(O)/样式(S)］<对象>：

沿云线路径引导十字光标……

修订云线完成。

☞注：

1）指定起点，拖动鼠标，可按拖动的路径画出云状线，当拖动回到起点时，可将云状线封闭，如不回到起点，则不封闭，如图 3-41 所示。

图 3-41 绘制封闭或不封闭的或填充后的云状线

2）选择“A”（弧长），可修改云状线的圆弧大小。

3）选择“O”（对象），可将已有的曲线或直线转换为云状线，如图 3-42 所示。

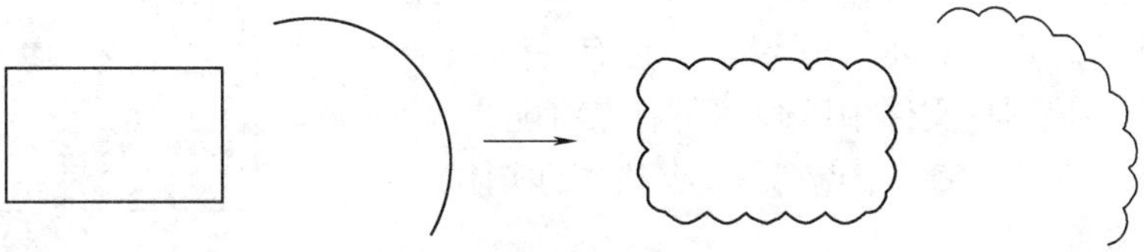

图 3-42 将已有曲线或直线转换为云状线

4）选择“S”（样式），或修改云状线的样式（普通或手绘）。

二、样条曲线

功能：样条曲线是按数学模型由一系列给定点控制（经过或接近一系列给定点）的光滑曲线，它可以由起点、终点、控制点及偏差来控制曲线，至少有三点才能确定一条样条曲线，可用于表达机械图中的波浪线等。

输入命令的方式：

➢“绘图”面板上的“样条曲线”按钮（图 3-43）

➢“绘图”工具栏上的“样条曲线”按钮

➢菜单“绘图”/“样条曲线”

➢键盘输入命令：Spline ↙

操作提示：

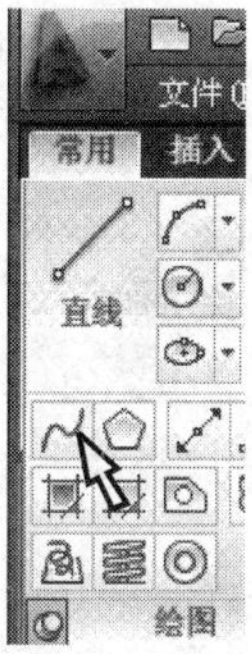

图 3-43 “绘图”面板上的“样条曲线”命令按钮

命令：_spline

指定第一个点或[对象(O)]：

指定下一点：

指定下一点或[闭合(C)/拟合公差(F)] <起点切向>：

指定下一点或[闭合(C)/拟合公差(F)] <起点切向>：

指定下一点或[闭合(C)/拟合公差(F)] <起点切向>：

可按提示给出各点即可画出样条曲线。拟合公差（F）是指样条曲线与指定拟合点集之间的拟合精度，拟合公差越小，样条曲线与拟合点越接近，拟合公差为 0，样条曲线将通过拟合点；起点切向是指曲线在起点的切线走向；闭合（C）将封闭样条曲线。样条曲线如图 3-44 所示。

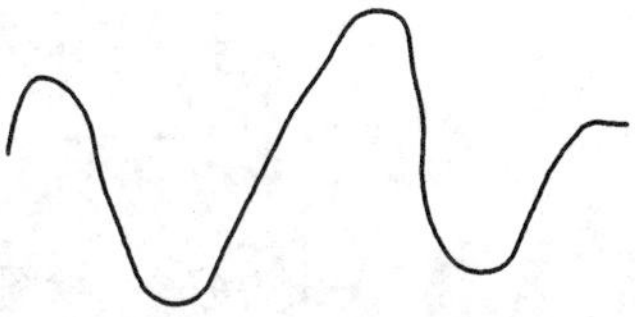

图 3-44 样条曲线

例 3-15 用样条曲线 *ABCDE* 封闭图 3-45 所示的图形。

操作步骤如下：

1）选择图层为“细实线层”。

2）执行“样条曲线”命令。

3）当提示“指定第一点时”，用鼠标捕捉到 *A* 点。

4）当提示“指定下一点时”，顺序捕捉到 *B*、*C*、*D*、*E* 等点，结束命令。

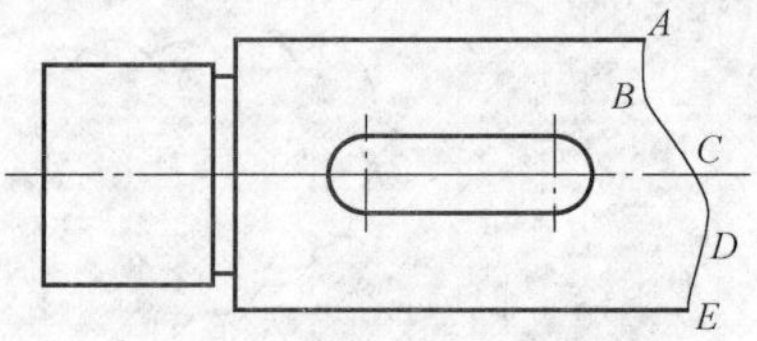

图 3-45 用样条曲线 *ABCDE* 封闭图形区域

三、点

功能：可按设定的点样式在指定位置画点，或画定数等分点或定距等分点等。在同一图形中，只能有一种点样式，当改变点样式时，该图形文件中所画的所有点将随之改变。无论一次画出多少个点，每一个点都是一个独立的实体。

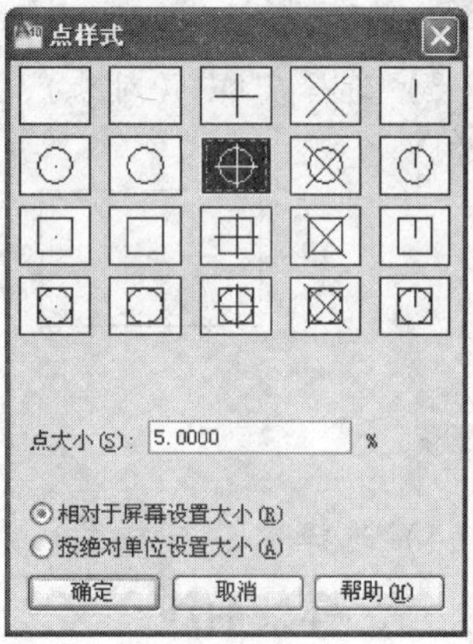

图 3-46 “点样式”设置对话框

1. 点样式设置

输入命令的方式：

➢“格式”菜单/“点样式”

弹出的“点样式”设置对话框如图 3-46 所示。在该对话框中，可设置点样式的类型、点大小等，单击“确定”完成设置。

2. 画指定点

输入命令的方式：

➢“绘图”面板上的“点”按钮（图 3-47）

➢“绘图”工具栏上的“点”按钮

➢菜单“绘图”/“点”/“单点”（或“多点”）

➢键盘输入命令：Point ↙

操作提示：

指定点：

☞**注**：

“单点”命令一次只能画一个点，“多点”命令可画多个点，“多点”命令按钮如图 3-48 所示。

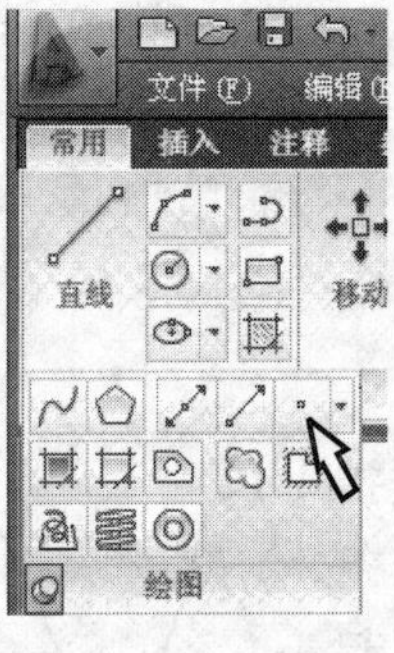

图 3-47 “绘图”面板上的“点”命令按钮

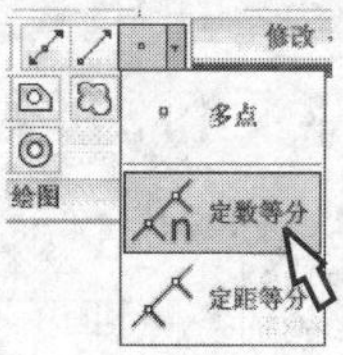

图 3-48 “绘图”面板上的“定数等分点”命令按钮

四、等分点

“等分点”命令是指沿直线或曲线的长度按所需要的数目或距离等间隔排列的插入点对象，或者将图块按等距或等数插入到直线或曲线上。

1. 画定数等分点

输入命令的方式：

➢“绘图”面板上的“定数等分点”按钮（图 3-48）

➢ 菜单“绘图”/“点”/“定数等分”

➢ 键盘输入命令：divide ↙

操作提示：

命令：_divide

选择要定数等分的对象：选择直线或圆弧

输入线段数目或[块(B)]：6

☞注：

块（B）为在等分点处插入图块对象。

在对象上画定数等分点如图 3-49 所示。

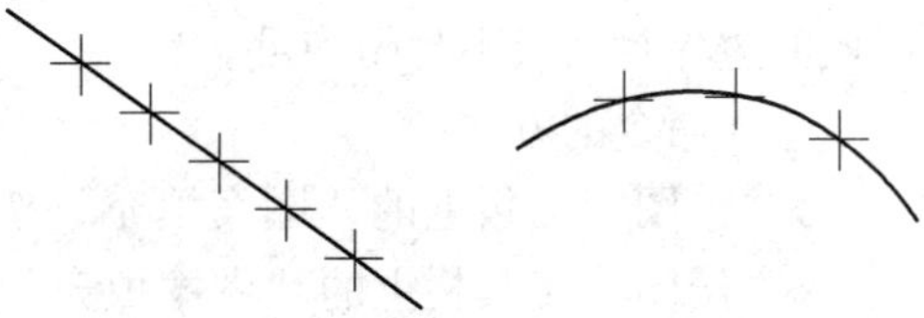

a)　　b)

图 3-49　在对象上画定数等分点

a）6 等分　b）4 等分

2. 画定距等分点

输入命令的方式：

➢“绘图”面板上的“定距等分点”按钮（图 3-50）

➢ 菜单“绘图”/“点”/“定距等分”

➢ 命令：Measure ↙

操作提示：

命令：_measure

选择要定距等分的对象：选择图中直线

指定线段长度或［块（B）］：20

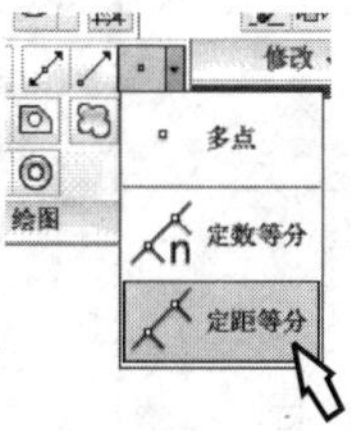

图 3-50　“绘图”面板上的“定距等分点”命令按钮

在对象上画定距等分点如图 3-51 所示。

☞注：

画定数等分点和画定距等分点时都可插入图块，选择 B 后，输入图块名，便可将图块按点的方式插入到对象上。图 3-52 所示为将“珍珠”图块按定距等分点的方式插入到曲线上的实例（图块的定义见第 7 章）。

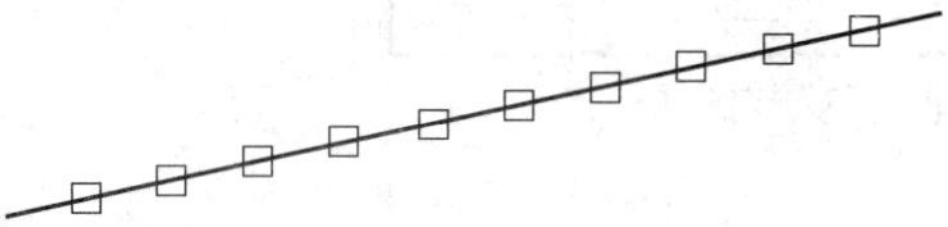

图 3-51　在对象上画定距等分点（定距 20）

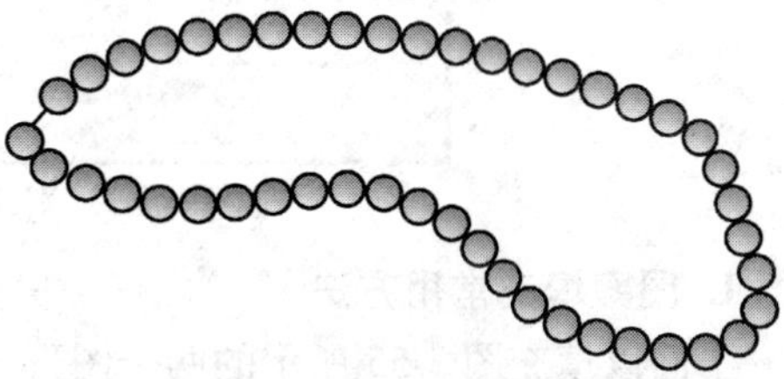

图 3-52　将“珍珠”图块按定距等分点的方式插入到曲线上

第五节　图案填充、渐变色填充

在机械、建筑等各行业图样中，常常需要绘制剖视图或断面图。在这些图样中，为了区分不同的零件剖面，常需要对剖面进行图案填充。AutoCAD 的图案填充功能是用于把各种类型的图案填充到指定区域中，用户可以自定义图案的类型，也可以修改已定义的图案特征。

图案填充的方法一般有两种：一是用图案填充命令 BHATCH，二是用鼠标将工具选项板中的图案拖拽到填充区域中。下面详细介绍这两种方法。

一、图案填充命令“BHATCH”

功能：将选中的图案填充到指定的区域中。使用该命令时，区域的边界封闭或不封闭均可。

输入命令的方式：

➢“绘图”面板上的“图案填充”按钮（图 3-53）

➢“绘图”工具栏上的“图案填充”按钮

➢菜单“绘图”/“图案填充”

➢键盘输入命令：Bhatch ↙

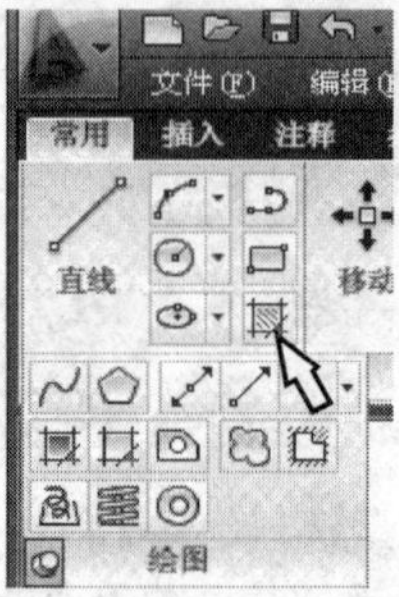

图 3-53　“绘图”面板上的“图案填充”命令按钮

此命令打开“图案填充和渐变色”对话框如图 3-54 所示。

图 3-54　“图案填充和渐变色”对话框

1. 图案填充常用方法

下面以填充图 3-55 所示的两个图形（一个图形的边界未封闭，另一个图形的边界已封闭）为例介绍图案填充常用的简便方法。

1）选择填充图案。在图 3-54 的“图案填充”选项卡中，从“图案”下拉列表

(图 3-56)中选择图案类型（下拉列表中有预定义的几十种工程图中常用的剖面图案），机械工程图中常用的金属材料所用的剖面线为“ANSI31”，非金属材料所用的剖面线为“ANSI37”，此例中选择“ANSI31”。

a)　　　　b)

图 3-55　准备进行图案填充的两个图形

a）边界未封闭　b）边界已封闭

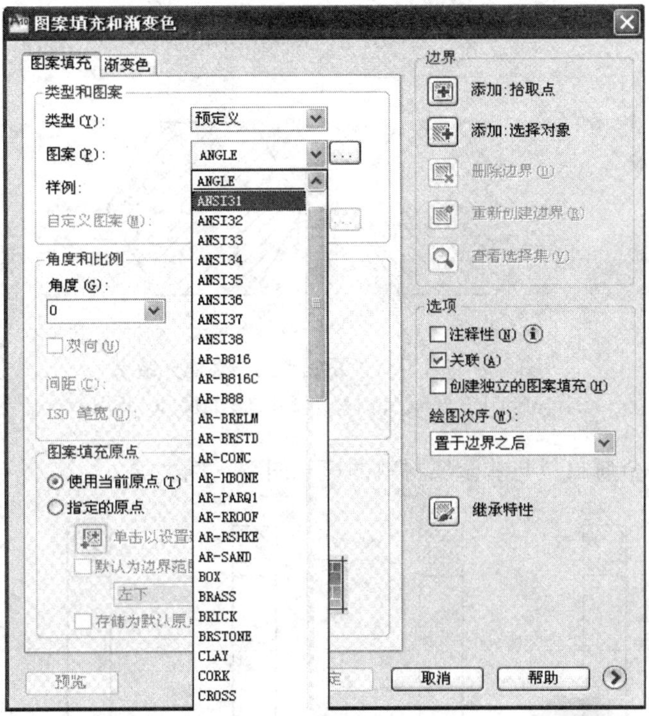

图 3-56　“图案”下拉列表

2）选择填充边界。对于封闭图形，单击图 3-54 中的“添加：拾取点”按钮，返回窗口中去单击封闭图形内部的任一点，如此例中在图 3-55b 所示的封闭六边形内部单击任一点，然后右键确认返回对话框；对于边界未封闭的图形，应选择图 3-54 中的“添加：选择对象”按钮，返回窗口中去选择各个边界图线。此例中应逐个选择图 3-55a 所示未封闭的六边形的各个边界线，全部边界选完后，右键确认返回对话框。

☞**注：**

如果选择“添加：拾取点”按钮，在窗口中选择了未封闭图形边界内部点，例如选择了 3-55a 所示未封闭的六边形中一点，则系统会在缺口处显示出红色的圆，并通过对话框给出解决问题的方法，如图 3-57 所示。

3）修改剖面线角度或比例。对于 ANSI31 图案，系统预设的角度是 0（即 45°剖面线），如要绘制与 0 角度相反的剖面线，可将角度设为 90（即 −45°），比例指的是剖面线的间距，比例越大，线条间的间距越大（默认为 1）。图 3-58a 所示为选择角度 0、比例 2，图 3-58b

所示为选择角度 90、比例 2 后得到的图案填充结果。

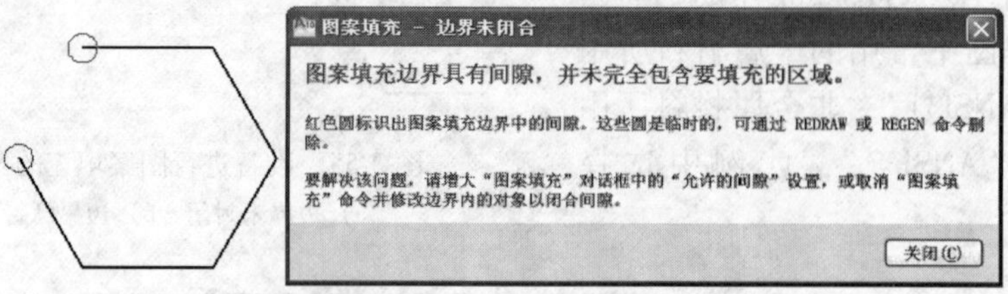

图 3-57　边界未闭合时系统给出的提示

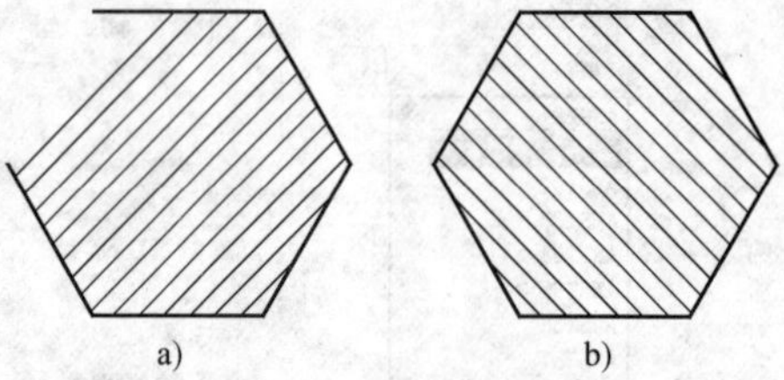

图 3-58　图 3-55 所示图形的图案填充结果

a）ANSI31 角度 0、比例 2　b）ANSI31 角度 90、比例 2

图 3-59 所示为金属材料与非金属材料的填充图案示例。

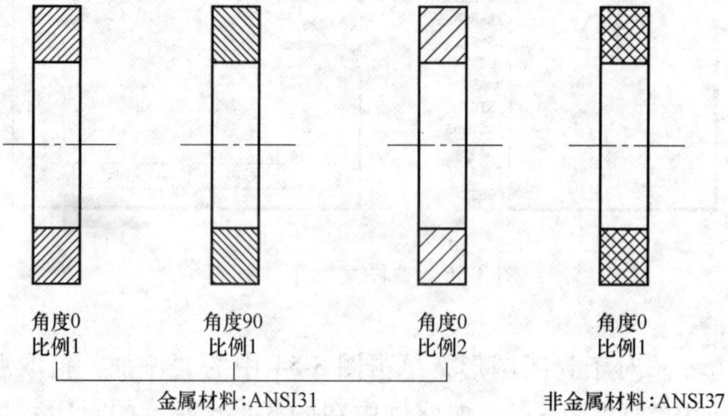

图 3-59　金属材料与非金属材料的填充图案示例

2. 孤岛检测填充

单击图 3-54 中右下角的箭头按钮，可打开对话框的展开形式，如图 3-60 所示，其中含有孤岛检测项。

孤岛是指在一个封闭图形的内部含有其他封闭实体时，这些内部的其他封闭实体称为孤岛。图案填充时有“普通（N）”、“外部”、“忽略（I）”三种控制孤岛的方式。

“普通”是指填充时按照隔层填充的方式。

“外部”是指只填充外部区域。

“忽略”是指忽略孤岛的填充。

“孤岛检测区”自动检测填充示例如图 3-61 所示。

图 3-60　“图案填充和渐变色”对话框的展开形式

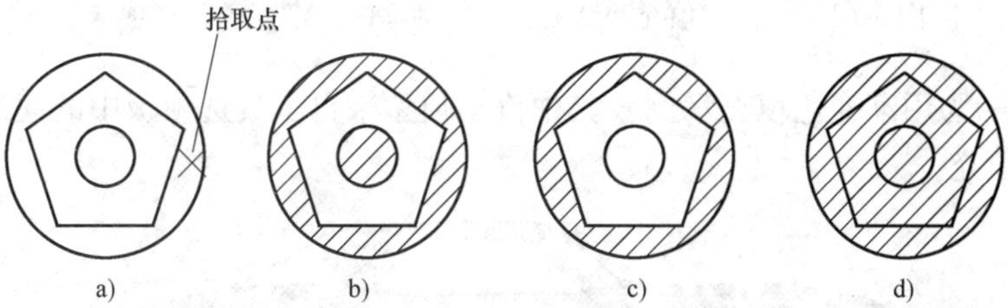

图 3-61　“孤岛检测区”自动检测填充示例

a）拾取位置　b）“普通”（隔层填充）　c）“外部”（填充外层）　d）“忽略”（填充全部）

二、渐变色填充

功能：选择渐变（过渡）的单色或双色作为填充图案进行填充。

输入命令的方式：

➢“绘图”面板上的“渐变色”按钮（图 3-62）

➢“绘图”工具栏上的“渐变色”按钮

➢ 菜单“绘图”/“渐变色”

➢“图案填充和渐变色”对话框中的“渐变色”选项卡

打开“渐变色”选项卡对话框如图 3-63 所示。在该对话框中，可选择渐变（过渡）的单色或双色作为填充图案进行填充。单击“单色”右边的“…”按钮，可打开“选择颜色”对话框选择所需颜色，且可选择“单色”或“双色”填充。

“方向”下的“居中”和“角度”可控制渐变颜色的位置和角度。

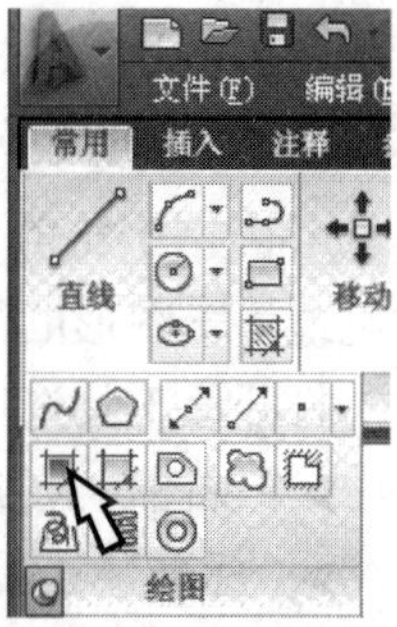

图 3-62　“绘图”面板上的“渐变色”命令按钮

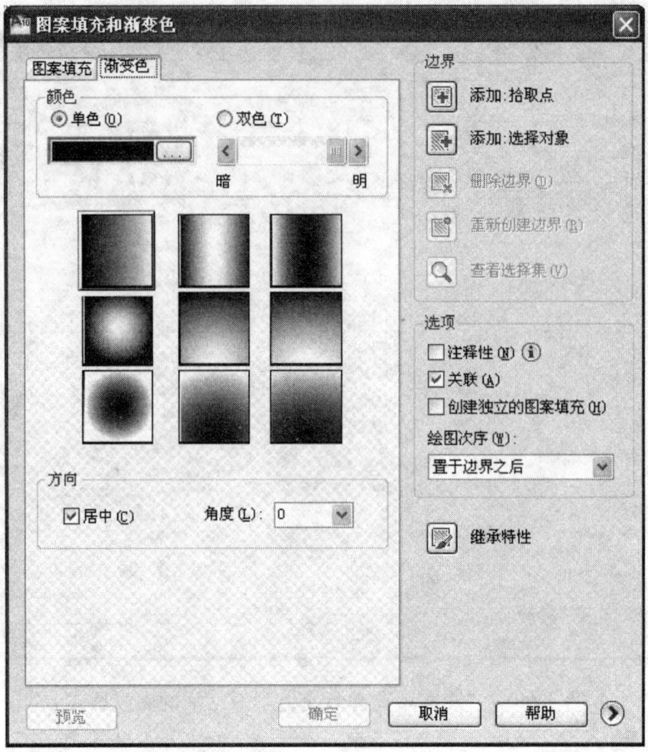

图 3-63　“图案填充和渐变色”对话框的“渐变色”选项卡

图 3-64 所示为用渐变色填充示例（其中汽车模型来自工具选项板中的建筑选项卡），用户可自行练习填充。

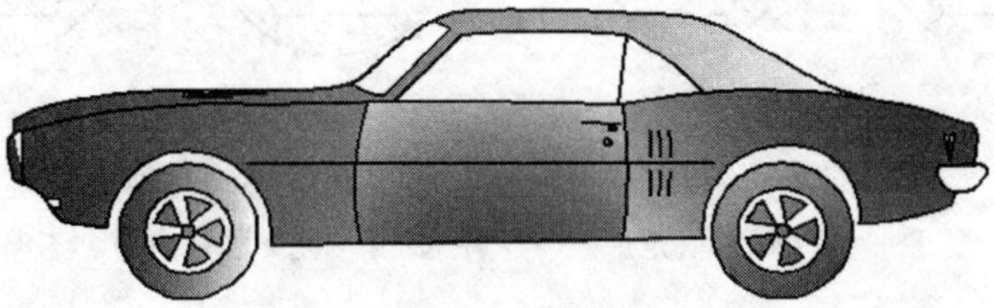

图 3-64　用渐变色填充示例

☞注：

渐变色只能用于填充边界封闭的图形。

三、拖拽工具选项板中的图案进行填充

AutoCAD 2010 的工具选项板较以前的版本有了较大的增强，其中的图案填充选项卡可方便地用于图形的图案填充。

打开该工具选项板的方法是：

- “视图”选项卡/“选项板”面板/“工具选项板”（图 1-42）
- “标准”工具栏上的“工具选项板”按钮（图 3-65）
- 菜单“工具”/“选项板”/“工具选项板”
- 快捷键：Ctrl +3

打开“工具选项板”窗口如图 3-66 所示。

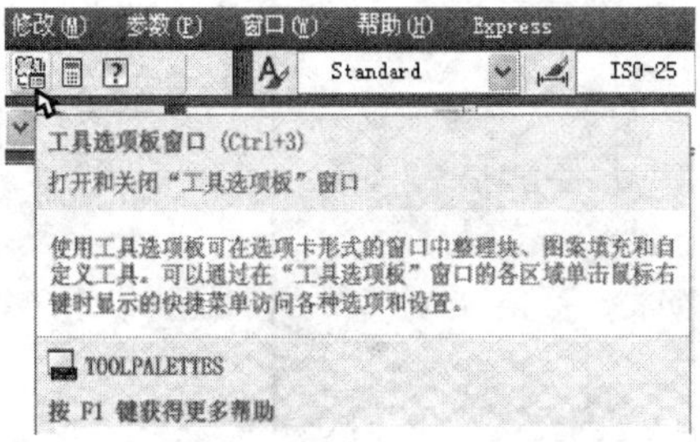

图 3-65 “标准”工具栏上的“工具选项板”按钮

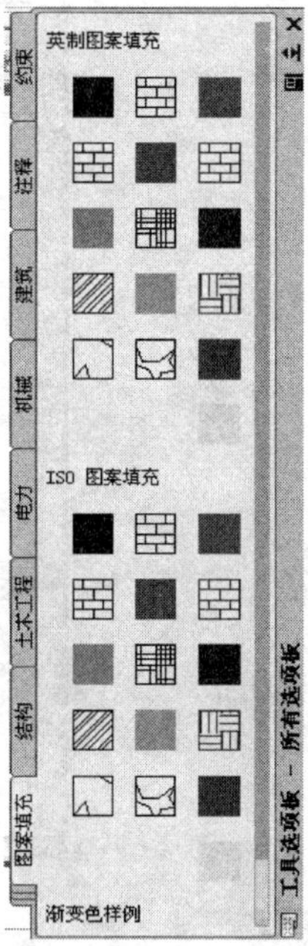

图 3-66 “工具选项板”上的“图案填充”选项卡

在工具选项板中，单击左下角的折叠按钮，打开“图案填充”选项卡，其中系统预置了英制图案、ISO 图案及渐变色图案等，用户可以方便地进行图案填充。填充的方法是，单击所需的某图案，再单击某封闭图形实体，即完成填充；或用鼠标拖拽某图案到图形中也可完成填充。

此外，工具选项板中还预置了一些图形，用户可以从中调用。调用时，只需单击某图形，鼠标会带着选定图形，选择合适的地方单击即可将图形插入到当前窗口中（见图 3-64 中的汽车图形）。

☞**注：**

工具选项板中的图形在插入时可根据命令行提示进行比例缩放或进行其他操作。也可在插入后，单击该图形，从窗口中弹出的“快捷特性”对话框中进行特性修改。

四、剖面线编辑

功能：可修改已填充的剖面线类型、缩放比例、角度及填充方式等。

输入命令的方式：

➢“修改”面板上的“编辑图案填充”按钮

➢ 双击某个已填充的图案，打开“编辑图案填充”命令

➢ 菜单“修改”/“对象”/“图案填充”

➢ 键盘输入命令：Hatchedit ↙

弹出图 3-67 所示的“图案填充编辑”对话框进行修改，操作同前，修改完成后，单击“确定”即可。

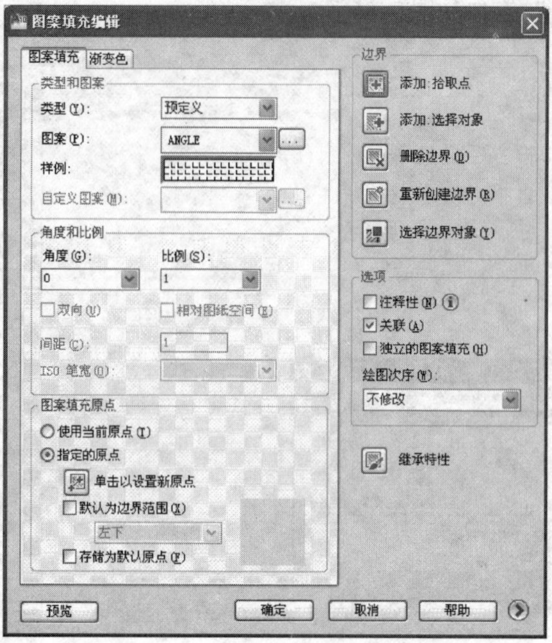

图 3-67　“图案填充编辑”对话框

五、剖面线的分解

一个区域的剖面线是一个整体图块，要想对一条剖面线进行编辑（如删除等），必须将这个整体分解为单个实体。

输入命令的方式：

➢“修改”面板上的“分解”按钮（图 3-68）

➢“修改”工具栏/“分解”按钮

➢ 键盘输入命令：Explode ↙

操作提示：

选择实体，选中剖面线后，按右键或回车键确认即完成分解。

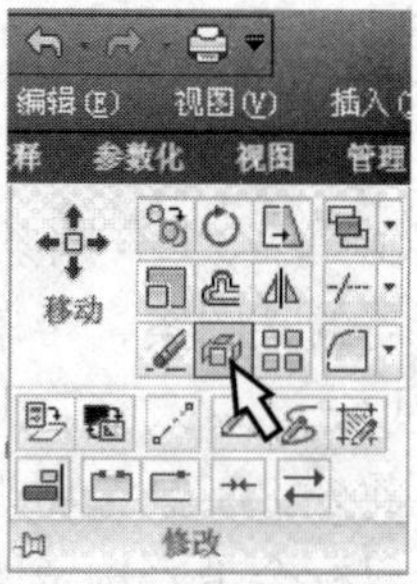

图 3-68　“修改”面板上的“分解”命令按钮

六、剖面线的修剪

利用“修剪”命令，可将已填充好的剖面线进行修剪。

例 3-16　修剪图 3-69 所示两圆相交部分的剖面线

操作提示：

输入“修剪”命令后，先选择剪切边（即修剪部分的边界，见图 3-69a，可用右选窗口选取，或右键确认全选），再选择图案填充区域中要修剪的那个部分，可以像修剪其他对象一样来修剪图案填充。

剖面线修剪结果如图 3-69b 所示。

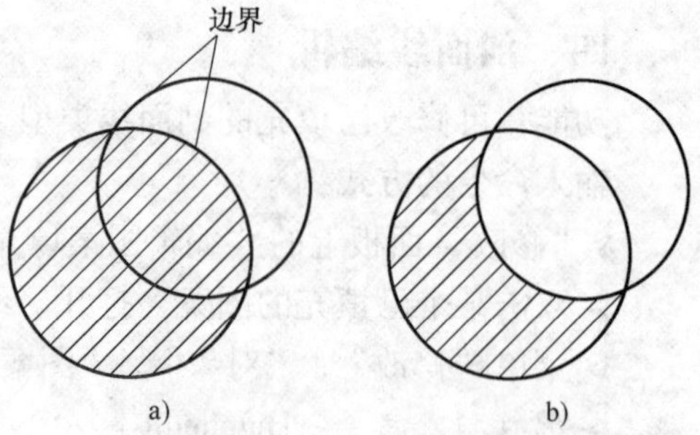

图 3-69　剖面线修剪示例
a）修剪之前　b）修剪之后

第六节　创 建 表 格

表格是在行和列中包含数据的复合对象，可以通过空的表格或表格样式创建空的表格对象，还可以将表格链接至 Microsoft Excel 数据。

一、用“表格”命令绘制表格

输入命令的方式：

➢“注释”面板上的“表格”按钮（图 3-70）

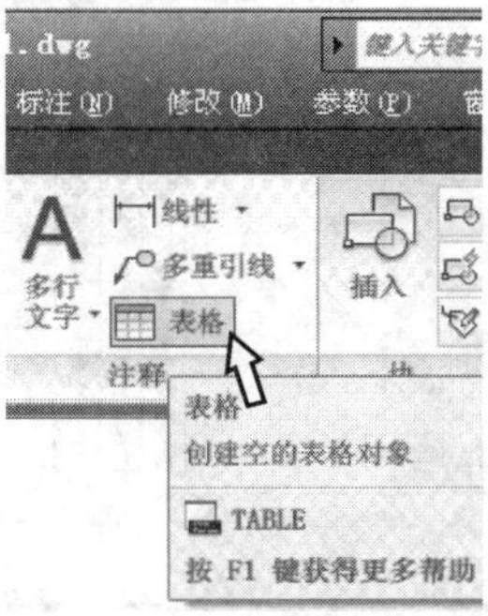

图 3-70　“注释”面板上的“表格”命令按钮

➢ 菜单“绘图”/“表格”命令

打开“插入表格”对话框，如图 3-71 所示。

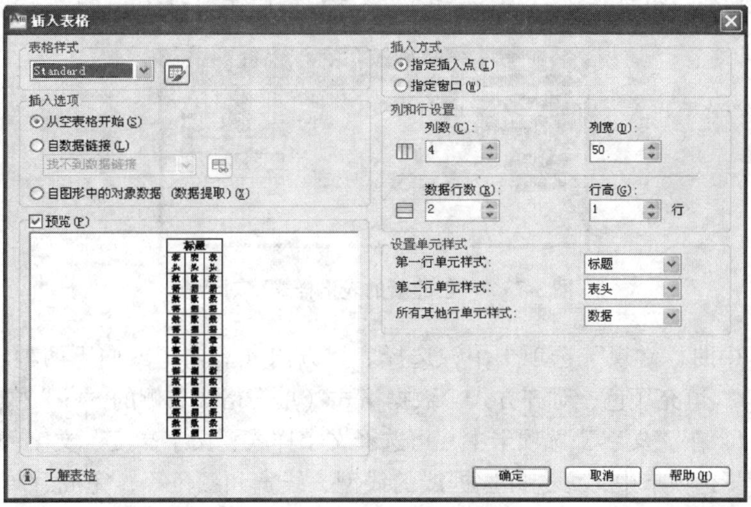

图 3-71　“插入表格”对话框

1）插入选项。可选择“从空表格开始”或“自数据链接”。

2）插入方式。可选择“指定插入点”或“指定窗口”方式。当选择“指定插入点”时，将以表格左下角点定位；当选择“指定窗口”时，将以在绘图区指定两个对角点画出窗口来定位表格。

3）列和行设置。输入列数、行数、列宽（长度值）及行高（以行为单位，由文字高度决定）。

4）设置单元样式。该项决定表格各行的形式和样式：第一行、第二行和其他行是哪种样式（内容有标题、表头、数据），是否要标题行取决于第一行的选择。

5）选择表格样式。在图 3-71 中，系统默认的表格样式为“Standard”，单击右侧的“启动表格样式对话框”按钮，可打开“表格样式”对话框如图 3-72 所示。

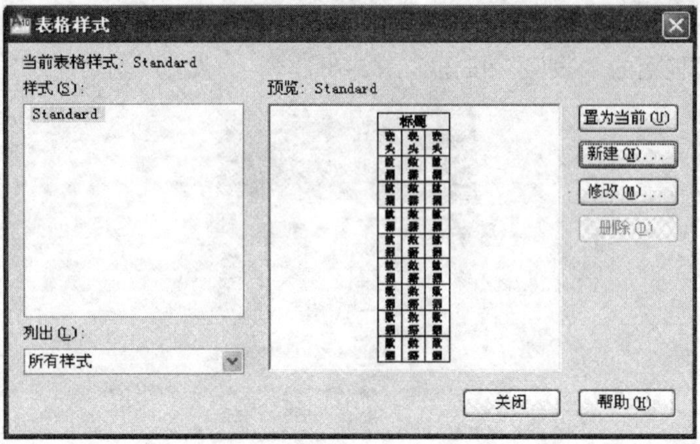

图 3-72　“表格样式”对话框

在图 3-72 所示的对话框中，单击“新建”按钮，可打开“创建新的表格样式”对话框，如图 3-73 所示。在“新样式名”框中输入新的表格样式名称，例如“我的表格样式”，单击“继续”按钮，可打开图 3-74 所示的“新建表格样式”对话框。

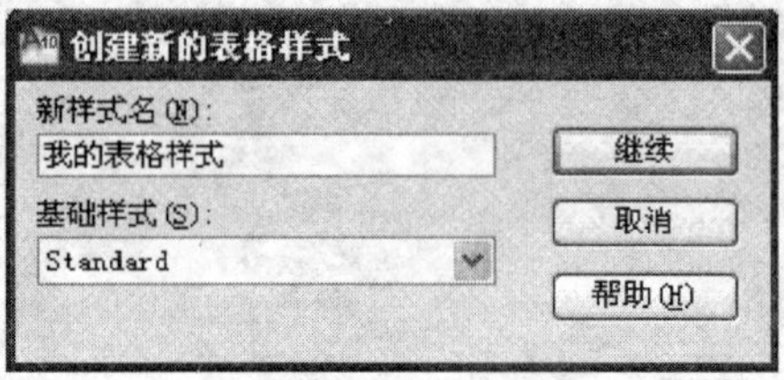

图 3-73　“创建新的表格样式”对话框

在图 3-74 中的“常规”选项卡中，选择表格方向（有向上或向下两种，默认为向下，此处选择向上）、填充颜色、对齐方式、数据格式（单击格式右侧的“…”按钮，可选择数据类型与格式）；在“文字”选项卡中，可选择文字样式、文字高度、文字颜色和文字角度等；在“边框”选项卡中，可选择边框线的线型、线宽和颜色等，完成后单击“确定”按钮，返回到图 3-72 的“表格样式”对话框，此时，所设置的表格样式名将出现在样式列表框中，可调用。单击“确定”关闭对话框，返回绘图区绘制表格。

图 3-75 所示为设置了 2 行、4 列（列宽 50，行高 1 行）表格，指定插入点，选择“Standard”样式和自建的“我的表格样式”画出的表格，其中“Standard”样式第一行为标题行，第二行为表头行，其余为数据行，表格方向向下，对齐方式为正中；“我的表格样式”第一行为表头行，其余为数据行，表格方向向上，对齐方式为正中。

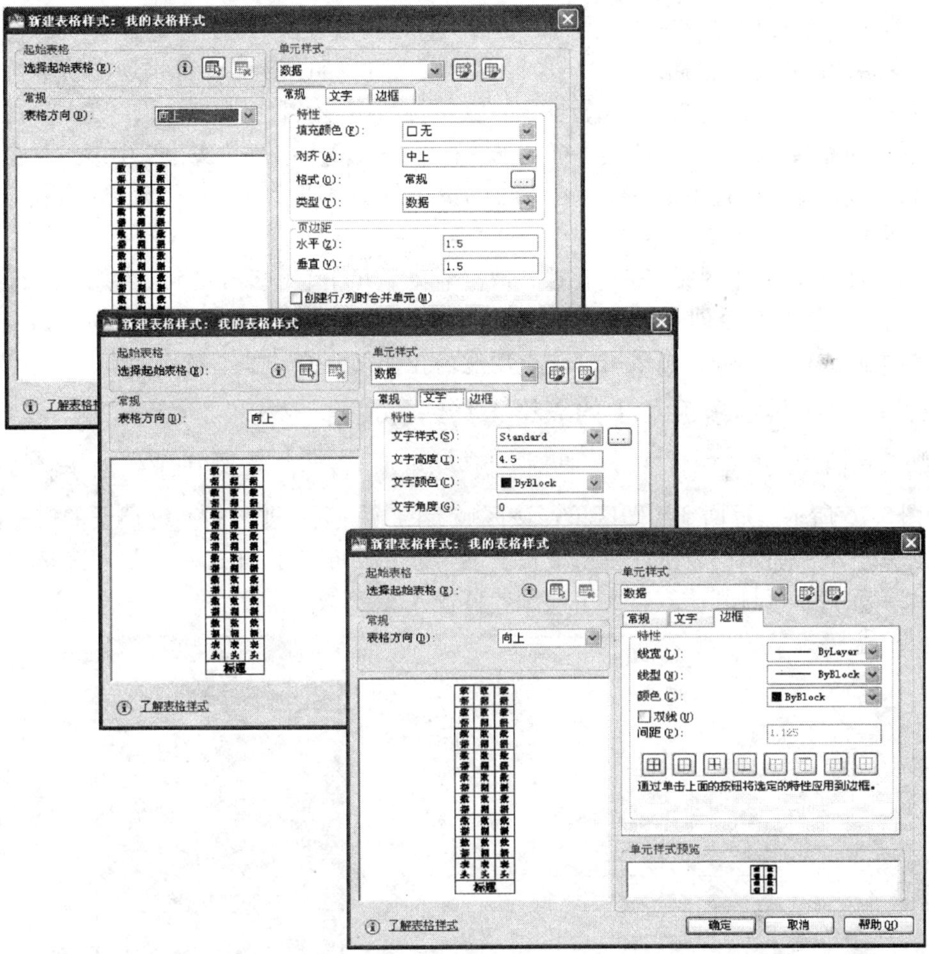

图 3-74　“新建表格样式”对话框的不同选项卡

用“Standard”样式创建的表格

表格一			
序号	零件名称	数量	材料
1	轴	1	45
2	齿轮	1	45

用“我的表格样式”创建的表格

3	底板	1	HT150
2	齿轮	1	45
1	轴	1	45
序号	零件名称	数量	材料

图 3-75　用两种样式创建的表格示例

☞**注：**

1）图 3-71 中的行数指的是数据行的行数，标题行和表头行除外。

2）在绘图区指定表格插入点后，所设置的表格将自动画出，光标出现在第一行的第一列中，并自动打开“多行文字”编辑器窗口，等待用户输入表格文字。按“Tab”键可移动光标到下一列输入，按回车可移动光标到下一行输入。输入中可从多行文字编辑器窗口中插入符号和字段，也可通过点击右键，在弹出的快捷菜单中选择插入符号等，单击表格外任一点即可结束输入。

3）如对已有表格中的文字进行修改，双击某文字可打开“多行文字”编辑器进行修改。

4）用“表格”命令创建的表格是规范表格，即表格的各行各列尺寸相同，如要使表格各列间距不同或行距不同，可采用“夹点功能”拉伸（夹点功能见第四章）。

二、用“工具选项板”上的表格工具创建表格

按“Ctrl +3”组合键打开“工具选项板”，单击“表格”选项卡上的“绘制表格”命令，如图 3-76 所示。返回到绘图区单击该区域上的某一点，即可将系统预设的表格添加到绘图区域中。图中所示的表格即是系统预置的“图形图例表格样式－公制”表格。双击表格中的某单元格，可打开“多行文字”编辑器输入文字。

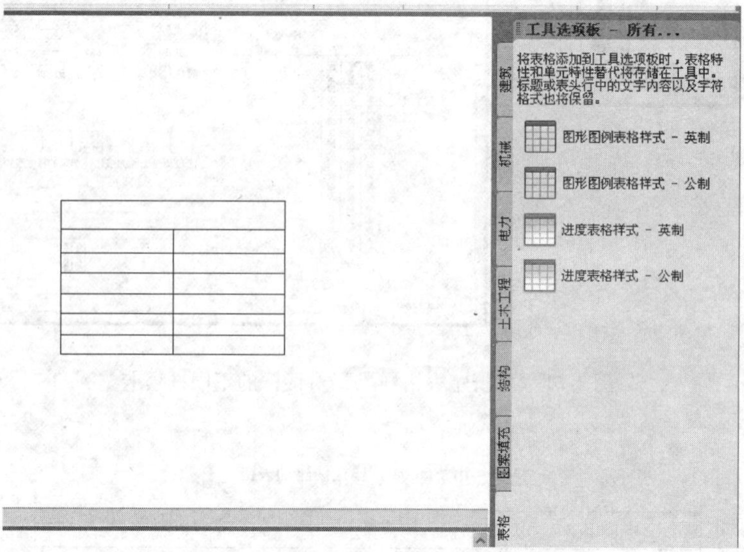

图 3-76 用工具选项板中的“表格”命令创建表格

思考与上机练习

一、复习与思考

1. 用“矩形”命令可以画出哪几种矩形？

2. 简述在“圆”命令中，“[三点(3P)/两点(2P)/相切、相切、半径(T)]”这 3 个选项的含义。

3. 在绘图区域中要绘制一些特性点，如果用“点”命令绘制，屏幕上显示不出所绘制的点，应怎样将其显示清楚一些？

4. 工具选项板怎样打开？如果要将工具选项板上的某图案填充到当前图形中，该怎样操作？请简述操

作步骤。

5. 在填充图案时，打开的对话框中一般有“拾取点”和“选择对象”两个按钮，各用于什么情况的填充？一个图形实体如果不封闭，能否进行图案填充？

二、上机练习

练习 1　用“多段线”命令绘制图 3-15 所示的箭头。

练习 2　画出图 3-77 所示的图形（尺寸自定），并完成图案填充。

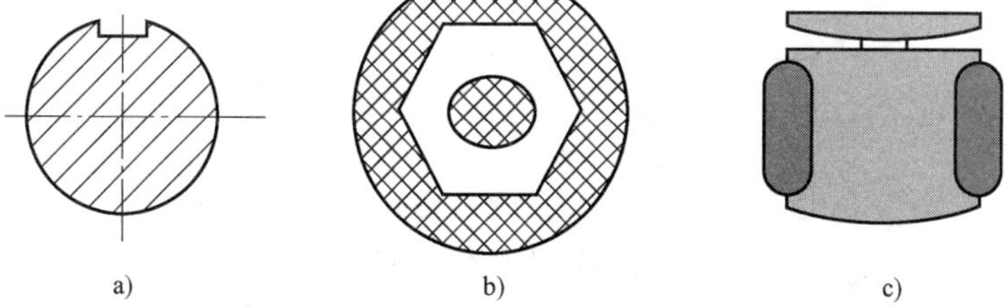

图 3-77　练习 2 图

练习 3　画出图 3-78 所示的图形，可不标注尺寸。

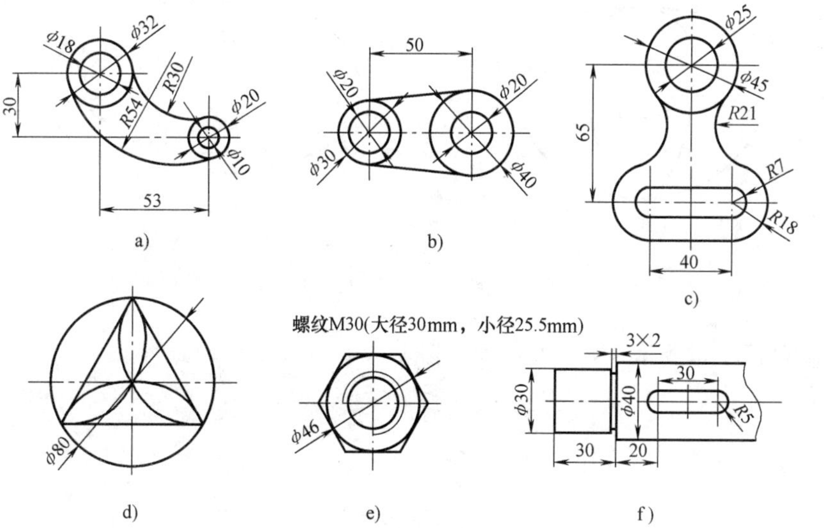

图 3-78　练习 3 图

练习 4　画出图 3-79 所示的图形，可不标注尺寸。

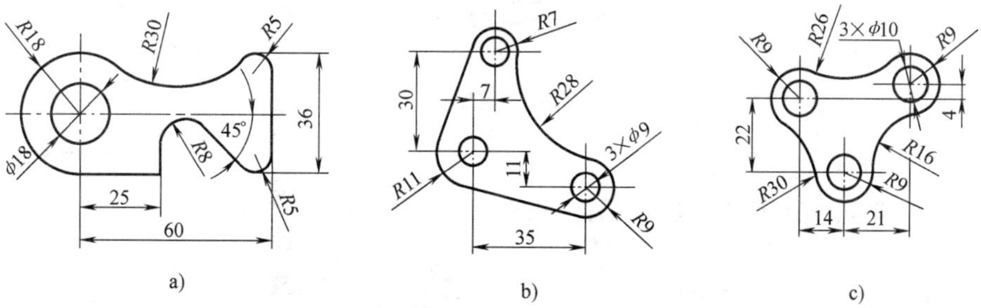

图 3-79　练习 4 图

练习 5　画出图 3-80 所示的图形，不标注尺寸。

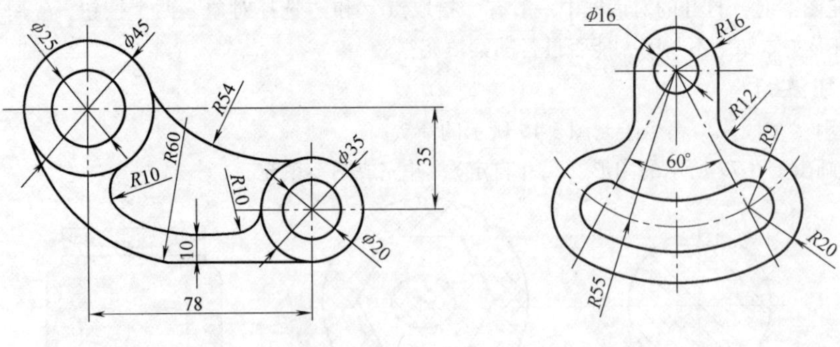

a)　　b)

图 3-80　练习 5 图

练习 6　画出图 3-81 所示的图形，不标注尺寸。

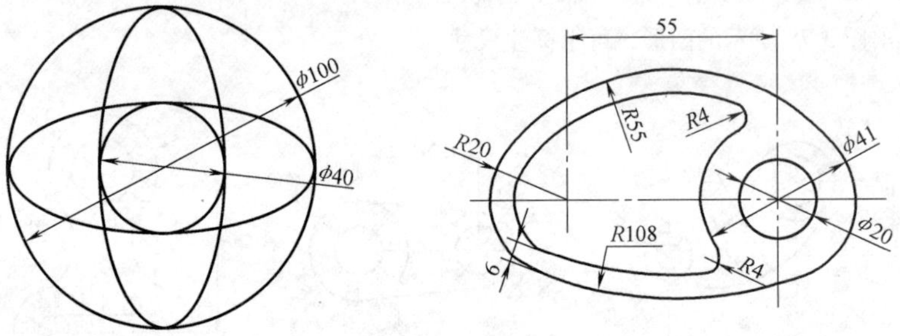

a)　　b)

图 3-81　练习 6 图

练习 7　画出图 3-82 所示的样条曲线（同心圆共 12 个，间距 10mm）。

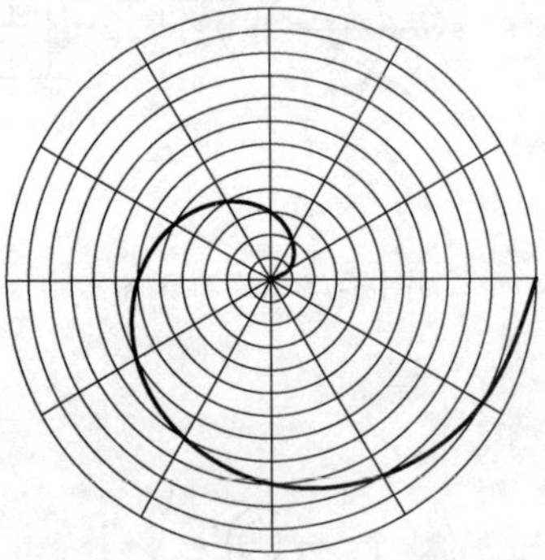

图 3-82　练习 7 图

操作提示：

用“偏移”命令，采用偏移“多个”的方式复制同心圆。

第四章　AutoCAD 图形编辑命令

本章主要介绍“修改”面板上的基本编辑命令按钮的使用，包括偏移、修剪、删除、延伸、打断、合并、圆角、倒角、分解、复制、移动、旋转、镜像、阵列、缩放、拉伸、拉长等，开始进入平面图形的编辑操作。

本章主要介绍以下内容：

- 选择对象
- 编辑命令：偏移、修剪、删除
- 编辑命令：延伸、打断、打断于点、合并
- 编辑命令：圆角、倒角、分解
- 编辑命令：复制、移动、旋转
- 编辑命令：镜像、阵列
- 编辑命令：缩放、拉伸、拉长
- 用“夹点”和“特性”命令修改实体
- 平面图形绘制综合举例

“修改”面板上的命令按钮如图 4-1 所示，“修改”工具栏上相应的命令按钮如图 4-2 所示。

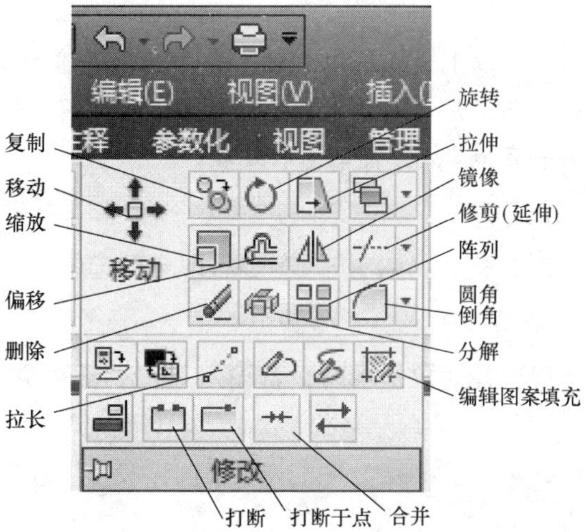

图 4-1　“修改”面板上的命令按钮

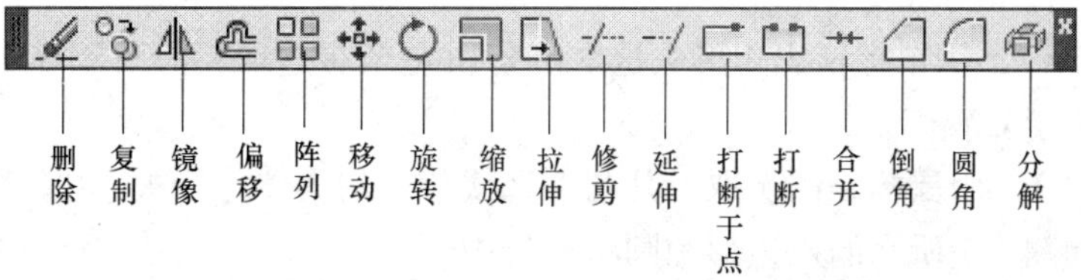

图 4-2　“修改”工具栏上相应的命令按钮

第一节　选 择 对 象

在 AutoCAD 中，选择对象是进行图形编辑的基础，几乎所有的编辑操作，首先便是选择对象。当一个实体被选中后，便以虚线呈高亮显示，每当选择实体后，“选择对象”提示会重复出现，直至单击鼠标右键或按回车键结束。

一、直接（单个）选取

当出现“选择对象”提示后，鼠标便会变为一个小正方框（称为拾取框），用拾取框单击实体即选中。左键选取，右键确认。如不终止命令，可连续选择下去。

二、窗口选取

窗口选择指用鼠标拖出一个窗口框来选取实体的方式。

1. W 窗口方式（左选窗口）

W 窗口方式指拖动鼠标从左向右方向来框选对象方式（也称左选窗口），只有完全位于该窗口内的实体才能被选中。也可在命令行出现提示“选择对象”后，输入 W，按回车键后，用鼠标拖选，故称为 W 窗口方式。

2. C 交叉窗口方式（右选窗口）

C 交叉窗口方式指拖动鼠标从右向左方向来框选对象方式（也称右选窗口），当一个实体位于该窗口内或与该窗口相交，便被选中，故称为交叉窗口。也可在命令行出现提示“选择对象”后，输入 C，按回车键后，用鼠标拖选（此时可从任何方向拖选），故也称为 C 窗口方式。

☞**注**：

在无命令状态下，仍可用以上方式选取实体。单个选取与窗口选取在操作上的区别在于第一点是否选中对象：第一点定位在实体上按单个选取处理，第一点定位在屏幕空白处，未选中实体，则会出现“另一角点”，按窗口选取处理。

三、All（全选）方式

当提示“选择对象”时，键入 All，按回车键后即全部选中。

四、其他方式

在编辑过程中，当出现选择对象提示时，若输入“?”，还可见到其他选择方式。

选择对象：<u>?</u>

需要点或窗口(W)/上一个(L)/窗交(C)/框(BOX)/全部(ALL)/栏选(F)/圈围(WP)/圈交(CP)/编组(G)/添加(A)/删除(R)/多个(M)/前一个(P)/放弃(U)/自动(AU)/单个(SI)/子对象(SU)/对象(O)

下面介绍几种常用方式：

1）框（BOX），用鼠标拖出矩形去选取。若由左至右选取，等价于 W 窗口；若由右至左选取，则等价于 C 窗口。

2）栏选（F），用鼠标画线选取。凡与栏选线相交的实体才能被选中，栏选画线可封闭也可不封闭，如图 4-3 所示的六边形和圆将被选中。

3）圈围（WP），用鼠标画出多边形选取，凡完全位于多边形中的实体才能被选中，该多边形任何时候都是封闭的，且可为任何形状，如图 4-4 所示。

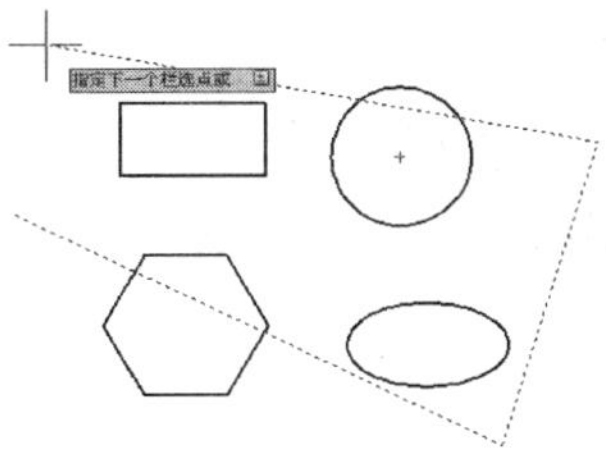

图 4-3　栏选（F）

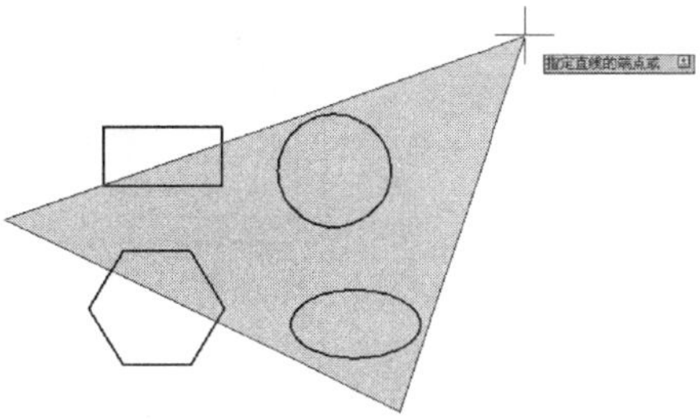

图 4-4　圈围（WP）

4）圈交（CP），与圈围（WP）类似，不同之处是凡与该多边形相交的实体才能被选中。

5）前一个（P），选择上一次编辑的选择集。

第二节　编辑命令：偏移、修剪、删除

一、偏移

功能：通过偏移复制来绘制同心圆、平行线、等距线等。

输入命令的方式：

➢“修改”面板上的“偏移”按钮（图 4-5）

➢“修改”工具栏上的“偏移”按钮

➢菜单“修改”/“偏移”

➢键盘输入命令：Offset ↙

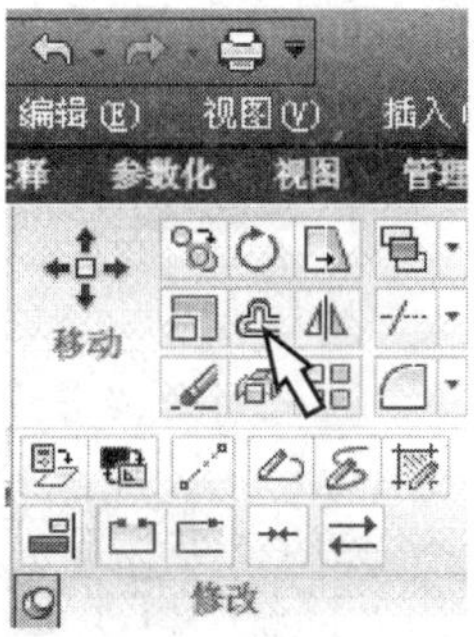

图 4-5　“修改”面板上的“偏移”按钮

操作提示：

命令：_offset

当前设置：删除源 = 否　图层 = 源　OFFSETGAPTYPE = 0

指定偏移距离或[通过(T)/删除(E)/图层(L)]<通过>：输入一个正数作为偏移距离值

选择要偏移的对象或[退出(E)/放弃(U)]<退出>：选择要偏移的实体

指定要偏移的那一侧上的点，或[退出(E)/多个(M)/放弃(U)]<退出>：用鼠标单击某侧一点

选择要偏移的对象或[退出(E)/放弃(U)]<退出>：重复以上操作（或回车结束）

☞注：

1）上述操作，若选择 T（通过），在选择要偏移的实体后，需给出新实体的通过点。

2）删除（E）：可用于偏移对象后将源对象删除。

3）图层（L）：可确定将偏移对象创建在当前图层上还是在源对象所在的图层上。

4）多个（M）：可使用当前偏移距离重复进行偏移操作。

图 4-6 所示为偏移实体绘制等距线。

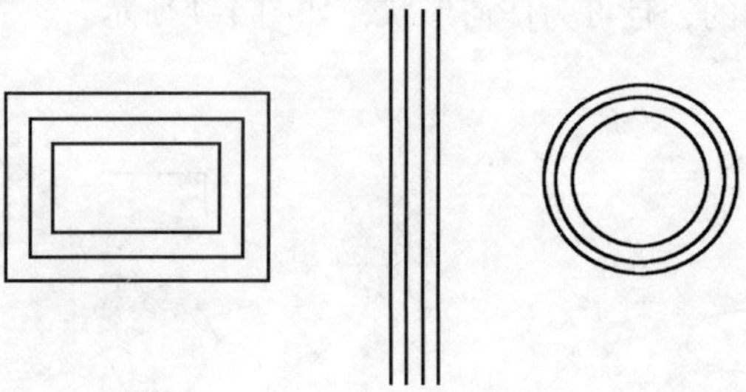

图 4-6　偏移实体绘制等距线

二、修剪

功能：以指定的对象为修剪边界，将多余的部分剪去。该命令首先要定义一个剪切边界，然后再用此边界剪去实体的一部分。

输入命令的方式：

➢“修改”面板上的“修剪”按钮（图 4-7）

➢“修改”工具栏上的“修剪”按钮

➢菜单“修改”/“修剪”

➢键盘输入命令：Trim ↙

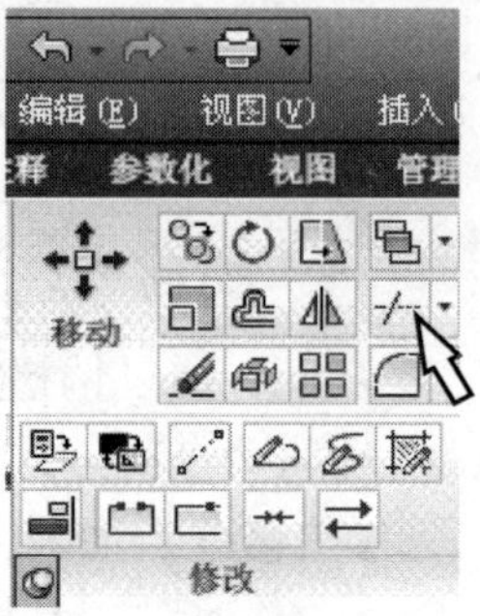

图 4-7　“修改”面板上的“修剪”按钮

操作提示：

命令：_trim

当前设置：投影 = UCS，边 = 无

选择剪切边...

选择对象或 <全部选择>：选择作为剪切边界的实体，按回车键或右键确认。

选择要修剪的对象，或按住 Shift 键选择要延伸的对象，或[栏选(F)/窗交(C)/投影(P)/边(E)/删除(R)/放弃(U)]：选择要修剪的对象，即可剪去。

选择要修剪的对象，或按住 Shift 键选择要延伸的对象，或[栏选(F)/窗交(C)/投影(P)/边(E)/删除(R)/放弃(U)]：

☞**注**：

1）默认为“全部选择”，只要按回车键或单击鼠标右键，即可快速选择所有可视的几何图形作为剪切或延伸对象。

2）按住 Shift 键选择要延伸的对象，相当于延伸操作（见第三节）。

3）修剪边界本身也可以作为被修剪的对象。故为加快作图速度，当提示选择对象时，最好采用单击鼠标右键或按回车键，将所有的实体都选中，再进行所需的修剪。

图 4-8 所示为修剪示例。

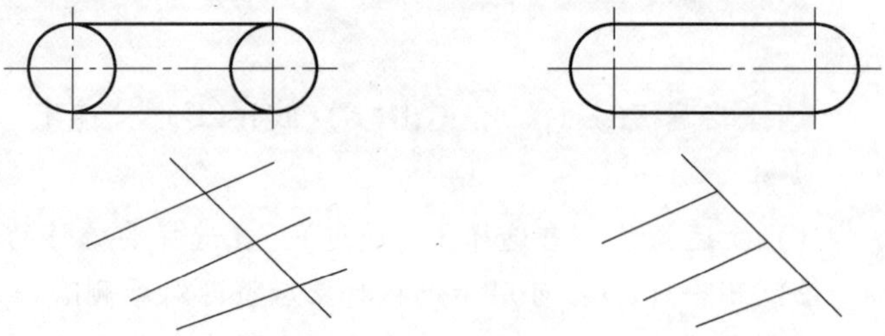

a)　　b)

图 4-8　修剪示例

a）修剪前　b）修剪后

三、删除

功能：从已有图形中删除指定的实体。

输入命令的方式：

➢“修改”面板上的“删除”按钮（图 4-9）

➢“修改”工具栏上的“删除”按钮

➢菜单“修改”/“删除”

➢键盘输入命令：Erase（或 E）↙

操作提示：

选择对象：

选中后，单击鼠标右键确认或按回车键即可删除。

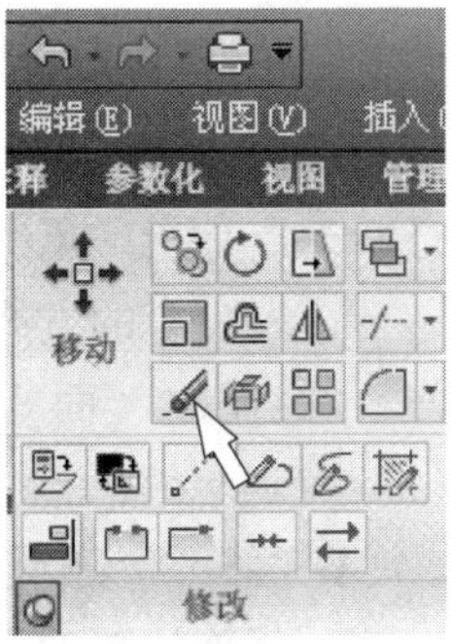

图 4-9　“修改”面板上的“删除”按钮

第三节　编辑命令：延伸、打断、打断于点、合并

一、延伸

功能：使实体延伸到一个或多个实体所限定的边界。

输入命令的方式：

➢“修改”面板上的“延伸”按钮（图 4-10）

➢“修改”工具栏上的“延伸”按钮

➢菜单“修改”/“延伸”

➢键盘输入命令：Extend ↙

操作提示：

选择对象：选择作为延伸目的边界实体

选择要延伸的对象，或按住 Shift 键选择要修剪的对象，或[栏选(F)/窗交(C)/投影(P)/边(E)/放弃(U)]：选择要延伸的实体

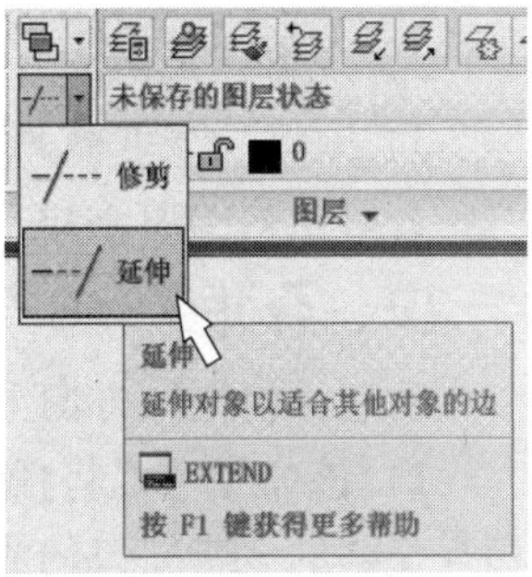

图 4-10　“修改”面板上的“延伸”按钮

☞**注：**

1）按住 Shift 键选择要修剪的对象，相当于修剪操作。

2）可选多个边界线，也可选多个要延伸的对象。

3）一条直线被延伸后，相关尺寸自动修改。

延伸示例如图 4-11 所示。

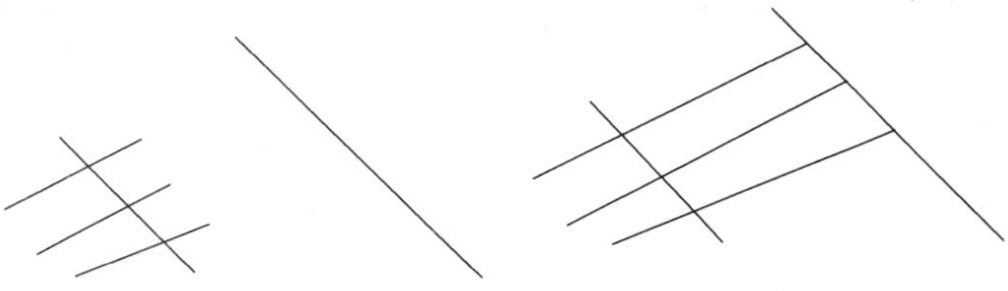

a)　　b)

图 4-11　延伸示例

a）延伸前　b）延伸后

二、打断（部分删除）、打断于点

功能：打断是指在一条线段上的两个指定点间产生间隔，打断于点是指一条线段在指定点（第二点上）被打断。

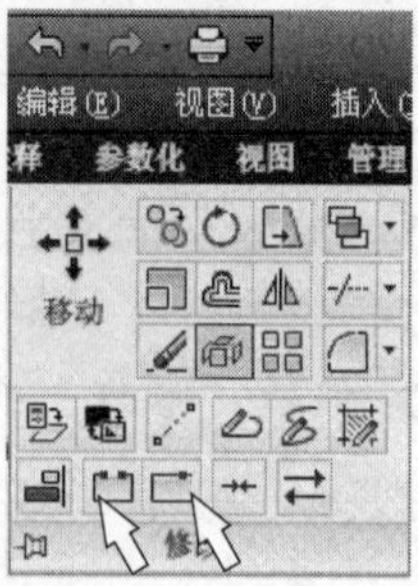

图 4-12　“修改”面板上的“打断”和“打断于点”按钮

输入命令的方式：

➢“修改”面板上的“打断”按钮及“打断于点”按钮（图 4-12）

➢“修改”工具栏上的“打断”按钮及“打断于点”按钮

➢菜单“修改”/“打断”

➢键盘输入命令：Break ↙

操作提示：

选择对象：选择实体（同时给打断点 1）

指定第二个打断点或［第一点（*F*）］：给打断点 2

☞**注**：

1）如果给出 F，按回车键，将重新选择打断点 1。

2）点取线上两点，将删除两点间的一段。

3）如果一点在线内，一点在线外，可删除一段。

打断示例如图 4-13 所示。

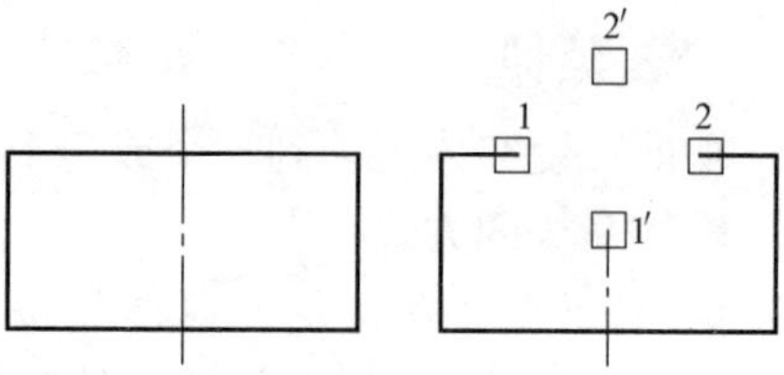

图 4-13　打断示例（删除 1 2，1′2′间各一段）

三、合并

功能：将同一方向上或同一圆周上的同类线段合并为一个实体。

1）该命令可以将任何数量的同一直线方向上的线段连接成一条线。原始的线段可以是相互交叠的，带缺口的或端点相连的，但必须是在同一直线方向上，对于圆弧段或椭圆弧段也是一样，它需要圆弧在同一圆周上。

2）该命令可以连接在同一平面上且端点相连的多个样条曲线或多段线。

3）该命令可以封闭圆弧或椭圆弧，并自动将它们转换为圆或椭圆。

输入命令的方式：

➢“修改”面板上的“合并”按钮（图 4-14）

➢“修改”工具栏上的“合并”按钮

➢菜单“修改”/“合并”

➢键盘输入命令：Join（或 J）↙

操作提示：

_join 选择源对象：

选择要合并到源的直线：选择要合并的源直线

选择要合并到源的直线：选择要合并的直线

选择要合并到源的直线：

已将 2 条直线合并到源

图 4-14　“修改”面板上的“合并”按钮

如果合并是圆弧，则提示为

提示：_join 选择源对象：

选择圆弧，以合并到源或进行[闭合(L)]：

选择要合并到源的圆弧：　找到 1 个

已将 1 个圆弧合并到源

如果在上述提示中选择 L，可将未封闭的圆或椭圆闭合。

图 4-15 所示为合并示例。

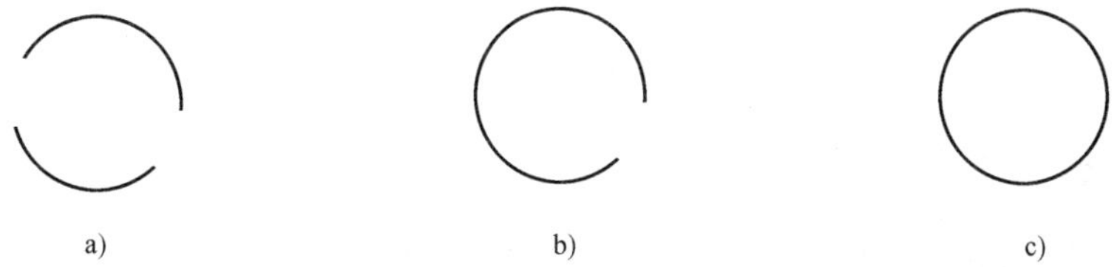

图 4-15　合并示例

a）合并前　b）合并后　c）封闭后

第四节　编辑命令：圆角、倒角、分解

一、圆角

功能：按指定的半径用圆弧连接两直线、圆或圆弧。

输入命令的方式：

- “修改”面板上的“圆角”按钮（图 4-16）
- “修改”工具栏上的“圆角”按钮
- 菜单“修改”/“圆角”
- 键盘输入命令：Fillet ↙

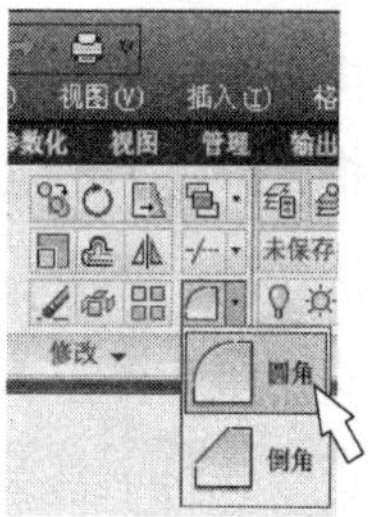

图 4-16　“修改”面板上的“圆角”按钮

操作提示：

当前设置：模式 = 修剪，半径 = 0.0000

选择第一个对象或[放弃(U)/多段线(P)/半径(R)/修剪(T)/多个(M)]：r

指定圆角半径 <0.0000>：10

选择第一个对象或[放弃(U)/多段线(P)/半径(R)/修剪(T)/多个(M)]：选择第一条边

选择第二个对象，或按住 Shift 键选择要应用角点的对象：选择第二条边

☞**注：**

1）若圆角半径为零，则两线交于一点，不产生圆角。

2）若选择了两条平行线，则过渡圆弧一律是 180°的半圆，无论所设半径大小如何。

3）选择放弃（U）：可撤消（回退）上一个圆角。

4）在选择第二条直线之前，若按住Shift键，相当于1）的操作，即将两条相交或不相交的直线连接，不产生圆角（创建零半径圆角）。

倒圆角示例如图 4-17 所示。

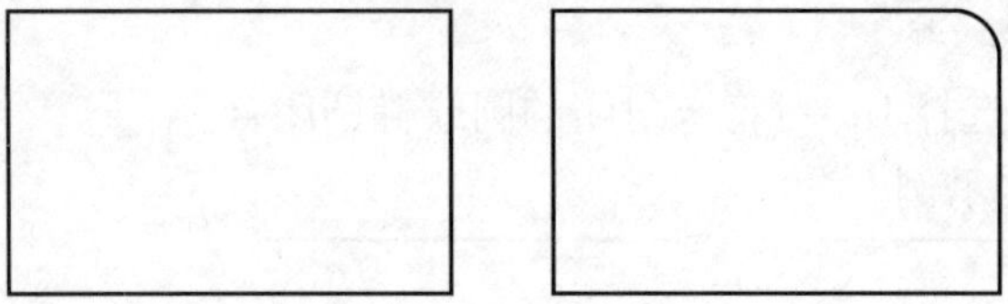

图 4-17　倒圆角示例

二、倒角

功能：在两条线段间加一个倒角。

输入命令的方式：

- “修改”面板上的“倒角”按钮（图 4-18）
- “修改”工具栏上的“倒角”按钮
- 菜单“修改”/“倒角”
- 键盘输入命令：Chamfer ↙

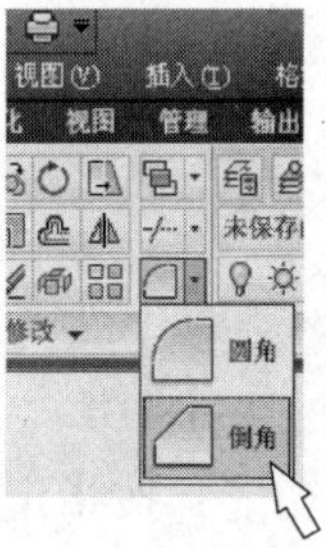

图 4-18　“修改”面板上的“倒角”按钮

操作提示：

（“修剪”模式）当前倒角距离 1 = 0. 0000，距离 2 = 0. 0000

选择第一条直线或[放弃(U)/多段线(P)/距离(D)/角度(A)/修剪(T)/方式(E)/多个(M)]：d

指定第一个倒角距离 <0. 0000 >：2

指定第二个倒角距离 <2. 0000 >：2

选择第一条直线或[放弃(U)/多段线(P)/距离(D)/角度(A)/修剪(T)/方式(E)/多个(M)]：选择要倒角的第一条边

选择第二条直线，或按住 Shift 键选择要应用角点的直线：选择要倒角的第二条边

☞**注：**

1）距离（D）：可给定两个距离值产生倒角（两个距离值可不同）。

2）角度（A）：可给定一个距离值和一个角度产生倒角。

3）多线段（P）：用于为多段线倒角。

4）修剪（T）：可选择倒角时修剪与否。

5）多个（M）：同时倒多个角。

6）放弃（U）：可撤消（回退）上一个倒角。

7）当倒角距离设为零时，无论这两条直线是否相交，都使这两条线交于一点，不倒角。

8）在选择第二条直线之前，若按住Shift键，相当于7）的操作，即将两条相交或不相交的直线连接，不产生倒角（创建零距离倒角）。

倒角示例如图 4-19 所示。

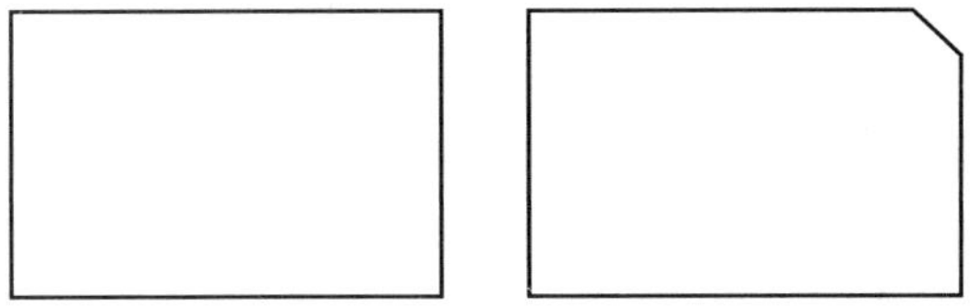

图 4-19　倒角示例

三、分解

功能：可将多段线、矩形、正多边形、图块、剖面线、尺寸等组合实体分解为若干个独立实体。

输入命令的方式：

➢“修改”面板上的“分解”按钮（图 4-20）

➢“修改”工具栏上的“分解”按钮

➢菜单“修改”/“分解”

➢键盘输入命令：Explode ↙

操作提示：

选择对象：选中后右键确认即分解。

图 4-20　“修改”面板上的“分解”按钮

第五节　编辑命令：复制、移动、旋转

一、复制

功能：将选中的实体按指定的角度和方向复制到指定的位置。

输入命令的方式：

➢“修改”面板上的“复制”按钮（图 4-21）

➢“修改”工具栏上的“复制”按钮

➢菜单“修改”/“复制”

➢键盘输入命令：Copy（或 Co）↙

系统提示：

命令：_copy

选择对象：找到 1 个

选择对象：

当前设置：　复制模式 = 多个

指定基点或[位移(D)/模式(O)] <位移>：指定第二个点或 <使用第一个点作为位移>：

指定第二个点或 <使用第一个点作为位移>：

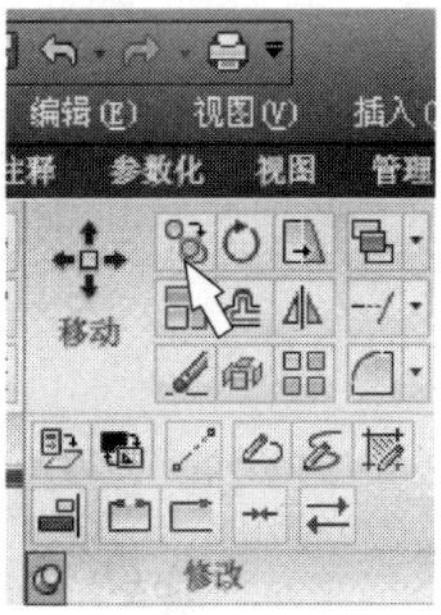

图 4-21　“修改”面板上的“复制”按钮

☞注：

1）该命令默认设置为多个复制功能（位移模式），选择对象后，须指定位移的基点（并作为位移的第一点），再输入位移的第二点（用鼠标或键盘输入）即完成一个复制，重复提示会一直出现，可连续指定第二点，得到多个复制，直至单击鼠标右键或按回车键，结束该操作。

2）在上述提示中如果选择模式（O），可选择单个复制或多个复制模式。

图 4-22 所示为复制多个，在连续指定第二点后，得到 *A*、*B*、*C*、*D* 四个复制的对象。

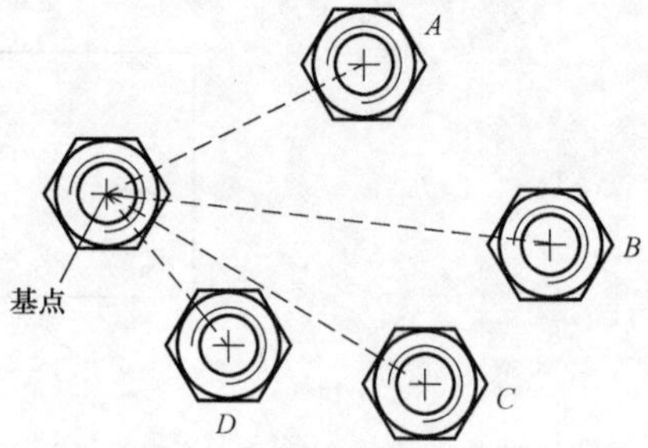

图 4-22　复制多个相同的对象

二、移动

功能：将选中的实体按指定的角度或距离平移到指定的位置。

输入命令的方式：

➢“修改”面板上的“移动”按钮（图 4-23）

➢“修改”工具栏上的“移动”按钮

➢菜单“修改”/“移动”

➢键盘输入命令：Move（或 M）↙

操作提示：

选择对象：

指定基点或［位移（D）］＜位移＞：　指定第二个点或 ＜使用第一个点作为位移＞：

图 4-24 所示为移动对象示例。

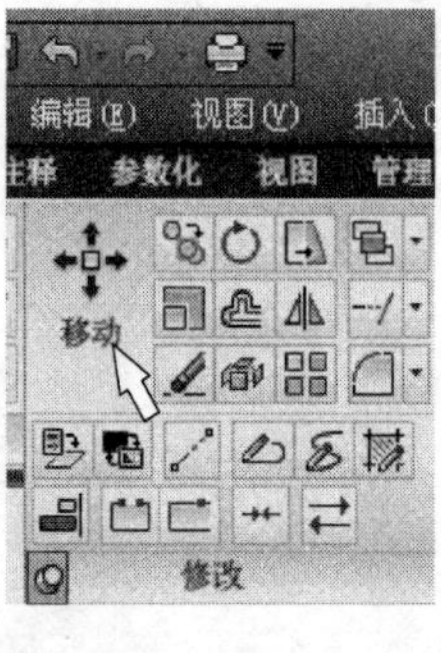

图 4-23　“修改”面板上的“移动“按钮

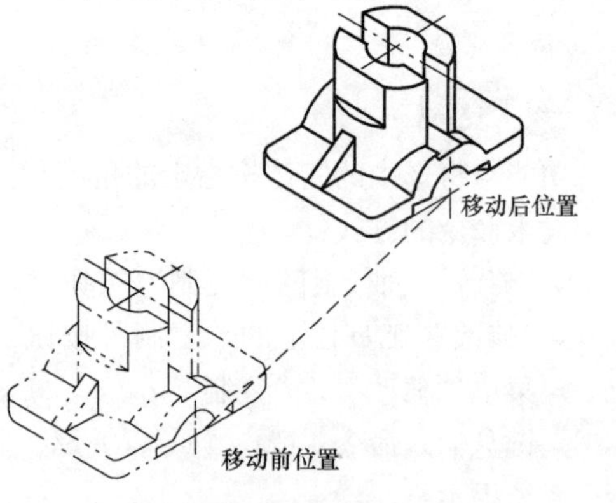

图 4-24　移动对象示例

三、旋转

功能：将选中的实体绕指定的基点旋转一指定角度，或参照一对象进行旋转。

输入命令的方式：

➢“修改”面板上的“旋转”按钮（图 4-25）

➢“修改”工具栏上的“旋转”按钮

➢菜单“修改”/“旋转”

➤ 键盘输入命令：Rotate ↙

例 4-1　按指定角度旋转实体

操作提示：

命令：_rotate

UCS 当前的正角方向：ANGDIR = 逆时针 ANGBASE = 0

选择对象：<u>用交叉窗口选择图 4-26 中双点画线部分实体</u>

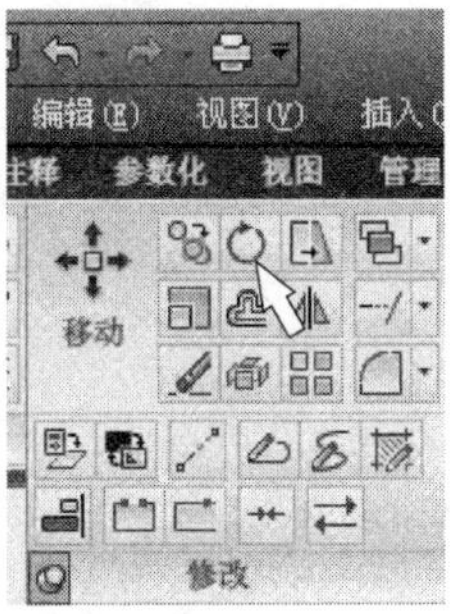

图 4-25　“修改”面板上的”旋转“按钮

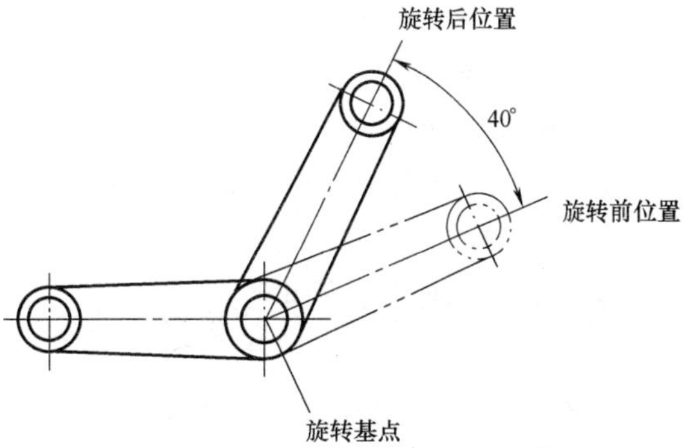

图 4-26　按指定角度旋转实体

选择对象：↙

指定基点：<u>指定图中大圆的圆心为基点</u>

指定旋转角度，或[复制(C)/参照(R)] <0>：<u>40 ↙</u>

旋转结果如图 4-26 所示。

☞**注**：

1）输入的旋转角为正值，实体按逆时针方向旋转；旋转角为负值，实体按顺时针方向旋转。

2）在输入角度值之前选择复制（C），可得到一个复制对象，即源对象保留。

例 4-2　按参照角度旋转实体

操作提示：

命令：_rotate

UCS 当前的正角方向：ANGDIR = 逆时针 ANGBASE = 0

选择对象：<u>用交叉窗口选择图 4-27 中双点画线部分实体</u>

选择对象：↙

指定基点：<u>指定图中大圆的圆心为基点</u>

指定旋转角度，或[复制(C)/参照(R)] <0>：<u>R ↙</u>

指定参照角 <0>：<u>20 ↙</u>

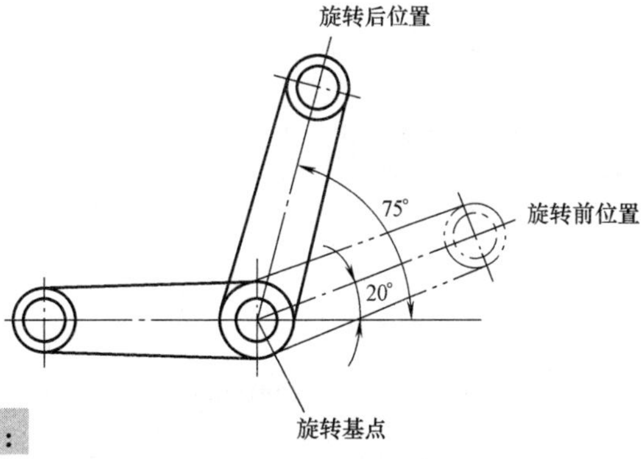

图 4-27　按参照角度旋转实体
（原角度 20°，新角度 75°）

指定新角度或[点(P)] <0>：75 ↙

旋转结果如图 4-27 所示。

第六节　编辑命令：镜像、阵列

一、镜像

功能：将实体对称复制（生成实体的镜像），复制后既可删除，也可保留源图形实体。

输入命令的方式：

➢“修改”面板上的“镜像”按钮（图 4-28）

➢“修改”工具栏上的“镜像”按钮

➢菜单“修改”/“镜像”

➢键盘输入命令：Mirror ↙

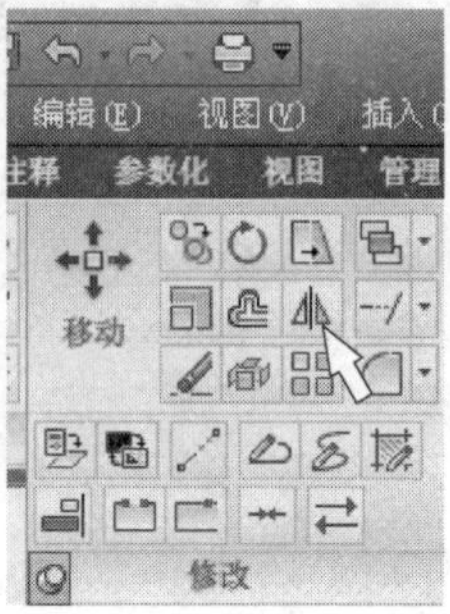

图 4-28　“修改”面板上的“镜像”按钮

操作提示：

选择对象：选择要镜像的实体

选择对象：↙

指定镜像线的第一点：指定镜像线的第二点

要删除源对象吗？[是(Y)/否(N)] <N>：

☞注：

1）指定镜像线上两点，可任选两点，系统按两点连线作为镜像轴线；也可选已有的一条直线上的两点。

2）要删除源对象吗？若回答 Y（是），则将删除源对象，生成实体的镜像；若回答 N（否），则保留源对象，完成对称复制。

图 4-29 所示为一镜像实例。

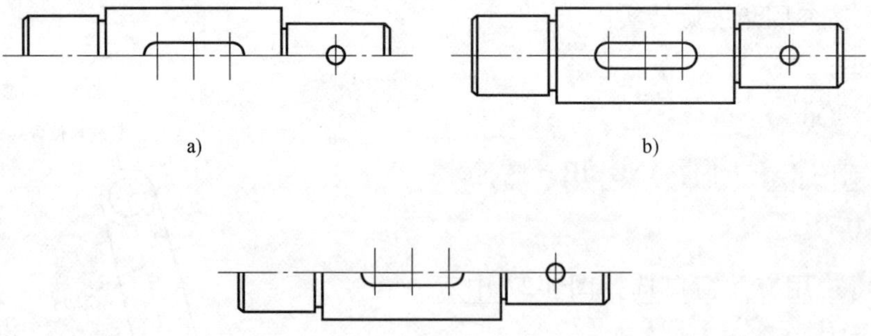

a)　b)　c)

图 4-29　生成实体的镜像

a）镜像前　b）镜像后（保留源对象）　c）镜像后（删除源对象）

二、阵列

功能：通过一次操作，快速生成按某种规则排列的相同图形。阵列的方式有矩形阵列和环形阵列两种。

输入命令的方式：

➢“修改”面板上的“阵列”按钮（图 4-30）

➢“修改”工具栏上的“阵列”按钮

➢菜单“修改”/“阵列”

➢键盘输入命令：Array ↙

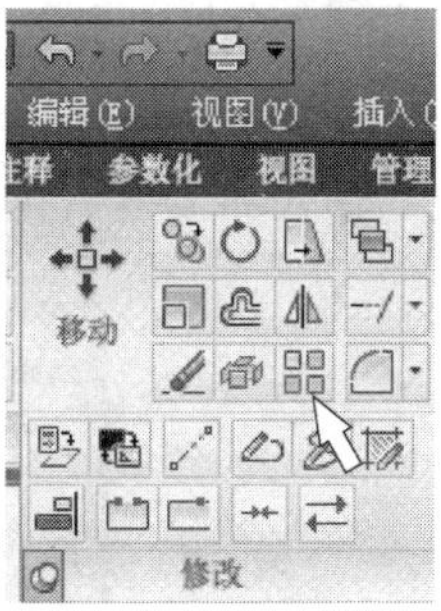

图 4-30　“修改”面板上的”阵列“按钮

1. 矩形阵列操作步骤

输入命令后，弹出“阵列”对话框如图 4-31 所示。

1）选择阵列方式：矩形阵列或环形阵列（图 4-31 为选择矩形阵列）。

2）选择要阵列的实体：单击图 4-31 中的“选择对象”按钮，返回绘图区选择实体。选中后，单击鼠标右键结束，返回图 4-31 所示的对话框。

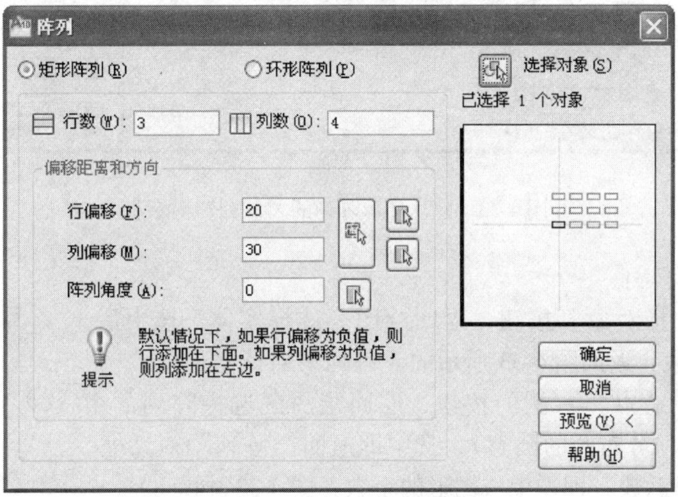

图 4-31　建立矩形阵列的“阵列”对话框

3）在图 4-31 所示对话框中输入行数、列数（图 4-31 中为 3 行 4 列）。

4）输入行偏移（即行间距）、列偏移（即列间距）及阵列角度。图 4-31 中输入行偏移为 20，列偏移为 30，阵列角度为 0°。其阵列结果如图 4-32a 所示。图 4-32b 中阵列角度为 30°。

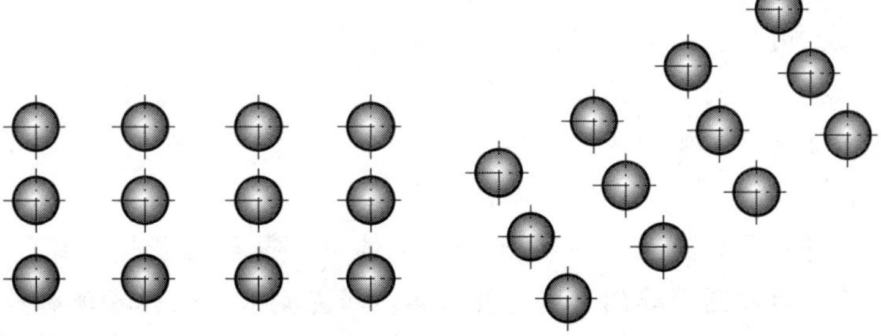

a)　b)

图 4-32　矩形阵列示例（3 行 4 列）

a）阵列角度为 0°　b）阵列角度为 30°

5）单击“确定”按钮，完成矩形阵列。

2. 环形阵列操作步骤

输入命令后，弹出“阵列”对话框如图 4-33 所示。

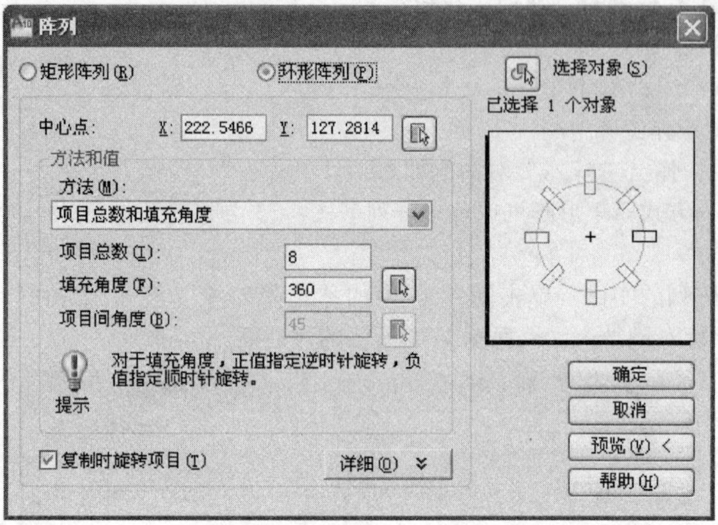

图 4-33　建立环形阵列的“阵列”对话框

1）选择环形阵列。

2）单击“选择对象”按钮，返回绘图区选择实体，选中后，单击鼠标右键结束，返回图 4-33 所示的“阵列”对话框。

3）单击“中心点”右侧的按钮，返回绘图区选择阵列的中心点（一般为阵列分布圆的圆心），选中即返回“阵列”对话框。

4）输入项目总数（即需生成图形的个数，图 4-33 中为 8）。

5）输入填充角度（即环形阵列所占的圆心角，图 4-33 中为 360°，即在一个整圆上均布）。

6）单击“确定”按钮即完成阵列，结果如图 4-34 所示。

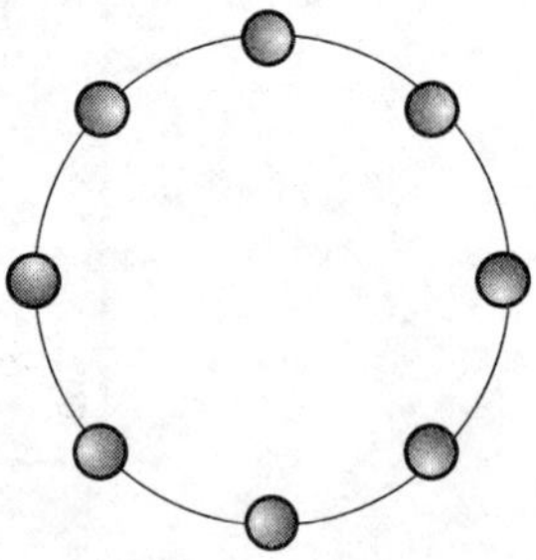

图 4-34　环形阵列示例（项数 8，填充角 360°）

☞**注：**

1）矩形阵列

行偏移为正值，由原图向上排列，负值向下排列。

列偏移为正值，由原图向右排列，负值向左排列。

行偏移要包括被拷贝实体的高度。

列偏移要包括被拷贝实体的宽度。

2）环形阵列

是否在阵列时将对象旋转等（图 4-33 中是否选中“复制时旋转项目”）。项数应包含原来的那个图形。填充角即圆形阵列所占的圆心角。填充角为正值，按逆时针方向排列；填充角为负值，按顺时针方向排列。默认为 360°，在一个整圆上排列。

环形阵列实例如图 4-35 所示。

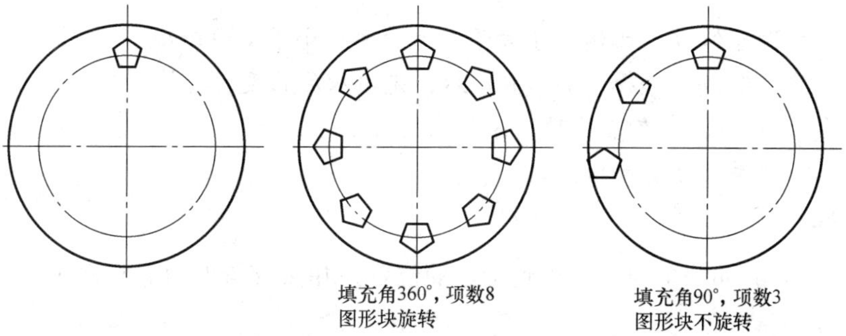

图 4-35　环形阵列实例

第七节　编辑命令：缩放、拉伸、拉长

一、缩放

功能：将实体相对于基点按比例进行放大或缩小。

输入命令的方式：

➢“修改”面板上的“缩放”按钮（图 4-36）

➢“修改”工具栏上的“缩放”按钮

➢菜单“修改”/“缩放”

➢键盘输入命令：Scale ↙

操作提示：

选择对象：

指定基点：

指定比例因子或[复制(C)/参照(R)]<1.0000>：

缩放示例如图 4-37 所示。

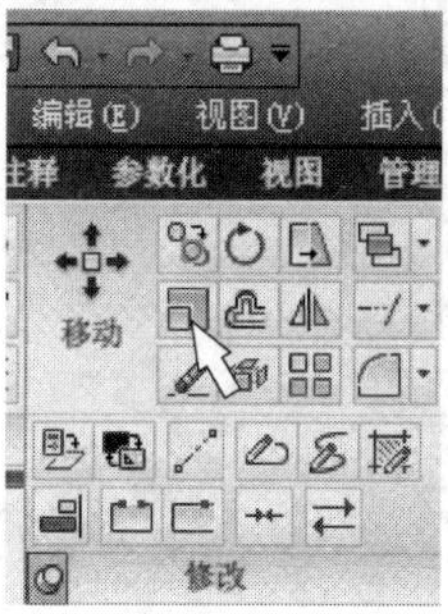

图 4-36　“修改”面板上的“缩放”按钮

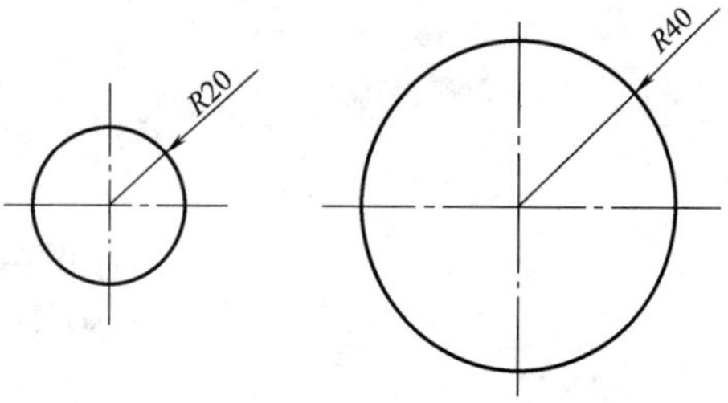

图 4-37　缩放示例

在图 4-37 中，以圆心为基点，按 R 方式缩放，原长 20mm，放大后长 40mm，或以圆心为基点，放大比例为 2。

☞注：

1）指定比例因子缩放：比例因子大于 1 为放大，小于 1 为缩小。

2）按参照方式缩放：选择参照（R）后，先输入原长度，再输入新长度。

3）选择复制（C），可在缩放时，保留源图形。

4）缩放后，相关尺寸自动修改。

二、拉伸

功能：使实体的部分拉伸或缩短到指定的位置，并保持与未动部分相连。

输入命令的方式：

➢“修改”面板上的“拉伸”按钮（图 4-38）

➢“修改”工具栏上的“拉伸”按钮

➢菜单“修改”/“拉伸”

➢键盘输入命令：Stretch↙

操作提示：

以交叉窗口或交叉多边形选择要拉伸的对象...

选择对象：用 C 窗口选择实体

选择对象：↙

指定基点或[位移(D)]<位移>：指定拉伸的起点

指定第二个点或<使用第一个点作为位移>：指定拉伸的终点

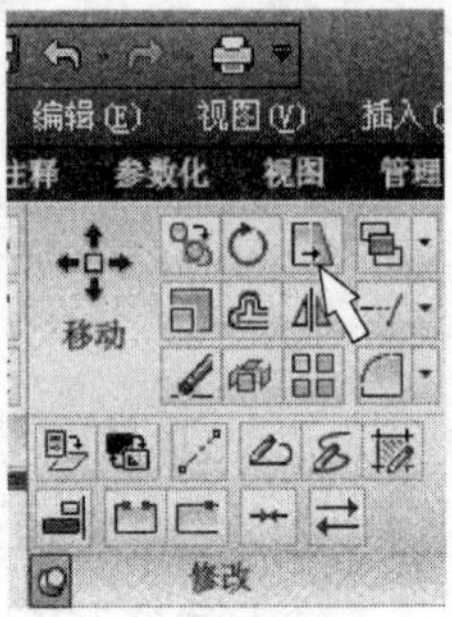

图 4-38　“修改”面板上的“拉伸”按钮

☞注：

1）必须用交叉 C 窗口（右选窗口）选择实体的一部分，若实体完全位于窗口内，不能产生拉伸，只能产生平移。

2）若实体注有相应尺寸，拉伸（或缩短）后，尺寸数值自动修改。

拉伸示例如图 4-39 所示。

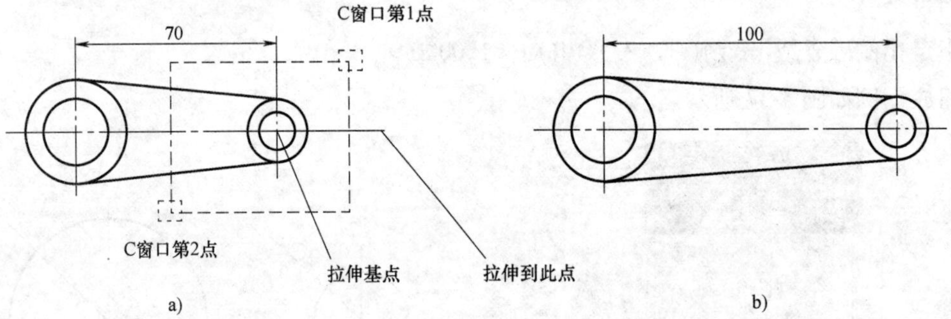

图 4-39　拉伸示例

a）拉伸前　b）拉伸后

三、拉长

功能：改变直线或曲线的长度。

输入命令的方式：

➢“修改”面板上的“拉长”按钮（图 4-40）

➢ 菜单“修改”/“拉长”
➢ 键盘输入命令：Lengthen ↙
操作提示：
选择对象或[增量(DE)/百分数(P)/全部(T)/动态(DY)]：DY
选择要修改的对象或[放弃(U)]：选中要拉长的线段
指定新端点：拉伸到所需点

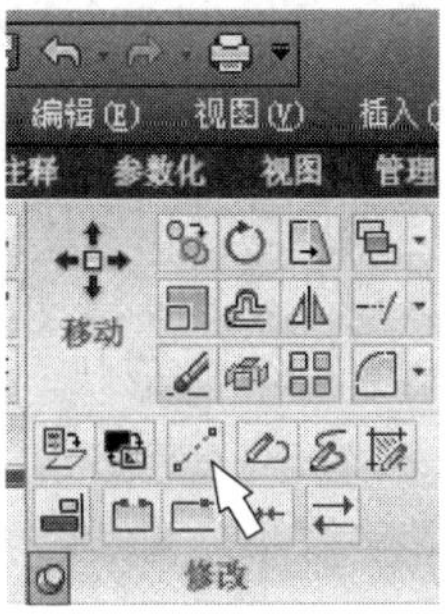

图 4-40　“修改”面板上的“拉长”按钮

☞注：
1）增量（DE）：输入增量改变原长度，正值变长，负值缩短。
2）百分数（P）：以总长的百分比形式改变原长度，大于 100 为拉长，小于 100 为缩短。
3）全部（T）：以新长度改变原长度，按输入值全长拉长或缩短。
4）动态（DY）：动态地改变原长度。
拉长示例如图 4-41 所示。

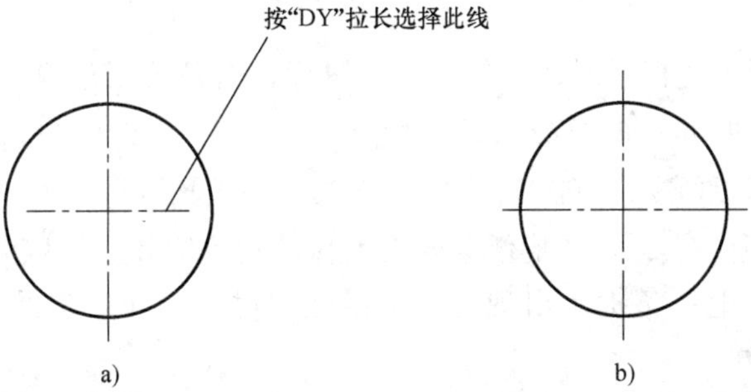

图 4-41　拉长示例
a）拉长前　b）拉长后

第八节　用“夹点”和“特性”命令修改实体

一、用“夹点”功能快速修改实体

夹点：是指在无命令状态下选中实体时，出现在实体的特定点上的一些蓝色小方框，如图 4-42 所示。

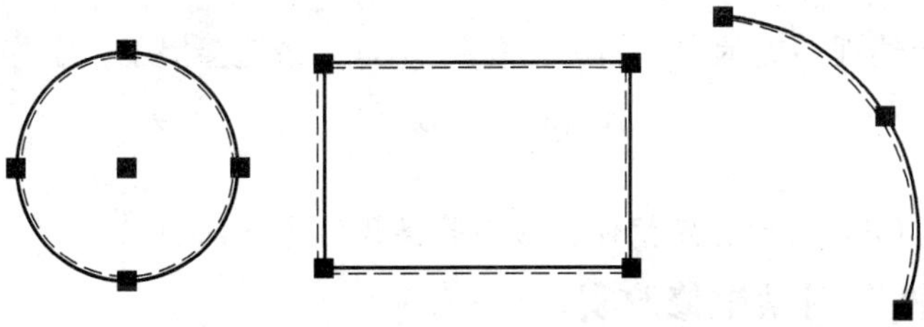
图 4-42　常用实体上夹点的位置

1）拉伸：是指当夹点出现后，单击某个夹点，该夹点便会高亮显示，此时，命令区会出现一条控制命令与提示：

指定拉伸点或[基点(B)/复制(C)/放弃(U)/退出(X)]：

如图 4-43 所示，如果移动鼠标到某处（如图示位置）并单击左键确认，该圆的半径将被修改为图示值（完成拉伸）。同理，如果选择的夹点是矩形或圆弧，将改变矩形的形状和圆弧的半径与形状。

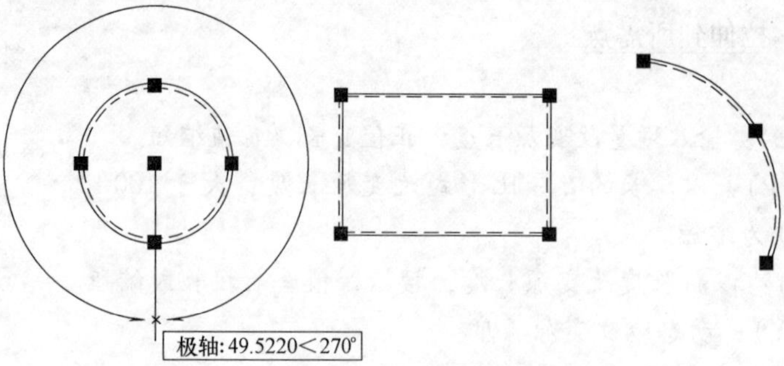

图 4-43　利用夹点的拉伸功能改变圆的半径

2）移动：在出现上述提示时，如果未移动鼠标，而是按回车键（或单击鼠标右键，从快捷菜单中选择“移动”），命令提示会变为

指定移动点或[基点(B)/复制(C)/放弃(U)/退出(X)]：

此时在绘图区指定一点，该图形便会随夹点移动到此位置上（该夹点移到指定点上）。

3）旋转：如果在上一条提示出现后，未做任何操作，还是按回车键（或单击鼠标右键），命令提示将变为

指定旋转角度或[基点(B)/复制(C)/放弃(U)/退出(X)]：

此时，直接输入角度，按回车，可将图形旋转到指定角度。

4）缩放：同理，如果在上述提示未操作时，按回车键，命令提示将变为

指定比例因子或[基点(B)/复制(C)/放弃(U)/退出(X)]：

直接输入缩放的比例因子，可使图形按指定的比例产生缩放。

5）镜像：重复上述空响应，命令提示将变为

指定第二点或[基点(B)/复制(C)/放弃(U)/退出(X)]：

此时，如在绘图区指定一点（即第二点），系统会将夹点（作为第一点）与指定点的连线作为镜像轴将实体生成镜像。

6）复制：在上述任一提示中，如选择复制（C），系统会提示指定移动点，将实体复制到该移动点上。

☞**注：**

提示中的基点（B）用于指定拉伸、移动等操作的基点位置。

二、用“特性”对话框修改实体

对于已有的单个实体，也可通过“特性”命令进行全方位的修改，如直线、圆、圆弧、多段线、矩形、正多边形、椭圆、样条曲线、文字、尺寸、剖面线、图块等的基本属性和几何特性等。该命令也可修改多个实体上共有的实体特性。根据所选实体的不同，系统将分别

显示不同内容的“特性”对话框。

方法是：用鼠标右键单击某图形对象，从右键菜单中选择“特性”命令，或直接双击某图形对象，均可打开所选图形对象的“特性”对话框，如图 4-44、图 4-45 所示。

图 4-44　显示“圆”实体特性的对话框

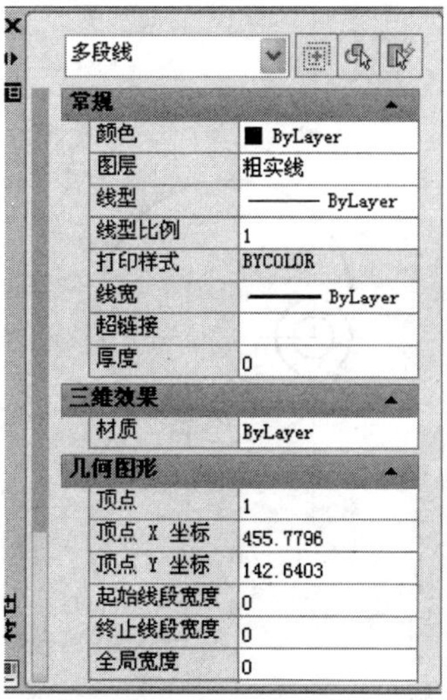

图 4-45　显示“矩形”实体特性的对话框

在图 4-44 和图 4-45 中可直接修改实体的特性值，如图层、颜色、线型、线型比例、线宽、圆心坐标、半径、长度等。

☞**注：**

在“特性”对话框不关闭情况下修改即可生效。“特性”对话框具有自动隐藏功能，通过右单击“特性”对话框的标题栏，选择“自动隐藏”即可。

第九节　平面图形绘制综合举例

例 4-3　绘制图 4-46 所示的图形。

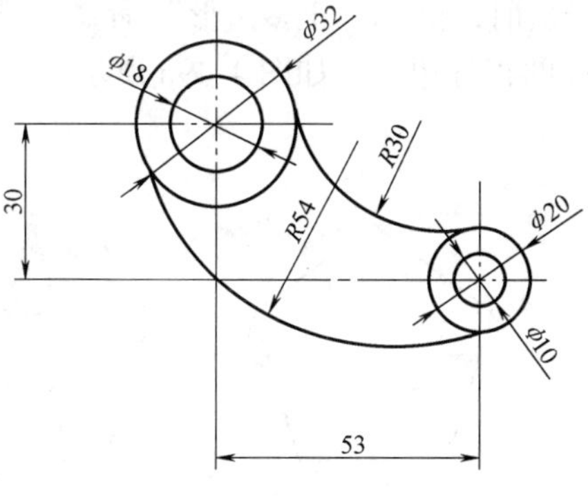

图 4-46　例 4-3 图

操作步骤如下：

1）将“中心线层”置于当前，画出 ϕ32mm 圆心处的水平与垂直两条中心线，如图 4-47a 所示。

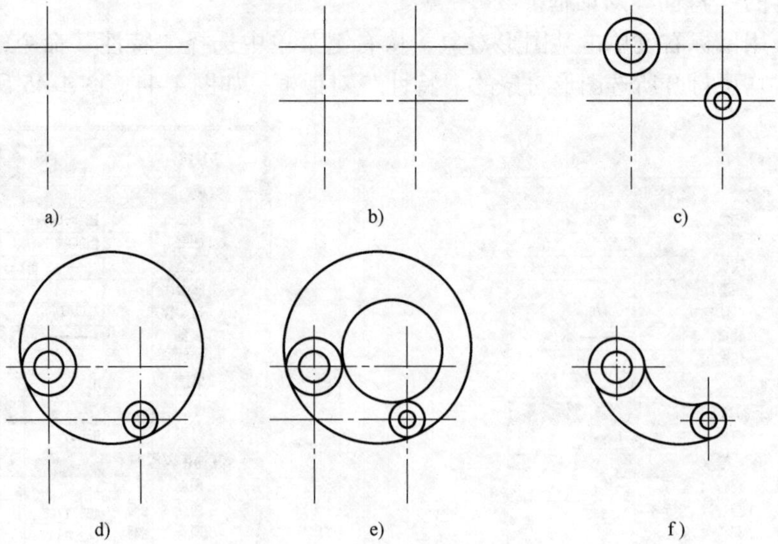

图 4-47　例 4-3 的绘图过程

2）用“偏移”命令画出其他中心线。如向下偏移 30mm，向右偏移 53mm，得到 ϕ20mm 的圆心位置及两条中心线，如图 4-47b 所示。

3）将“粗实线层”置于当前，用“圆”命令画出各圆，如图 4-47c 所示。

4）执行“圆”命令中的“相切、相切、半径（T）”方式完成圆弧部分：选择半径（T）方式，按回车键，用鼠标去捕捉圆上的切点（自动有切点提示），然后输入 *R*54mm 或 *R*30mm，可得到图形 4-47d、e 所示的图形。

5）执行“修剪”命令得到所需图形（图 4-47f）。

6）分别单击各中心线，拉伸夹点可修改中心线的长短。

例 4-4　绘制图 4-48 所示的图形。

操作步骤如下：

1）画出两条中心线，并调用“细实线层”，画出一个直径为 ϕ100mm 的圆。

2）将“粗实线层”置于当前，执行“正多边形”命令，选择五边形，选择内接圆（I）方式，画出一个半径为 50mm 的正五边形，如图 4-49a 所示。

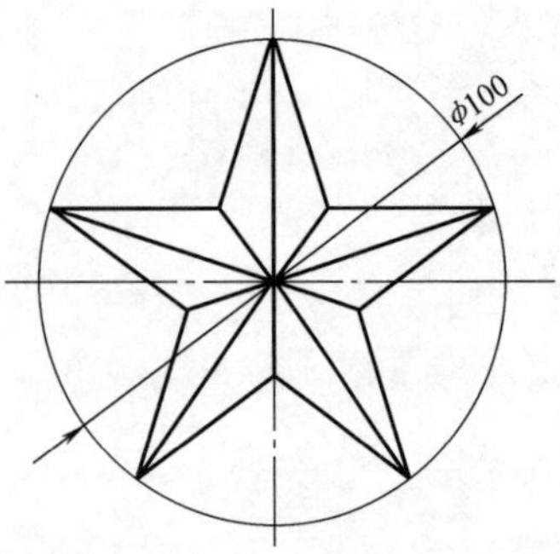

图 4-48　例 4-4 图

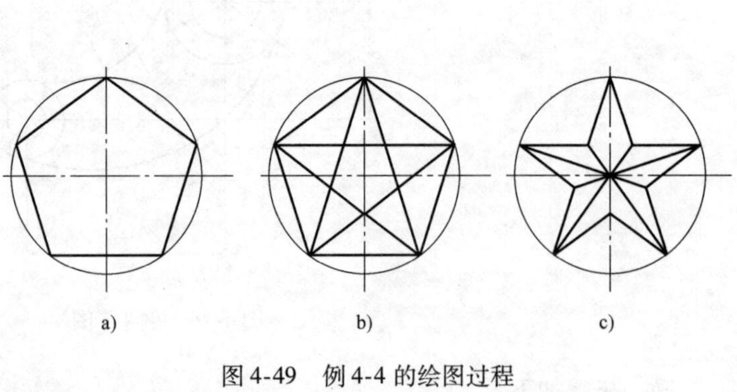

图 4-49　例 4-4 的绘图过程

3）执行“直线”命令，分别连接五边形的各个顶点，如图 4-49b 所示。

4）执行“修剪”命令，剪去多余线段，并删除五边形，再执行“直线”命令，完成图 4-49c 所示的图形。

例 4-5　绘制图 4-50 所示的图形

操作步骤如下：

1）将“中心线层”置于当前，画出两条中心线。

2）将“粗实线层”置于当前，画出两个圆 ϕ15mm 和 ϕ30mm，如图 4-51a 所示。

3）按下辅助工具按钮“极轴”、“对象捕捉”、“对象追踪”，执行“直线”命令，用鼠标到“圆心”处捕捉（不用单击鼠标，只是经过此点），向右拖动鼠标，出现极轴线之后，输入 50，按回车键得到中心线上一点；向上引导极轴线，输入 20 按回车键；再向左引导极轴线，输入 4 按回车键；向下引导极轴线，输入 4 按回车键后结束该命令，画出如图 4-51b 所示的三段线，并得到圆心位置。

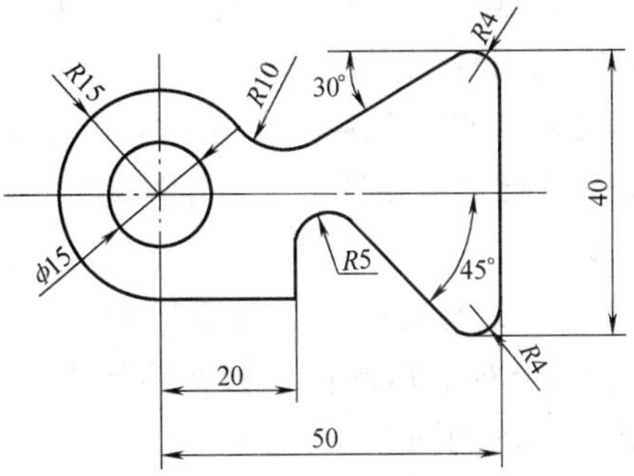

图 4-50　例 4-5 图

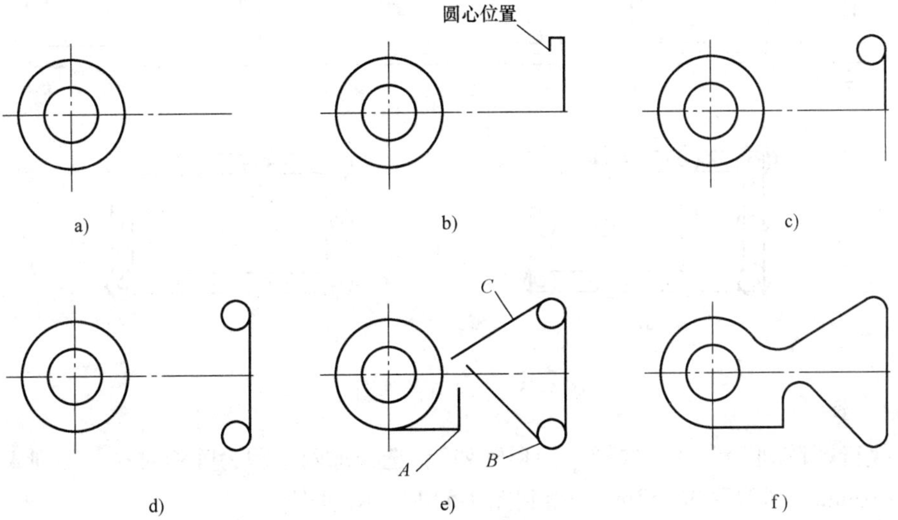

图 4-51　例 4-5 绘图过程

4）执行“圆”命令，在图 4-51b 所示的圆心位置处画出半径为 R4mm 的圆，再用“修剪”命令和“删除”命令得到图 4-51c。

5）执行“镜像”命令，得到图 4-51d。

6）执行“直线”命令画出直线段 A。画直线 B 时，当提示指定第一点时，用鼠标右键单击状态栏上“对象捕捉”按钮，从中选择“切点”，再去捕捉下面那个 R4mm 圆上的切点位置，然后输入相对极坐标（@30<135），可得到直线 B。画直线 C 时，当提示指定第一点时，去捕捉上面那个 R4mm 圆上的切点位置，然后输入相对极坐标（@30<210），可得到直线 C，如图 4-51e 所示。

7）执行“圆角”命令，用圆角半径 R10mm 连接直线 C 与大圆，用圆角半径 R5mm 连接直线 A 与直线 B，再执行“修剪”命令，剪去多余线段，得到图 4-51f，完成作图。

例 4-6　绘制图 4-52 所示的图形。

操作步骤如下：

1）执行“矩形”命令，画出长 100mm，宽 50mm 的一个矩形。

2）执行“偏移”命令，偏移距离 5mm，向外偏移两个矩形，得到图 4-53a 所示的图形。

3）换图层，将中间矩形换到中心线层上，其余两个矩形换至粗实线层上，得到图 4-53b 所示的图形。

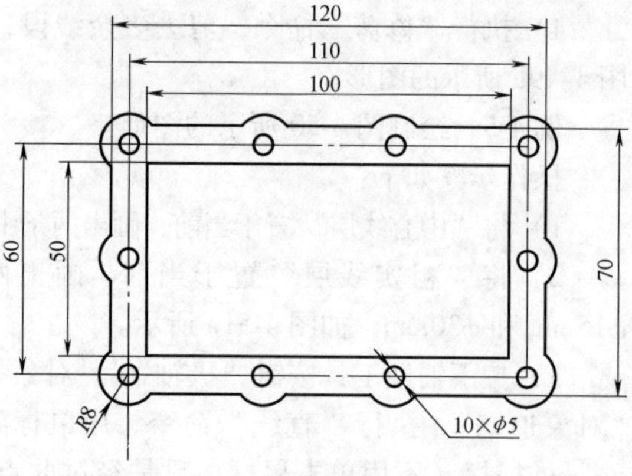

图 4-52　例 4-6 图

4）执行圆命令，在中间矩形的左上角处画出两个直径分别为 ϕ5mm 和 ϕ16mm 的圆（粗实线），如图 4-53c 所示。

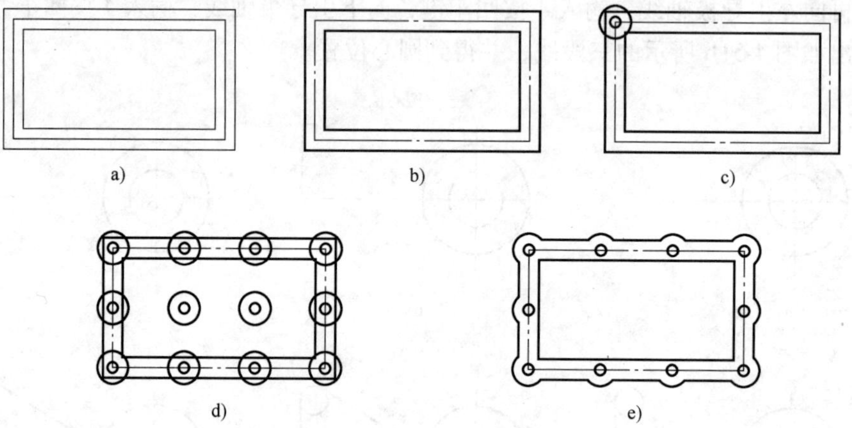

图 4-53　例 4-6 的作图过程

5）执行“阵列”命令，选择“矩形阵列”，选择那两个圆为阵列对象，阵列 3 行 4 列，行偏移 -30mm，列偏移 36.67mm，得到图 4-53d 所示的图形。

6）执行“修剪”命令和“删除”命令，得到图 4-53e 所示图形，完成作图。

例 4-7　绘制图 4-54 所示的图形。

操作步骤如下：

1）调用“中心线层”，画出相互垂直的两条中心线。

2）调用“粗实线层”，画出 ϕ100mm 的圆、ϕ16mm 的圆、R20mm 的圆，如图 4-55a 所示。

3）执行“阵列”命令，环形阵列，选择 ϕ16mm 及 R20mm 的两个圆为阵列对象，阵列中心点为 ϕ100mm 的圆心，整圆周上阵列 3 项，得到图 4-55b 所示图形。

4）画出圆 ϕ40mm。执行“格式”菜单下的“点样式”命令，选择某种点的样式；执行“绘图”面板下的“点”/“定数等分”命令，选择圆 ϕ40mm 为等分对象，6 等分该圆，

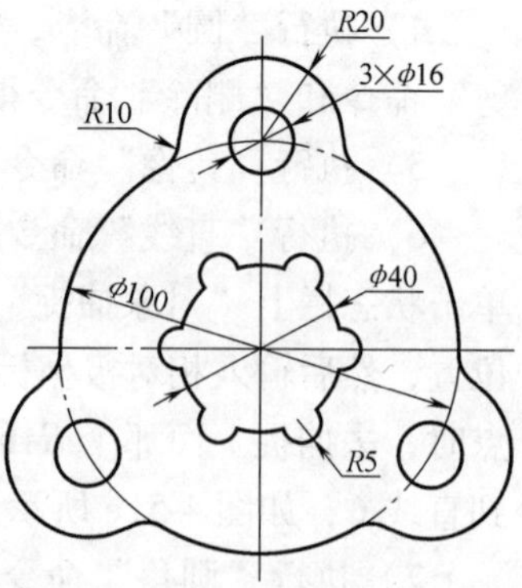

图 4-54　例 4-7 图

执行“圆”命令，在一个等分点处画出直径为 ϕ10mm 的一个圆，得到图 4-55c 所示图形。

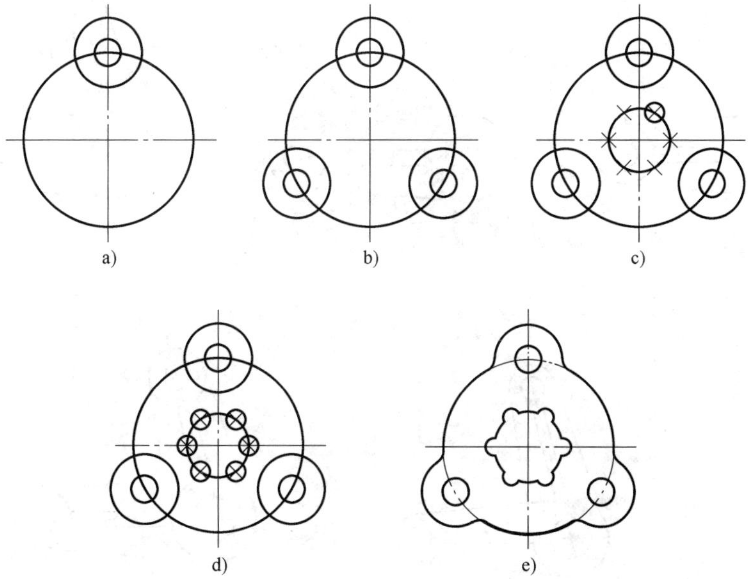

图 4-55　例 4-7 绘图过程

5）执行“阵列”命令，环形阵列，阵列对象为 ϕ10mm 的圆，阵列中心为 ϕ40mm 的圆心，在整圆周上阵列 6 项，得到图 4-55d 所示的图形。用“删除”命令将各等分点删除。

6）执行“修剪”命令，修剪多余的线段；执行“圆角”命令，画出 R10mm 的各处圆角；最后调用中心线层，补画出一个 ϕ100mm 的点画线圆，完成全图，如图 4-55e 所示。

例 4-8　绘制图 4-56 所示的图形。

操作步骤如下：

1）调用中心线层及粗实线层，执行“直线”命令、“偏移”命令、“圆”命令等画出图 4-57a 所示的图形。

2）执行“旋转”命令，采用右选方式（交叉窗口）选中右边部分图形及 ϕ30mm 的垂直中心线，如图 4-57b 所示，旋转基点为 ϕ30mm 的圆心，选择复制（C）选项，旋转角度为 75°，将图形旋转至图 4-57c 所示的位置。

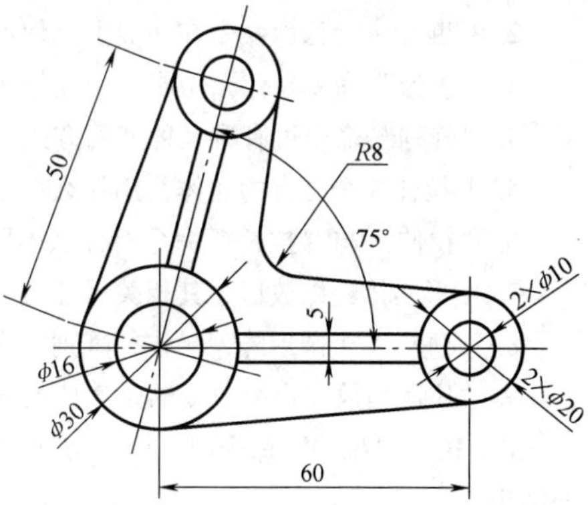

图 4-56　例 4-8 图

3）执行“拉伸”命令，选中图 4-57d 所示的部分图形（右选窗口选择），以所选部分图形的圆心为基点，顺着 75°的那条中心线向下移动鼠标，输入 10，即将该段缩短 10mm，得到尺寸为 50mm 的那段图形。执行“圆角”命令，画出 R8mm 的圆角，完成图形，如图 4-57e 所示。

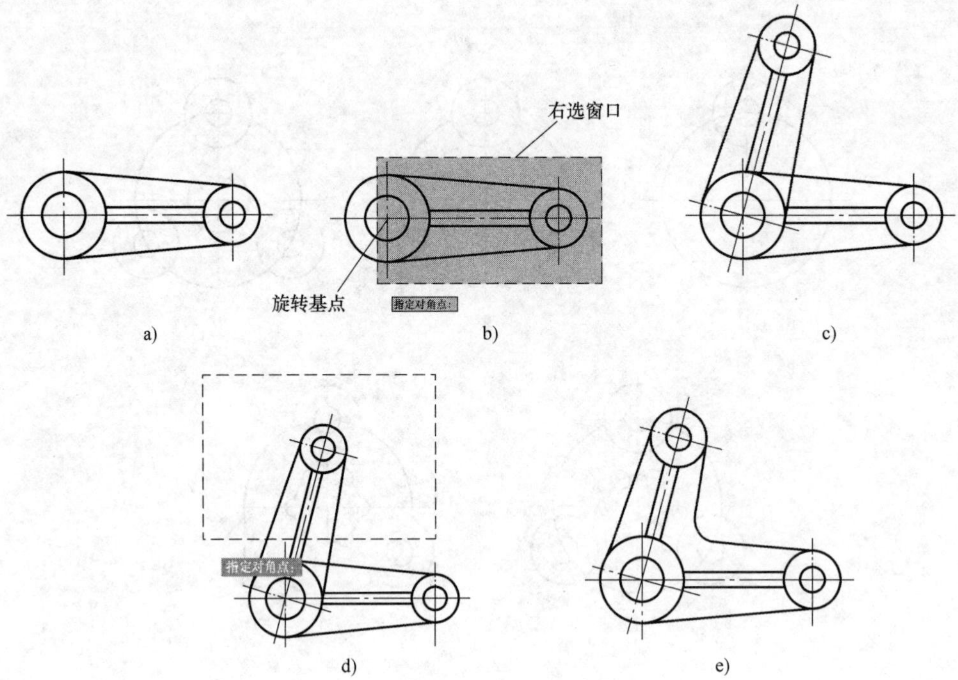

图 4-57　例 4-8 绘图过程

思考与上机练习

一、复习与思考

1. 如果同一平面上有两条互不平行的线段，可以通过什么命令来延长原线段，使两条线段相交于一点？

2. 打断命令与修剪命令在功能上有何不同？使用修剪命令应该注意什么？

3. “镜像” 命令有什么功能？一般什么时候使用？

4. “阵列” 命令可有哪几种阵列方式？在使用时应注意哪些事项？

5. 要拉伸一个已有的实体，用什么命令？用什么方法选择实体，才能实现拉伸的目的？

6. “拉伸” 与 “拉长” 命令有什么不同，各用于什么情况？

7. 图形实体经缩放后，其相关尺寸有无变化？

8. 要进行一个圆形阵列操作，阵列的中心点怎样选择？图形旋转与否对阵列结果有无影响？

9. “比例缩放” 命令改变的是实体的大小还是视图显示的大小？

10. 执行 “拉伸” 命令时，应该怎样选择被拉伸的对象，若实体的全部均被选中，能否得到预期的拉伸结果？

11. 如果要绘制一些同心圆或等距线，应该执行什么命令？用 “复制” 命令还是用 “偏移” 命令？这两个命令能否实现上述目的？它们各有什么特点？

12. 图形的复制主要有哪些命令可以实现？是否有直接复制、镜像复制、阵列复制、偏移复制等操作？

二、上机练习

练习 1　画出图 4-58 所示的图形。

练习 2　画出图 4-59 所示的图形。

练习 3　画出图 4-60 所示的图形。

练习 4　画出图 4-61 所示的图形。

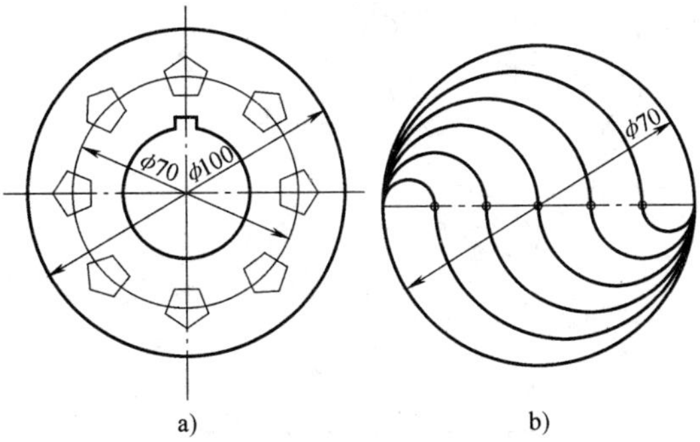

图 4-58　练习 1 图

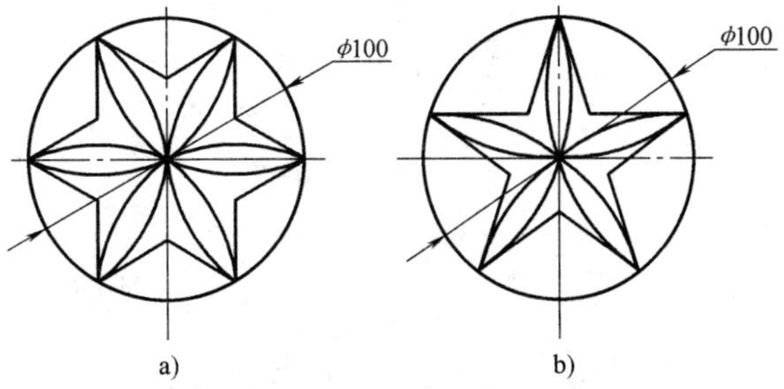

图 4-59　练习 2 图

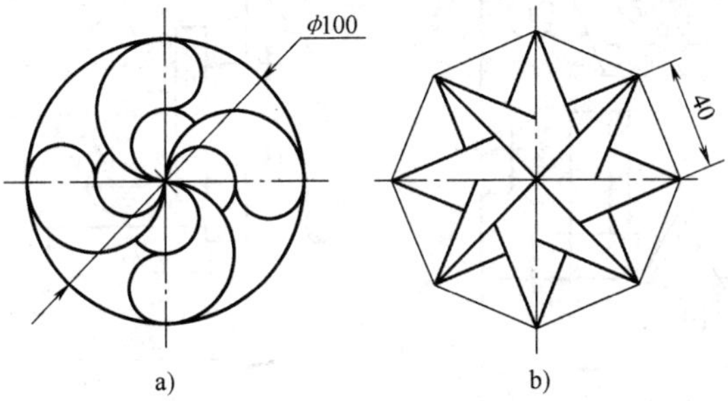

图 4-60　练习 3 图

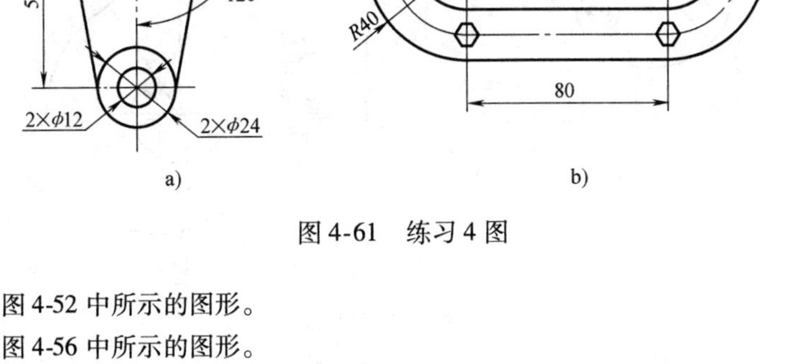

图 4-61　练习 4 图

练习 5　抄画图 4-52 中所示的图形。

练习 6　抄画图 4-56 中所示的图形。

练习 7　用适当的命令抄画图 4-62 中所示的图形。

练习 8　绘制图 4-63 中所示的对称图形，其中对称部分用“镜像”命令完成。

练习 9　抄画图 4-64 中所示的图形。

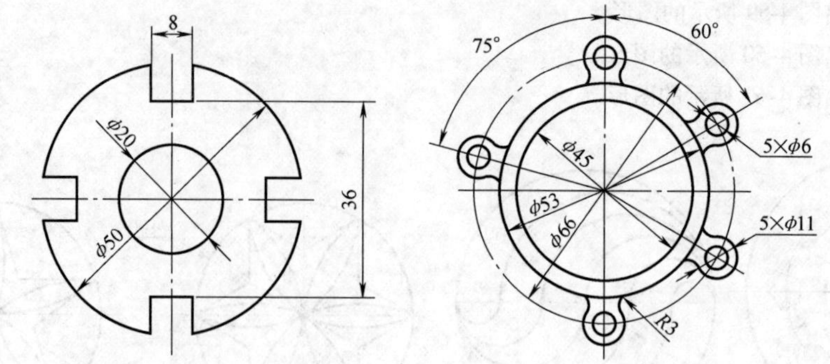

a)　　b)

图 4-62　练习 7 图

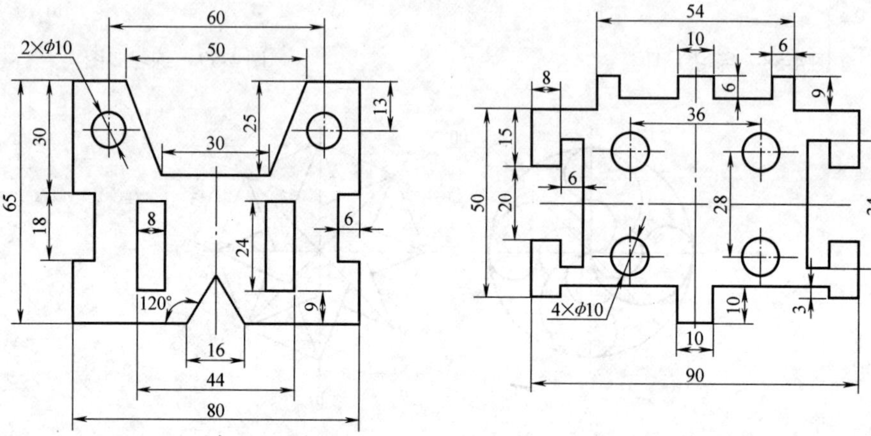

a)　　b)

图 4-63　练习 8 图

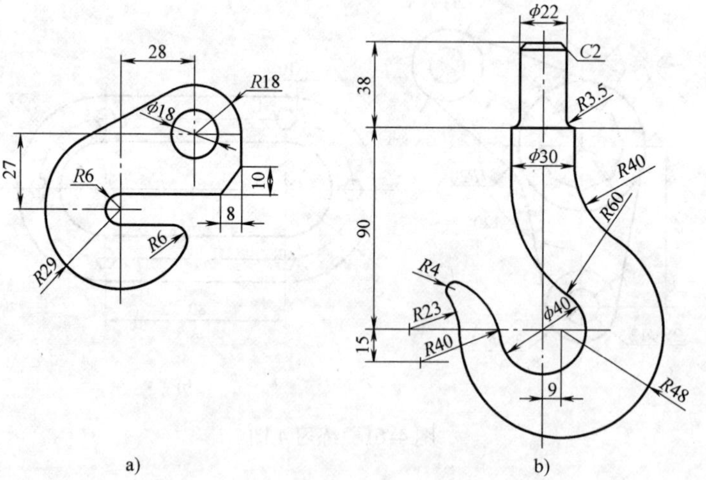

a)　　b)

图 4-64　练习 9 图

练习 10　抄画图 4-65 中所示的图形。

练习 11　抄画图 4-66 所示的图形。

练习 12　按图 4-67 中 a →b →c →d 顺序画出图形。

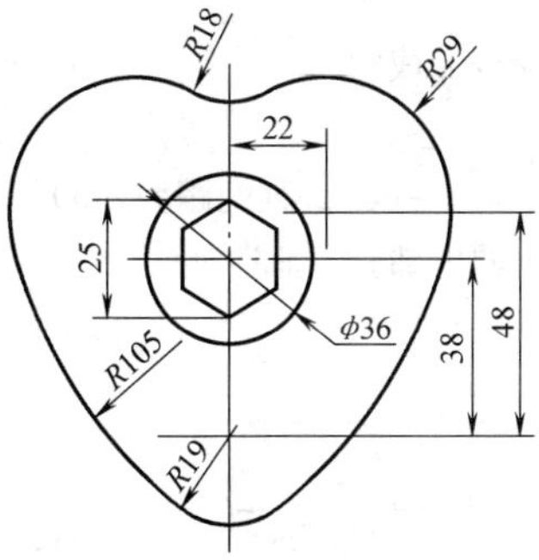

a)

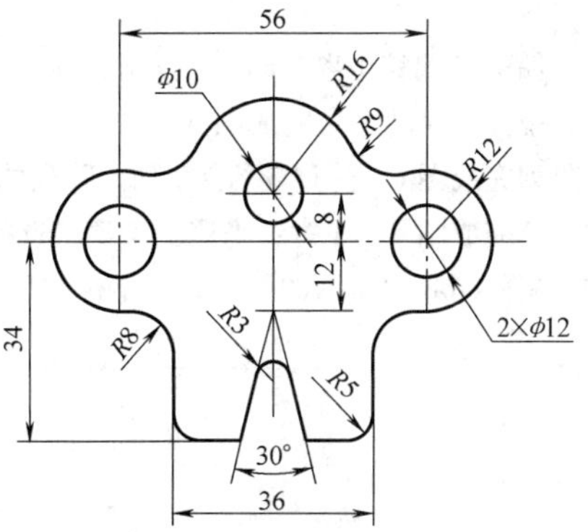

b)

图 4-65　练习 10 图

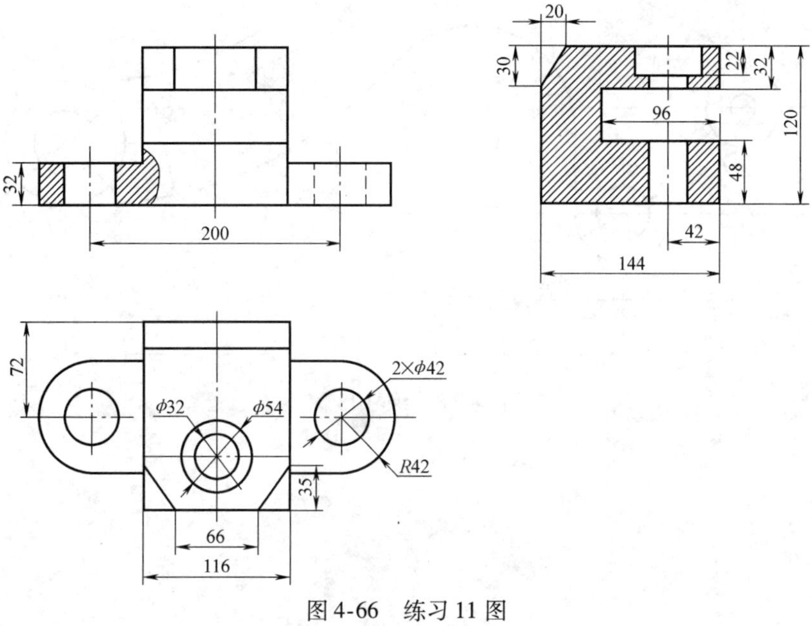

图 4-66　练习 11 图

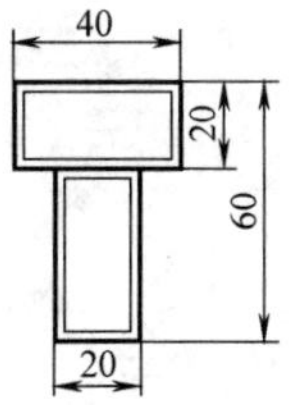

a)

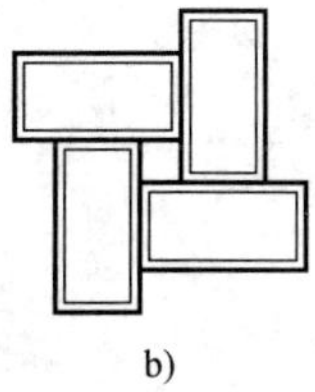

b)

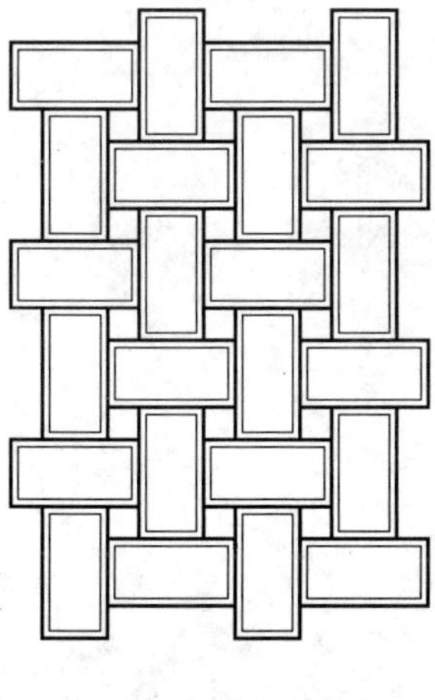

c)

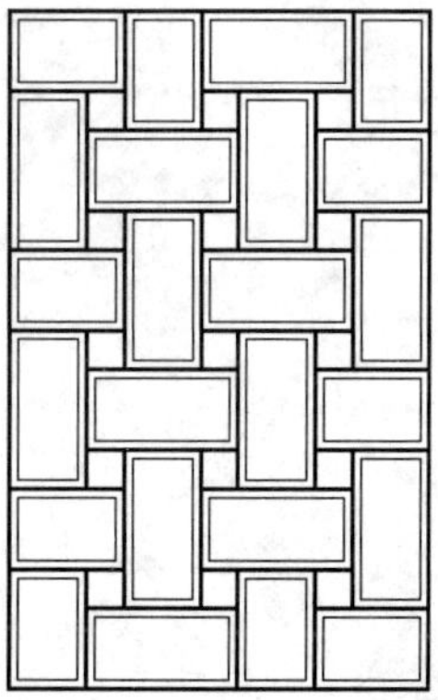

d)

图 4-67　练习 12 图

操作提示：

1）用矩形、偏移（偏移距离 2mm）、复制、旋转、移动命令完成图 a。

2）用复制、镜像、移动命令完成图 b。

3）用矩形阵列完成图 c。阵列 3 行、2 列。阵列的行间距为“－60”，列间距为“60”。

4）用拉伸命令完成图 d。注意：采用交叉窗口选择图形中伸出部分，捕捉定位。

练习 13　抄画图 4-68 中所示的图形，可不标注尺寸。

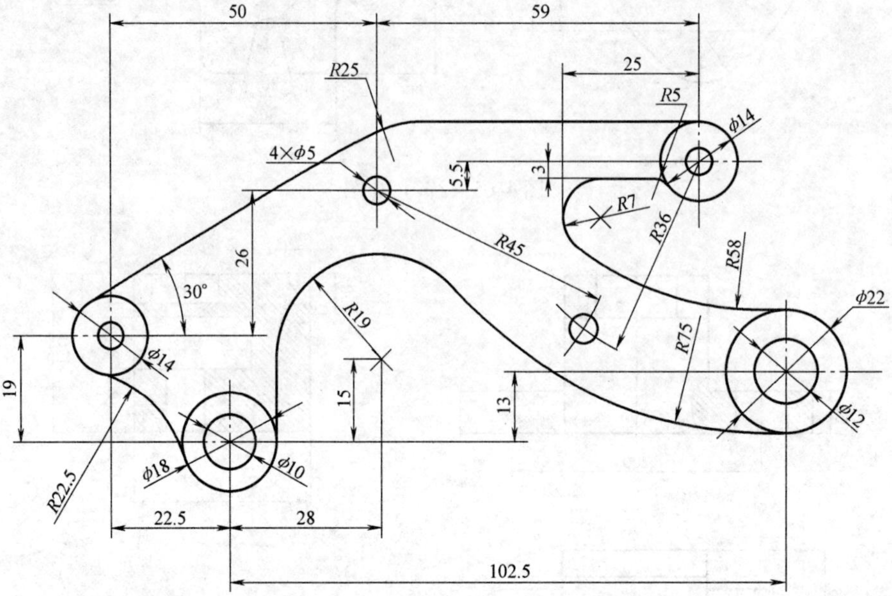

图 4-68　练习 13 图

第五章　辅助绘图与快速作图

本章主要讨论 AutoCAD 的辅助绘图工具的使用，用鼠标精确定位，快速捕捉所需点，加快作图速度等方法。

本章主要介绍以下内容：

- 辅助绘图工具按钮的使用
- 目标捕捉方式及其使用
- 极轴追踪、对象追踪与快速作图
- 利用极轴绘制正等轴测图

第一节　辅助绘图工具按钮的使用

辅助绘图工具按钮指的是状态栏上的 10 个按钮，如图 5-1 所示。在绘图时，它们起着快速定位，加快作图的作用。

图 5-1 所示的辅助绘图工具按钮在状态栏上的显示有两种状态，一种是使用图标显示，另一种是不使用图标显示，可用鼠标右键单击任一按钮，在“使用图标”选项上进行切换。如图 5-2 所示。

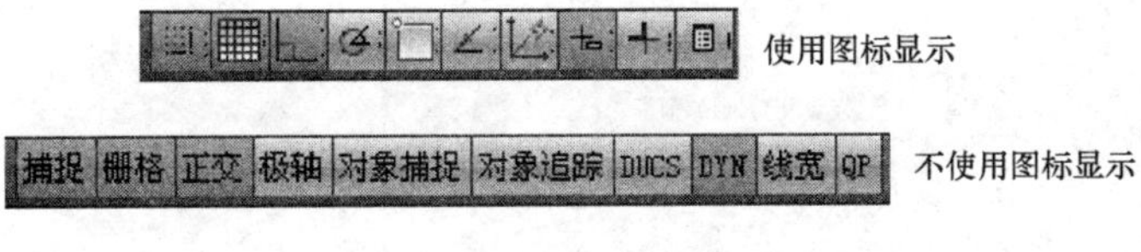

图 5-1　状态栏上的 10 个辅助绘图工具按钮

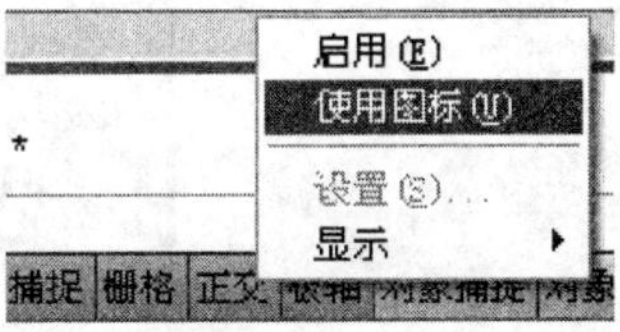

图 5-2　切换工具按钮的显示状态

1. “栅格”按钮

功能：打开与关闭栅格显示。

栅格相当于坐标纸，在世界坐标系中，单击“栅格”按钮（或 F7 键），在图幅界限内将布满栅格点，用以显示图幅范围，如图 5-3 所示。用户在绘图时，应先打开“栅格”按钮，按栅格点显示的范围画出图框，再关闭栅格，以使图形不会画到图幅界限之外去，也便于在打印时可按图幅界限打印。

栅格点的显示范围可参见第二章第一节的内容。栅格点的疏密可用右键单击“栅格”按钮，选择“设置”，打开图 5-4 所示的“草图设置”对话框，在“捕捉和栅格”选项卡中设置。

调整栅格 X 轴间距和 Y 轴间距即可调节栅格点间距离。“启用栅格”相当于按下“栅格”按钮。

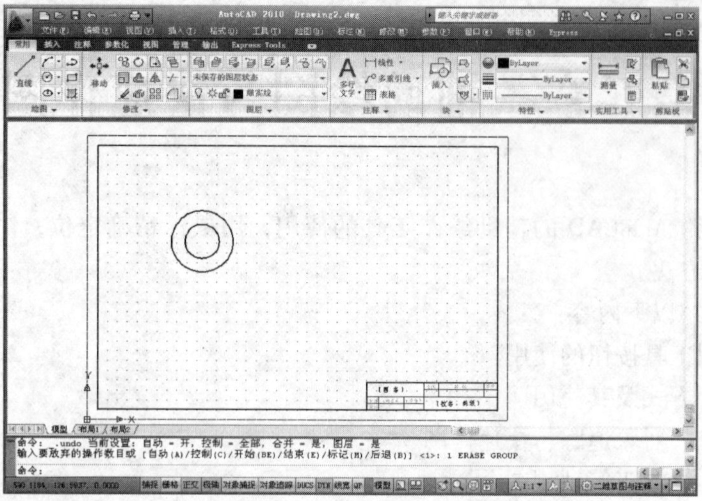

图 5-3　栅格显示图幅

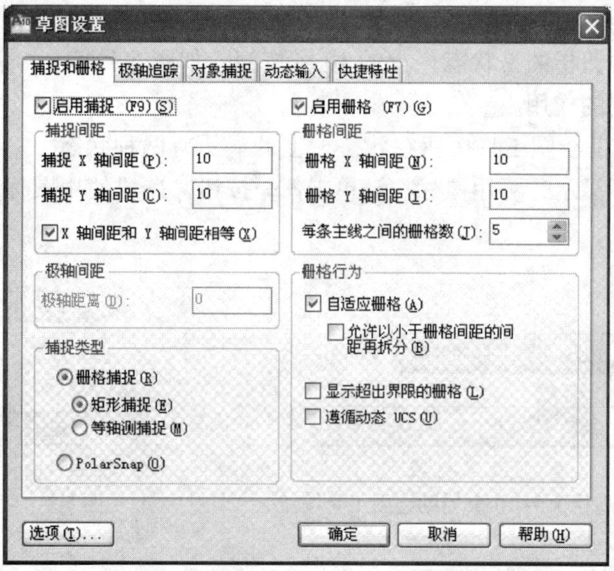

图 5-4　“捕捉和栅格”设置的“草图设置”对话框

2. “捕捉”按钮

功能：捕捉栅格点，打开时，光标只能在栅格点上移动。

捕捉与栅格显示一般配合使用。在图 5-4 中，“启用捕捉”相当于按下“捕捉”按钮。一般情况下，为便于自由移动光标，“捕捉”按钮是关闭的。

3. “正交”按钮

功能：切换画正交线与斜线的开关（即 F8 键）。按下时，只能画水平、垂直线；弹起时，可画斜线。

4. “极轴”按钮

功能：启用与关闭极轴功能（极轴设置与功用见本章第三节）。

5. “对象捕捉”按钮

功能：启用与关闭固定对象捕捉方式的使用（见本章第三节）。

6. “对象追踪”按钮

功能：启用与关闭对象追踪功能（见本章第三节）。

7. “DUCS”按钮

功能：“允许/禁用”动态 UCS，一般用于绘制三维图形时控制用户坐标系的动态使用。

8. “DYN”按钮

功能：打开或关闭动态输入法。

9. “线宽”按钮

功能：打开或关闭线宽显示。

10. “QP”按钮

功能：打开或关闭快捷特性显示。

该按钮处于按下状态时，单击任一图形实体，窗口中将自动打开“快捷特性”选项板，显示出该图形实体的已有特性值，如图 3-6 所示。该按钮弹起时，单击任一图形实体，不会显示“快捷特性”选项板。

第二节　目标捕捉方式及其使用

目标捕捉是指把要绘制的实体定位到已有实体的某些特定点上。例如，用户常常想把新的实体定位于某线段的中点，端点或交叉点等。目标捕捉功能可以帮助用户快速找到这些点，并完成定位。

目标捕捉方式有两种，一种是临时目标捕捉方式。另一种是固定目标捕捉方式。下面分别加以介绍。

一、临时目标捕捉方式及使用

临时目标捕捉方式指的是“对象捕捉”工具栏按钮的使用。它的特点是临时性，点取一次按钮，只能完成一次捕捉。通过“工具”菜单/“工具栏”/“AutoCAD”/“对象捕捉”可打开“对象捕捉”工具栏。该工具栏上共有 17 个按钮，在绘图过程中，当命令行提示指定点时，可点取某个按钮，然后去捕捉实体上的某点，捕捉后即完成该次操作。“对象捕捉”工具栏如图 5-5 所示。

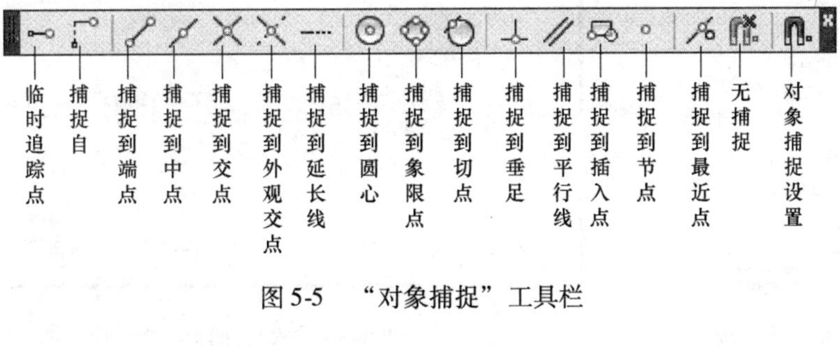

图 5-5　“对象捕捉”工具栏

例 5-1　利用临时对象捕捉方式画圆的切线。

如图 5-6 所示，输入“直线”命令，在提示指定第一点时，单击“对象捕捉”工具栏上的“捕捉到切点”按钮，然后单击图 5-6 中 1 点处。提示指定下一点时，再次单击“捕捉到切点”按钮，单击图中 2 点处，确认即完成第一条切线。同理，重复上述方法去捕捉 3.4 点，得到另一条切线。

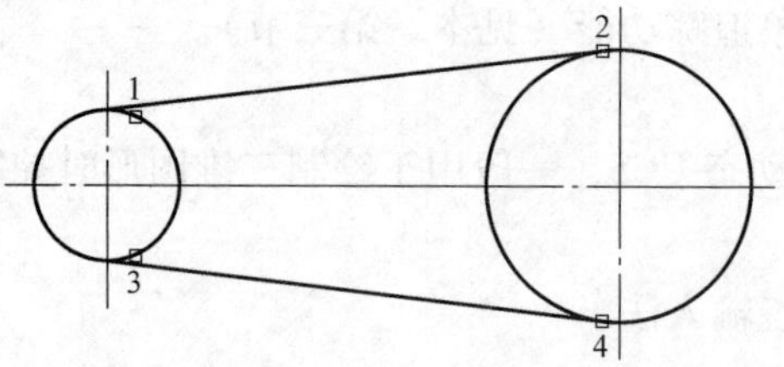

图 5-6　利用临时对象捕捉方式画圆的切线

二、固定目标捕捉方式的设置与使用

固定目标捕捉方式指的是一旦设置好自动目标捕捉方式后，将一直保持该状态，直至取消该功能为止。在绘图时，按下状态行上的“对象捕捉”按钮，当光标一旦到达所设置的捕捉点时，图上将亮显该点，以示该点可捕捉，单击左键即捕捉到该点。

例如，在图 5-6 中，如果将切点捕捉设置为固定捕捉方式，当执行“直线”命令时，移动光标到 1 点处，会出现亮显的切点标志，单击左键即可捕捉到 1 点（切点），再单击切点 2 即可完成该切线。

设置固定目标捕捉的方法有两种，一是用鼠标右键单击状态栏上的“对象捕捉”按钮，从出现的右键菜单中选中某项捕捉即可，如图 5-7 所示；二是用鼠标右键单击状态栏上的“对象捕捉”按钮，从出现的右键菜单中选择“设置”命令，或通过“工具”菜单/“草图设置”命令，打开“对象捕捉”选项卡，如图 5-8 所示。

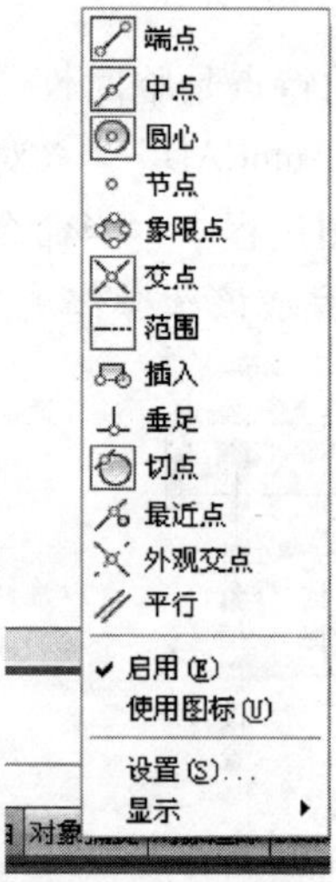

图 5-7　“对象捕捉”按钮的右键菜单

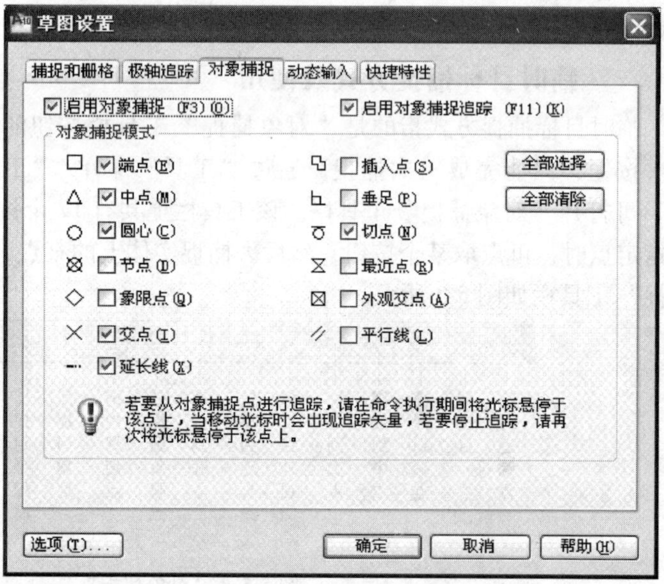

图 5-8　“对象捕捉”选项卡

在图 5-7 所示的右键菜单或图 5-8 所示的对话框中设置时，最好不要全都选中，因为设置的捕捉点过多，在绘图时容易产生识别混淆，给正确捕捉带来麻烦，影响作图速度。通常只设置常用的几种，如图示的端点、中点、圆心、交点、延伸点或切点等。对于特定的捕捉，重新设置即可。

☞**注：**

在绘图中，一般设置几种常用的捕捉点，对于绘图中要用到某些不常用捕捉点，可采用临时捕捉方式，两种捕捉方式穿插使用，以提高作图速度。

第三节　极轴追踪、对象追踪与快速作图

一、极轴追踪

极轴追踪是指在绘图过程中，系统按所设的极轴角度提供参考数据，当光标到达该角度线时，会出现用虚点表示的角度线和角度值提示。极轴追踪不仅使平面图形绘制方便快捷，还可使轴测图的绘制更为快捷。应用极轴追踪可以快速地捕捉到所设极轴角度线上的任意点。在应用时，必须先设置所需的极轴角度和启用极轴追踪方式。

1. 极轴追踪角度的设置

输入命令的方式：

➢ 右键单击状态栏上的“极轴”按钮，选择“设置”。

➢ 菜单“工具”／“草图设置”

➢ 键盘输入命令：Dsettings ↙

打开“草图设置”对话框中的“极轴追踪”选项卡，如图 5-9 所示。

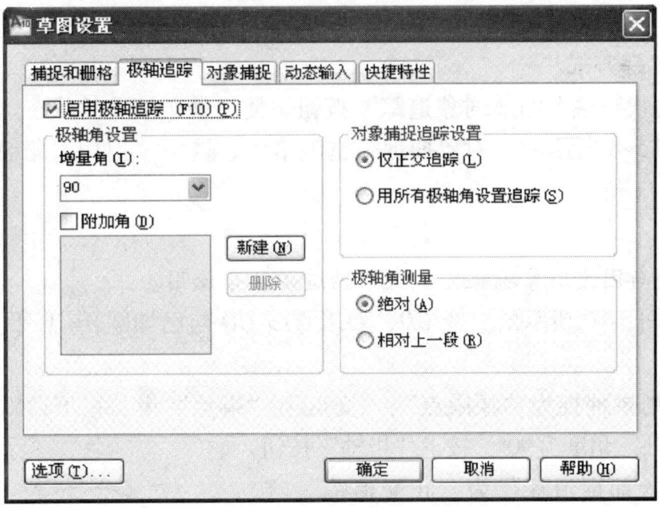

图 5-9　“极轴追踪”选项卡

1）“极轴角设置”区域：从“增量角”下拉列表中选择一个角度或输入一个新角度值。AutoCAD 将按所设角度及该角度的倍数进行追踪（在绘图过程中，光标到达该角度时会出现角度提示线或角度提示值）。

例如，绘制平面图形（如三视图等）时，增量角一般设为 90°；绘制轴测图（如正等轴

测图）时，可将增量角设为30°。

在“附加角”区域，可根据需要选中“附加角”，单击“新建”按钮，输入一些有效的附加追踪角度。

2）“极轴角测量”区域：该区域用于设置测量极轴追踪角度的参考基准。“绝对”选项是指极轴追踪以当前用户坐标系 UCS 为参考基准，“相对上一段”选项是指以上一个实体为参考基准。

3）“对象捕捉追踪设置”区域：该区域有两个选项，“仅正交追踪”可用于绘制平面图形，如三视图等（极轴角度为90°时）；“用所有极轴角设置追踪”可用于画轴测图，或有多个极轴角设置时。

2. 极轴追踪方式的启用

启用极轴追踪方式的方法有三种：

方法一：单击状态栏上的“极轴”按钮，使之处于按下的状态。

方法二：在图 5-9 中，选中“启用极轴追踪”选项。

方法三：按[F10]键。

二、对象追踪

对象追踪是指在绘图过程中，用来捕捉通过某点延长线上的任意点，这是 AutoCAD 的自动跟踪功能。在绘图过程中，AutoCAD 可能自动跟踪记忆同一命令操作中光标所经过的捕捉点，从而以其中某一捕捉点的 X 或 Y 坐标控制用户所需要选择的定位点。启用对象追踪方式后，可方便地捕捉到满足“长对正、高平齐”的点。

1. 对象追踪的设置

在图 5-9 中的“对象捕捉追踪设置”区域，选中“仅正交追踪”选项（或“用所有极轴角设置追踪”）。

2. 启用对象追踪方式

方法一：单击状态栏上的“对象追踪”按钮，使之处于按下的状态。

方法二：在图 5-8 所示的“对象捕捉”选项卡中，选中“启用对象捕捉追踪”选项。

方法三：按[F11]键。

☞**注：**

对象追踪必须与固定对象捕捉方式及极轴追踪配合使用。

例 5-2 绘制图 5-10 所示的直线 *CD*，要求直线 *CD* 与已知圆 *AB* 高平齐。

操作步骤：

1）设置固定对象捕捉为“象限点”、“交点”、“端点”等，按下“对象捕捉”按钮。

2）设置“极轴”角度为90°，按下“极轴”按钮。

3）设置“对象捕捉追踪”为“正交追踪”，按下“对象追踪”按钮。

4）画出圆 *AB*。

5）输入“直线”命令，提示指定第一点时，移动鼠标捕捉到 *A* 点后（不用按键），向右拖动鼠标，会自动出现一条点状无穷长直线（图 5-10），沿点线

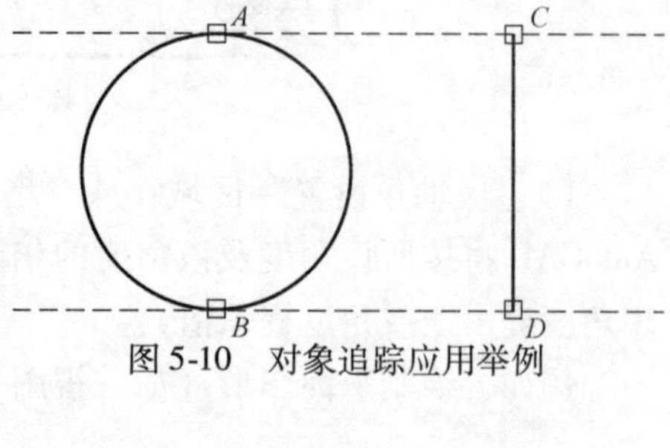

图 5-10　对象追踪应用举例

移动鼠标到 *C* 点后，单击左键，即画出直线第一点。

6）提示指定下一点时，移动鼠标捕捉到 *B* 点后，向右拖动鼠标会出现点状无穷长直线（图 5-10），沿点线移动鼠标到 *D* 点后，会出现交点提示的亮显，单击鼠标左键即可，完成直线 *CD*。

三、参考追踪

参考追踪是指在当前坐标系中，通过追踪其他参考点来确定点的方法。

参考追踪的常用方法是用“对象捕捉”工具栏上的两个按钮，一个是“临时追踪点”，另一个是“捕捉自”。

“临时追踪点”一般用于画第一点时的追踪（即第一点需画出）。

“捕捉自”一般用于画第二点（或第一点），需要找一个参考点。

参考追踪是不经计算直接按图中所注尺寸绘图，且不出现重复（线压线）的最好绘图方式。当 AutoCAD 要求输入一个点时，就可以激活参考追踪。

例 5-3　已知矩形 *ABCD*，要画出图形 1234，在定位 1 点时，可用“捕捉自”按钮捕捉。画直线 56，定位 5 点时，可用“临时追踪点”按钮捕捉。如图 5-11 所示。

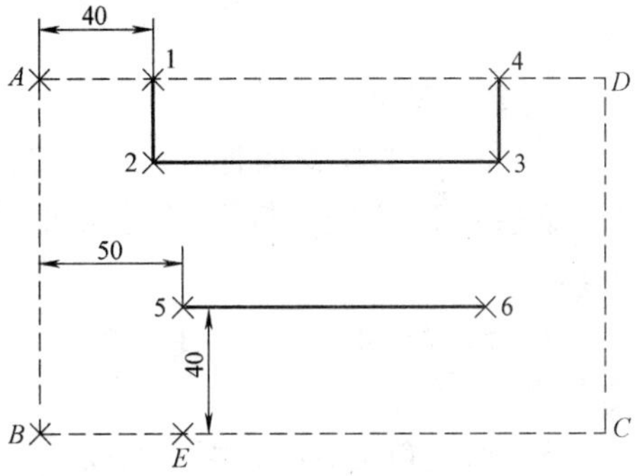

图 5-11　参考追踪应用举例

（1）画图形 1234、定位点 1 的步骤

1）输入“直线”命令，提示指定第一点。

2）单击“捕捉自”按钮，提示 _from 基点，去捕捉 *A* 点（以该点为参考点）。

3）提示<偏移>：鼠标拖动极轴线向右导向，输入 40，按回车键，即得到 1 点。

4）提示指定下一点：其余按极轴提示线，依次输入得到 2. 3. 4 点，完成图形。

（2）画直线 56，定位点 5 的步骤

1）输入“直线”命令，提示指定第一点。

2）单击“临时追踪点”按钮。

3）提示_tt 指定临时对象追踪点：单击 *B* 点（以 *B* 点为参考点）。

4）提示指定第一点。

5）单击“临时追踪点”按钮。

6）提示_tt 指定临时对象追踪点：拖动极轴线沿 *B* 点水平向右导向，输入 50，按回车键，即 *E* 点处（以 *E* 点为第二个临时追踪点）。

7）提示指定第一点。

8）拖动极轴线沿 *E* 点向上导向，输入 40，即得到点 5。

9）提示指定下一点：拖动极轴线向右导向，输入点 6 即完成直线 56。

四、快速作图

快速作图与精确作图是 AutoCAD 的一个显著优点，也是绘图工程技术人员所需要的。

要做到快速作图与精确作图，必须要熟练运用本章所述的捕捉功能、对象追踪、参考追踪等知识。利用快速作图，可减少用“偏移”命令按尺寸画平行线，然后再修剪成形的做法。利用快速作图，可直接给距离来作图，是有关绘图技能的综合应用，从而大大提高作图速度。

1. 快速绘制平面图形

一般应先做好如下设置：

1）关闭栅格、捕捉、正交、DYN 功能。

2）设置固定对象捕捉模式为：端点、中点、交点、切点、延伸点等。

3）设置极轴角度为 90°。

4）设置对象追踪为“仅正交追踪”。

5）按下（启用）“对象捕捉”、“极轴”、“对象追踪”按钮。

例 5-4　按尺寸 1∶1 绘制图 5-12 所示的轴零件主视图（假设绘图环境已设置完毕）。

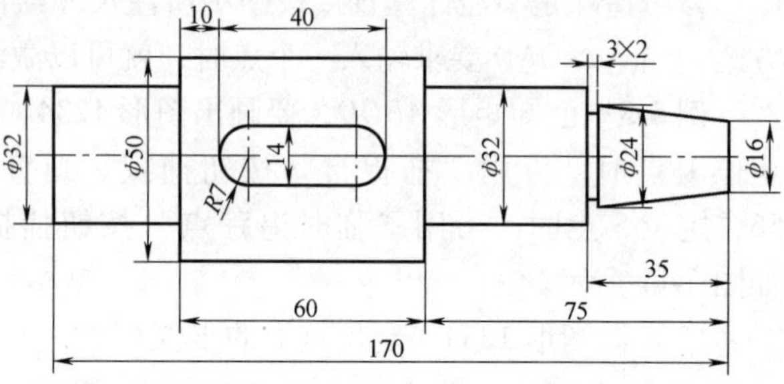

图 5-12　轴零件主视图

绘图步骤如下：

1）按下“对象捕捉”、“极轴”、“对象追踪”按钮，打开“对象捕捉”工具栏。

2）调出中心线层，用“直线”命令画出中心线。

3）调出粗实线层，用“直线”命令开始画线。

4）用鼠标移过中心线上左端点，向右拖动出现水平极轴线，单击任一点得到 *A* 点，拖动极轴提示线向上导向，输入 16，画出 *B* 点，如图 5-13a 所示。同理，拖动极轴提示线向右导向，输入 35 画出 *C* 点。

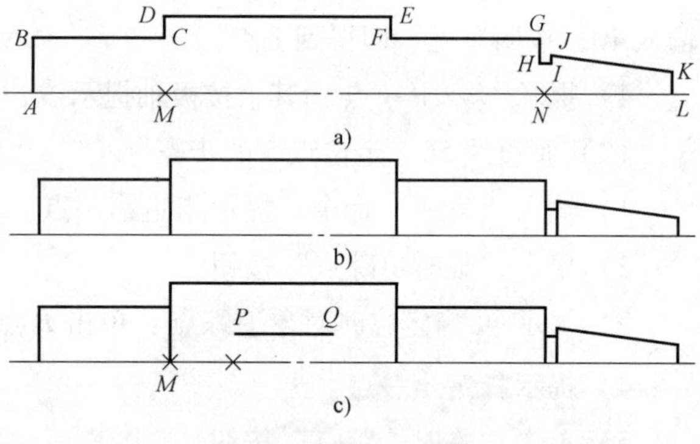

图 5-13　轴零件图作图过程（一）

5）单击“捕捉自”按钮，捕捉到 *M* 点，向上导向输入偏移距离 25，得到 *D* 点；向右导向，输入 60 得到 *E* 点；向下导向，用鼠标捕捉到 *C* 点的延长线得到交点 *F* 点；向右导向输入 35 得到 *G* 点；单击“捕捉自”按钮，向下导向捕捉到 *N* 点，再向上导向输入偏移距离 10 得到 *H* 点；向右导向输入 3 得到 *I* 点，向上导向输入 2 得到 *J* 点；结束该命令。

6）输入“直线”命令，单击“捕捉自”按钮，捕捉到 *A* 点，向右导向输入偏移距离 170，得到 *L* 点；向上导向输入 8 得到 *K* 点，捕捉到 *J* 点。完成图 5-13a。

7）调用“直线”命令完成图 5-13b。

8）再次调用“直线”命令，单击“临时追踪”按钮，捕捉到 *M* 点。再次单击“临时追踪”按钮，向右导向输入 17，得到一个临时点，向上导向输入 7 便得到 *P* 点，向右导向输入 26 便得到 *Q* 点，完成图 5-13c。

9）用“镜像”命令完成图5-14a。

10）用“圆角”命令，不用设置半径，直接选用两条平行线，完成图5-14b所示的键槽。再打开中心线层，用“直线”命令添加两条中心线即可。结果如图5-14b所示。

☞注：

图5-12所示的尺寸标注方法见第六章。

例5-5 按尺寸绘制图5-15所示的轴承座三视图（图幅A3，假设绘图环境已设置完毕）。

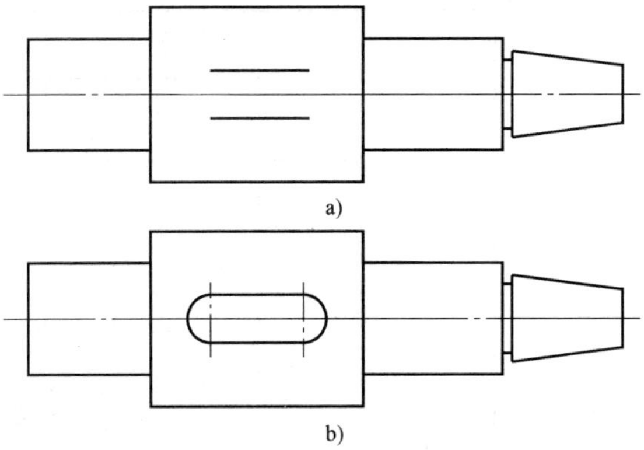

图5-14 轴零件图作图过程（二）

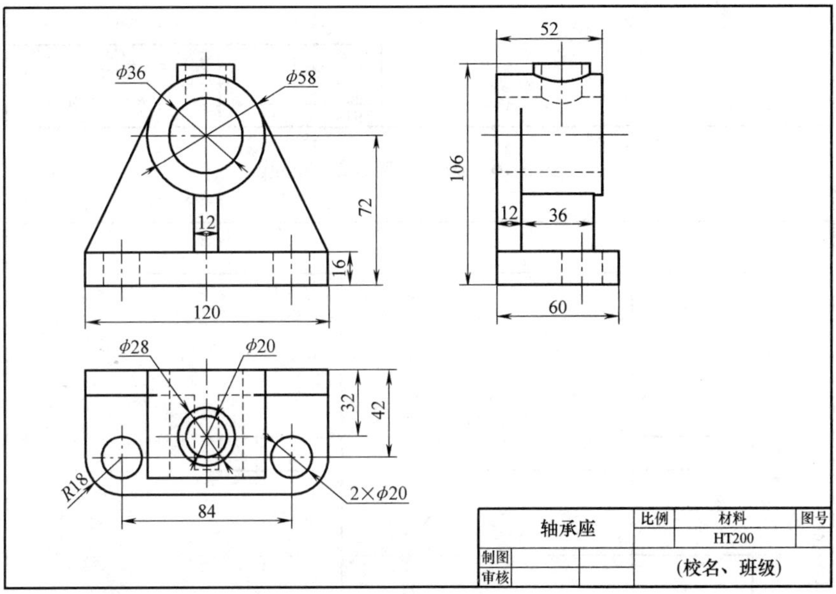

图5-15 轴承座三视图

绘制此图的方法有：

方法一：按机械制图的形体分析法绘制。

方法二：一个视图一个视图地绘制。

下面，按形体分析法绘制图5-15。

绘图步骤如下：

1）按下“对象捕捉”、“极轴”、“对象追踪”按钮，打开“对象捕捉”工具栏。

2）调出细实线层，用“直线”命令画出4条构架线，如图5-16所示。

3）调出中心线层，用“直线”、“偏移”、“打断”命令画出10条中心线，如图5-16所示。

4）画底板：所用命令有直线、圆、圆角、镜像等。

① 调用粗实线层，用“直线”命令画底板（主视图只画一半）：捕捉*A*点为起点，极轴向左导向输入60，得到*B*点，向上导向输入16，得到*C*点，向右导向与*A*点极轴线相交得到*D*点。完成底板的主视图的一半，如图5-17所示。

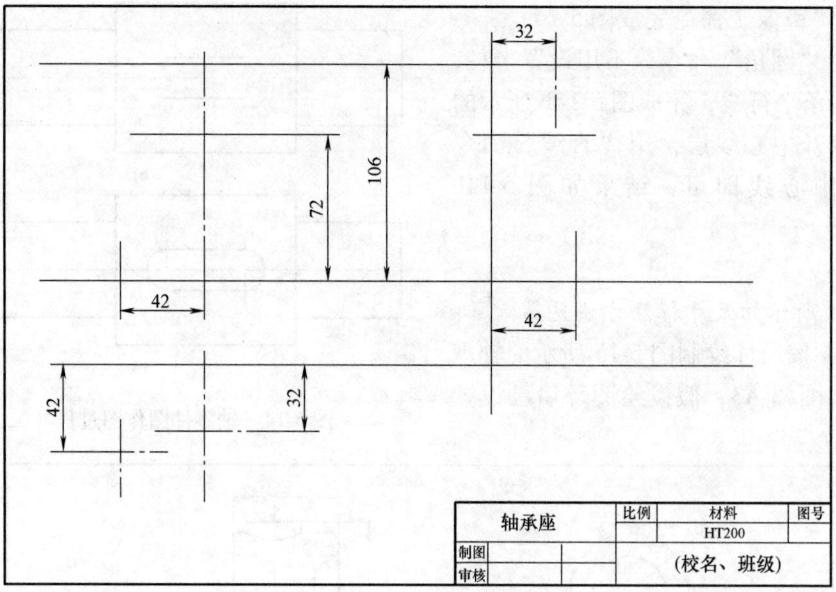

图 5-16　画出构架线及中心线

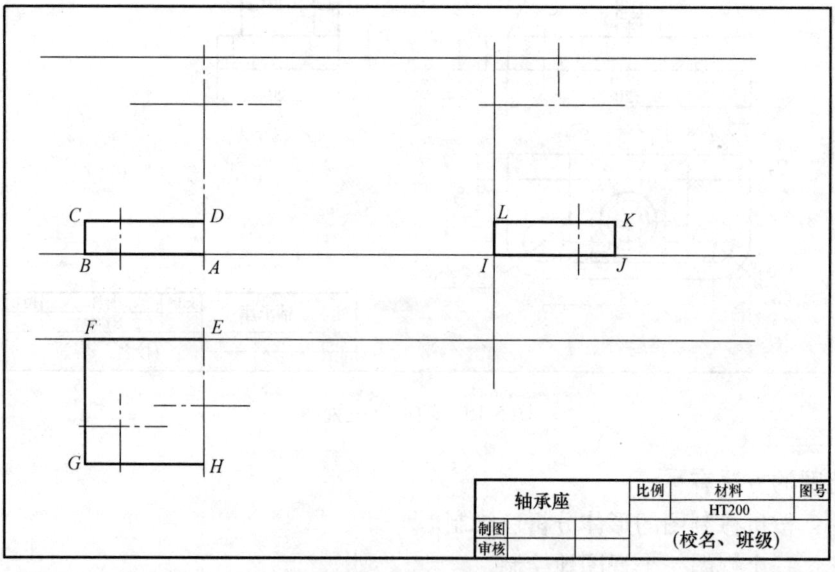

图 5-17　画底板三视图（一）

② 再次调用“直线”命令，第一点为 *E* 点，向左导向，再由 *B* 点向下导向，得到交点 *F*，向下导向输入 60，得到点 *G*，向右导向回到交点 *H*。完成底板俯视图一半（图 5-17）。

③ 再次调用“直线”命令，第一点定为 *I* 点，向右导向输入 60，得点 *J*，向上导向与 *D* 点极轴线相交得 *K* 点，向左导向返回 *L* 点，按 C 键封闭图形，得底板左视图（图 5-17）。

④ 用“圆角”命令倒俯视图的圆角，圆角半径 18mm；用“圆”命令画出俯视图中直径为 20mm 的小圆；调用虚线层，用“直线”命令，通过俯视图小圆的象限点捕捉向上导向画出主视图中圆孔的虚线；用“直线”命令，单击“临时追踪点”按钮，捕捉左视图中

m 点，向右导向输入 10，得到 *n* 点，向上导向得到 *o* 点；再用“镜像”命令画出另一条对称虚线。得到底板的三视图如图 5-18 所示。

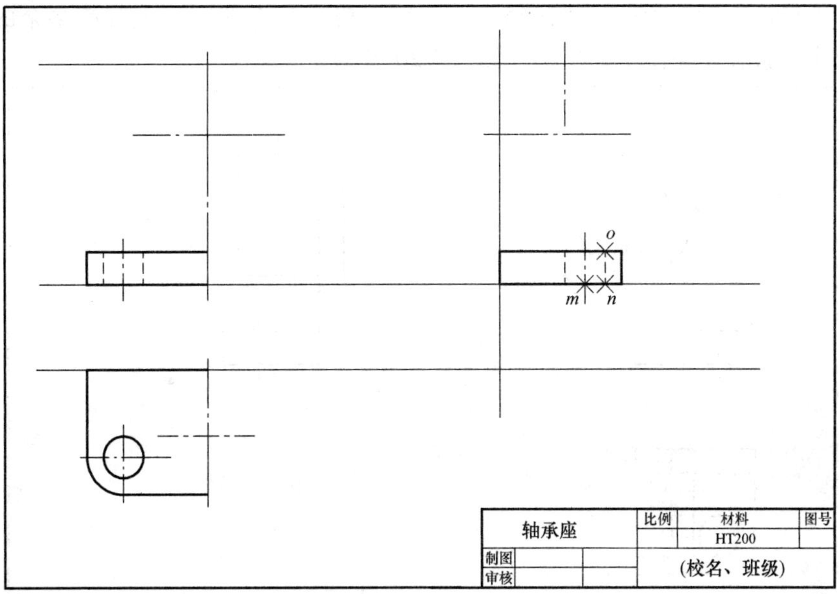

图 5-18　画底板三视图（二）

5）画大圆筒

① 调用粗实线层，用“圆”命令画出主视图上的两个同心圆，直径分别为 ϕ36mm 和 ϕ58mm。

② 用“直线”命令，利用捕捉导向功能画出俯视图中矩形（大圆筒的投影），宽 52mm，画出左视图中大圆筒投影的矩形，宽 52mm。

③ 调用虚线层，画出俯视图中虚线和左视图中虚线，如图 5-19 所示，完成圆筒的三视图。

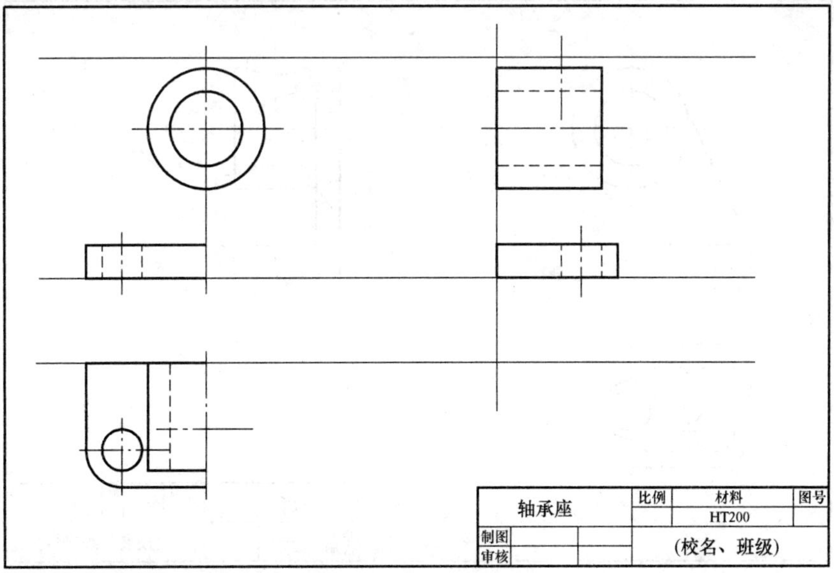

图 5-19　画大圆筒三视图

6）画支承板。删除3条构架线，调用粗实线层，用“直线”命令分别画出主视图中支承板的斜线。在俯、左视图画线时，可用“临时追踪点”按钮，捕捉端点后输入12，利用主视图的切点导向得到支承板的投影线长，再用“修剪”命令剪去大圆筒多余的线段，用虚线补画上支承板在俯视图中的投影，如图5-20所示。

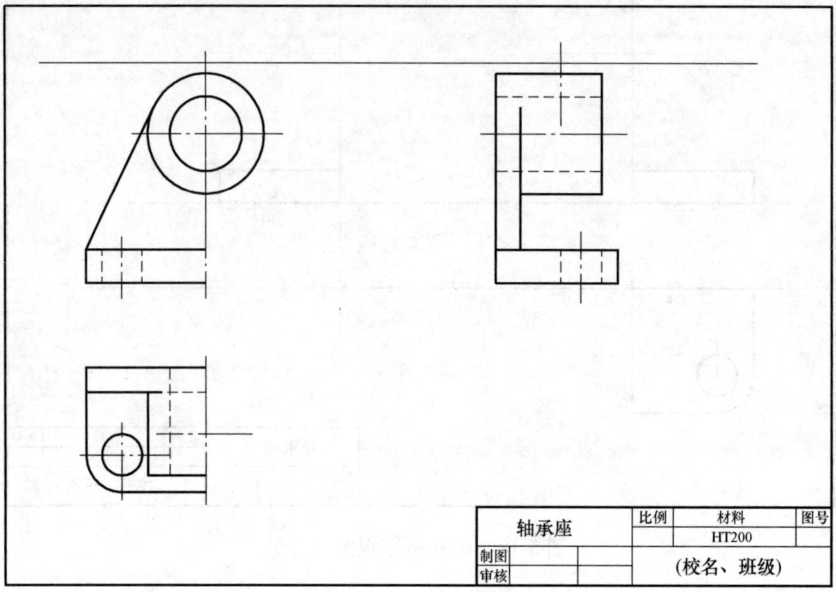

图5-20　画支承板三视图

7）画小圆筒。调用粗实线层，画出俯视图上的两个小圆 ϕ20mm 和 ϕ28mm，用“直线”命令由俯视图小圆的象限点向上导向画线到构架线处，得到主视图的投影（包括虚线），左视图中须用“捕捉自”或“临时追踪点”功能完成画线（须直接输入14和10），用三点“圆弧”命令画出相贯线，再用“修剪”命令剪去多余线段。如图5-21所示。

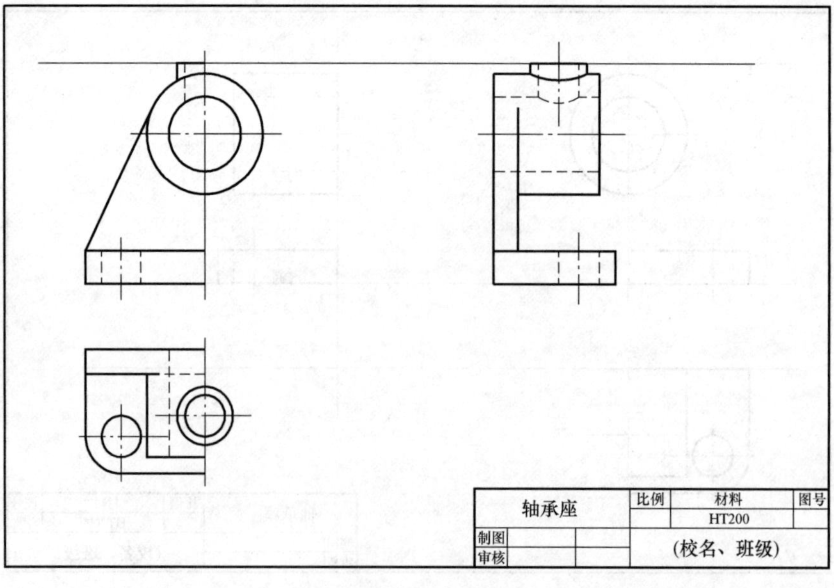

图5-21　画小圆筒

8）画肋板。删除构架线，用“直线”命令画出肋板的三面投影。主、左视图可用“捕捉自”按钮辅助绘图（输入尺寸 6 及 36）。其余可利用极轴导向功能，完成后如图 5-22 所示。

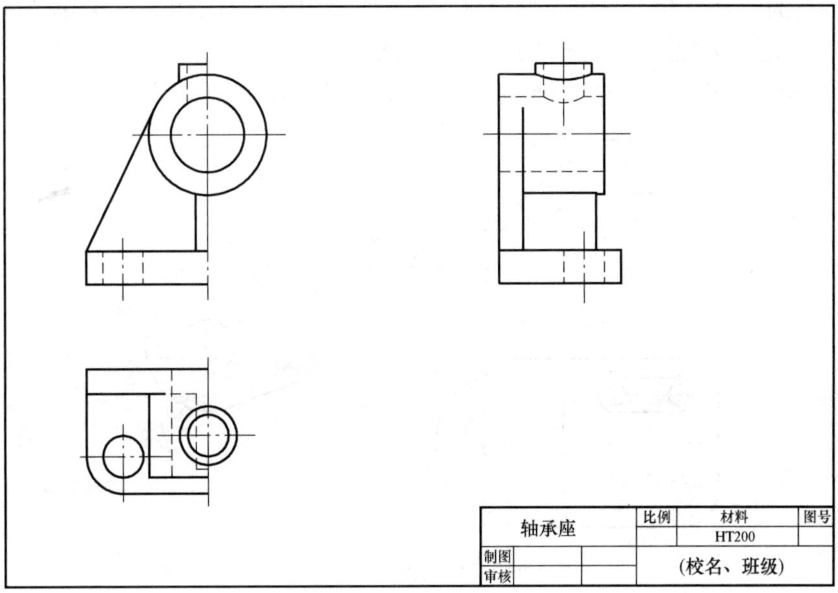

图 5-22　画肋板三视图

9）完成全图。用“镜像”命令将主视图和俯视图对称复制完成，得到轴承座的三视图，如图 5-23 所示。

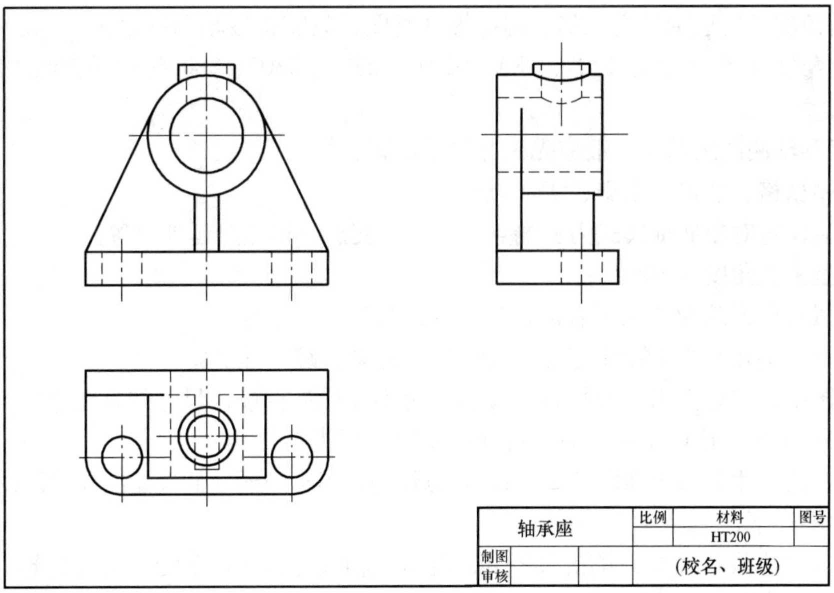

图 5-23　完成全图

2. 绘制斜视图

绘制斜视图的方法是将极轴角度设为斜视图倾斜的角度。如图 5-24 所示图形，绘制主视图倾斜的部分（包括斜视图部分）时，只需将极轴角度设为该图形的倾斜角度 50°，与 50°斜线相垂直的角度为 140°设置为附加角。因此，可用鼠标右键单击“极轴”按钮，选择“设置”命令，在“极轴追踪”选项卡中，设增量角为 50°，设三个附加角分别为 140°(= 50° +90°)、230°(=50° +180°)、320°(=50° +270°)即可。其余绘图方法与前面相同。

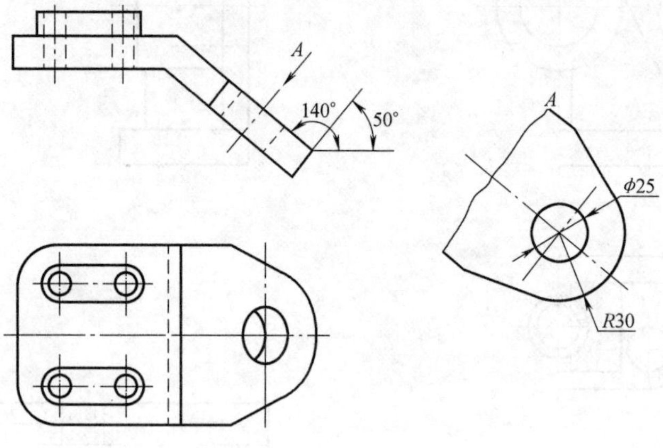

图 5-24　绘制斜视图

第四节　利用极轴绘制正等轴测图

轴测图也是 2D 图形，因此，绘制轴测图的方法与前面所述的绘图方法相同，只是按轴测图所需的角度设置极轴角度。如绘制正等轴测图，只需将极轴角度设为 30°即可，并且不用设置附加角度（因为 90°、120°、180°、210°、270°、330°、360°等都是 30°的倍数，可自动捕捉到）。

绘制正等轴测图之前，一般应先做好如下设置：

1）关闭栅格、捕捉、正交、DYN 功能。

2）设置固定对象捕捉模式为：端点、中点、交点、切点、延伸点等。

3）设置极轴角度为 30°。

4）设置对象追踪为“用所有极轴角设置追踪”。

5）按下（启用）“对象捕捉”、“极轴”、“对象追踪”按钮。

6）绘图中，注意应用“捕捉自”按钮，可不经计算直接按尺寸快速绘图，如要从一个尺寸中减去一个尺寸或两个尺寸时，可连续使用“捕捉自”。

例 5-6　按尺寸 1 : 1 绘制图 5-25 所示长方体的正等轴测图（假设绘图环境已设置完毕）。

绘图步骤如下：

1）输入“直线”命令，单击某点 *A*，拖动极轴线导向 30°方向，出现极轴线，直接输入长度 80，得到 *B* 点，再拖动极轴线导向为 330°方向，输入 50，得到 *C* 点，拖动极轴线导向 210°方向，输入 80，得到 *D* 点，按 C 键封闭图形，得矩形 *ABCD*。

2）再次输入“直线”命令，捕捉到 *A* 点，向下导向，输入高度 40，得到一点，再沿极轴线导向依次作出其余各点即可完成图 5-25 所示的正等轴测图（图中虚线为绘图过程中出现的极轴提示线）。

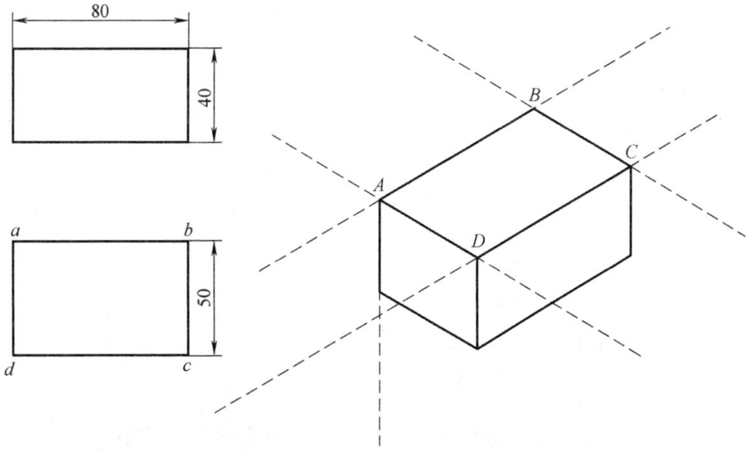

图 5-25　利用极轴绘制长方体的正等轴测图

例 5-7　按三视图尺寸绘制图 5-26 所示的正等轴测图（假设绘制环境已设置完毕，图幅为横 A4）。

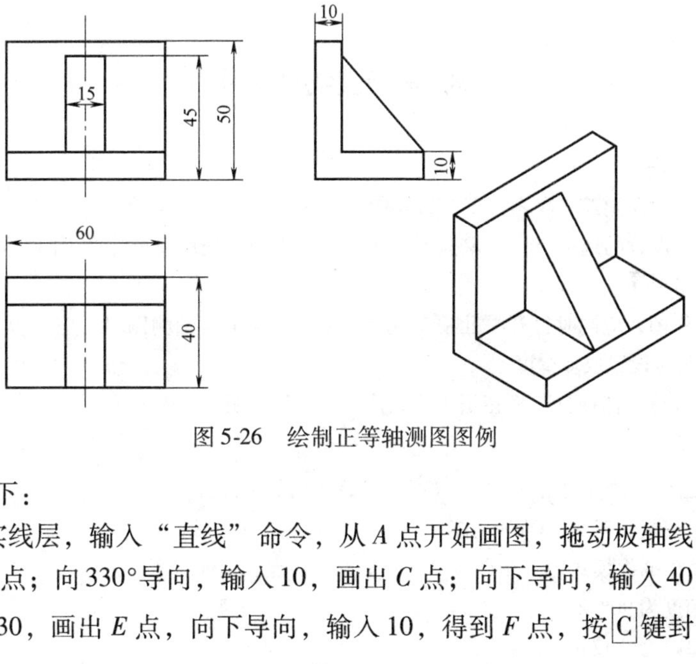

图 5-26　绘制正等轴测图图例

绘图步骤如下：

1）调用粗实线层，输入“直线”命令，从 *A* 点开始画图，拖动极轴线向上导向，给出距离 50，画出 *B* 点；向 330°导向，输入 10，画出 *C* 点；向下导向，输入 40，画出 *D* 点，向 330°导向，输入 30，画出 *E* 点，向下导向，输入 10，得到 *F* 点，按C键封闭图形，得到图 5-27a 所示图形。

2）再次调用“直线”命令，从 *B* 点开始画图，按极轴导向 30°，输入距离 60 画出 *b* 点，向 330°导向，与 *C* 点极轴提示线找到交点 *c* 画出。同理，依次画出其余各点，完成图 5-27b 所示的图形。

3）绘制三棱柱。输入“直线”命令，单击“捕捉自”按钮，捕捉到 *Ee* 线的中点 *P*，偏移 7.5 得到 *Ee* 线上一点 *Q*，其余按极轴导向捕捉交点或输入距离等，依次画出各点，完成图 5-27c 所示图形。

4）用“修剪”命令及“删除”命令完成图 5-27d 所示图形。

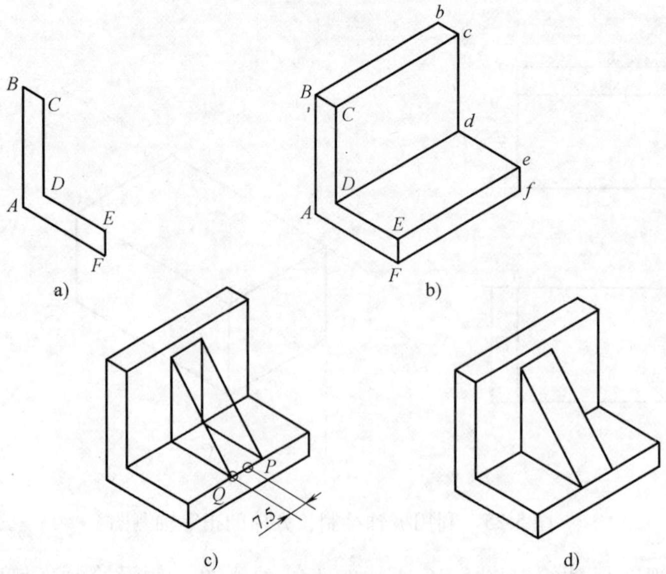

图 5-27　按尺寸绘制正等轴测图

思考与上机练习

一、复习与思考

1. 什么是极轴、对象追踪、参考追踪？怎样使用这几种功能？

2. “对象捕捉”设置的选项与“对象捕捉”工具栏的按钮在使用上有什么不同？简述设置固定的“对象捕捉”选项的操作步骤。

3. 如果要快速作图，应同时打开哪几项功能（按钮）？画正等轴测图时，应将极轴角设置为多少度？画平面图时，极轴角应设置成多少度？

4. “临时追踪”与“捕捉自”按钮用于什么情况？举例说明其用途。

二、上机练习

练习 1　新建图形文件，调用 A3 图形样板，然后作出如下设置：

1）关闭栅格、捕捉、正交、DYN 功能。

2）设置固定对象捕捉模式为：端点、中点、交点、切点、延伸点等。

3）设置极轴角度为 90°。

4）设置对象追踪为“仅正交追踪”。

5）按下（启用）“对象捕捉”、“极轴”、“对象追踪”按钮。

抄画图 5-15 所示的“轴承座”三视图（可不标注尺寸）。

练习 2　参照上述设置，抄画如图 5-12 所示的轴零件主视图。

练习 3　参照上述设置，抄画如图 5-28 所示的图形。

提示：画向视图时，参照图 5-28 中图形倾斜的角度设置极轴角度：设置增量角为 50°，附加角分别为：140°、230°、320°。

练习 4　抄画图 5-29 所示的图形。

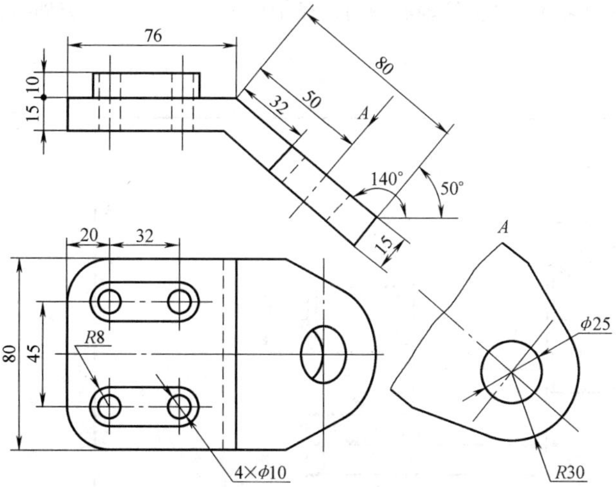

图 5-28　练习 3 图

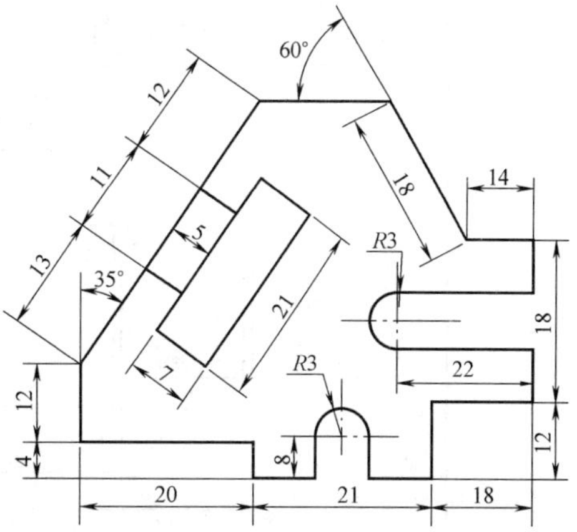

图 5-29　练习 4 图

练习 5　抄画图 5-30 所示的图形。

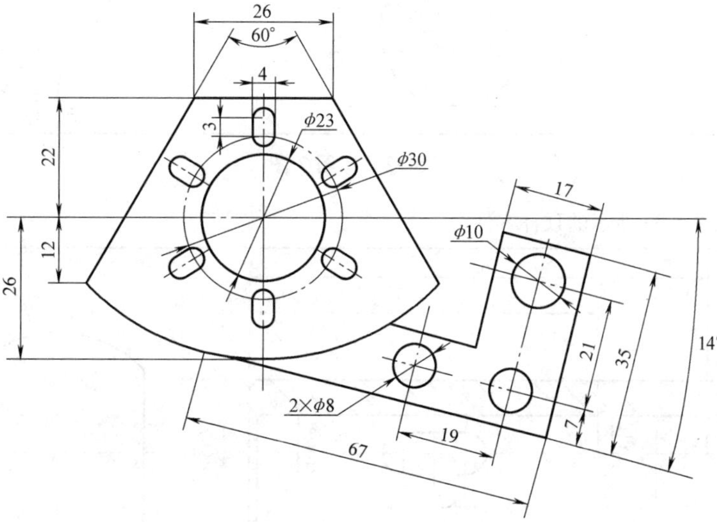

图 5-30　练习 5 图

练习 6　抄画图 5-31 所示的三视图与轴测图。

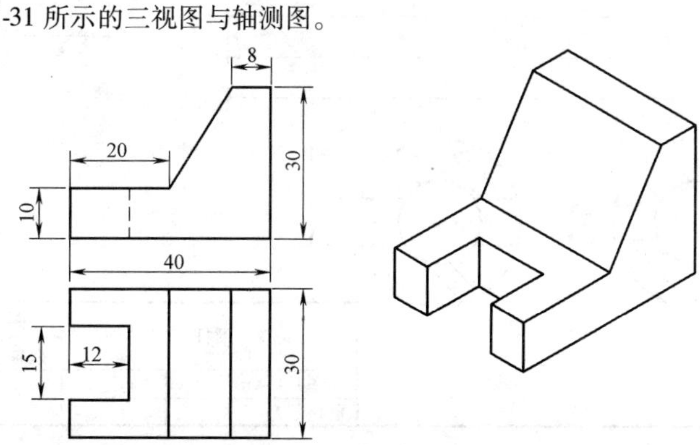

图 5-31　练习 6 图

提示：画三视图时，其绘图环境设置参照练习 1。画正等轴测图时，极轴增量角度设置为 30° 即可，不设附加角度。

练习 7　抄画图 5-32 所示的轴零件图。

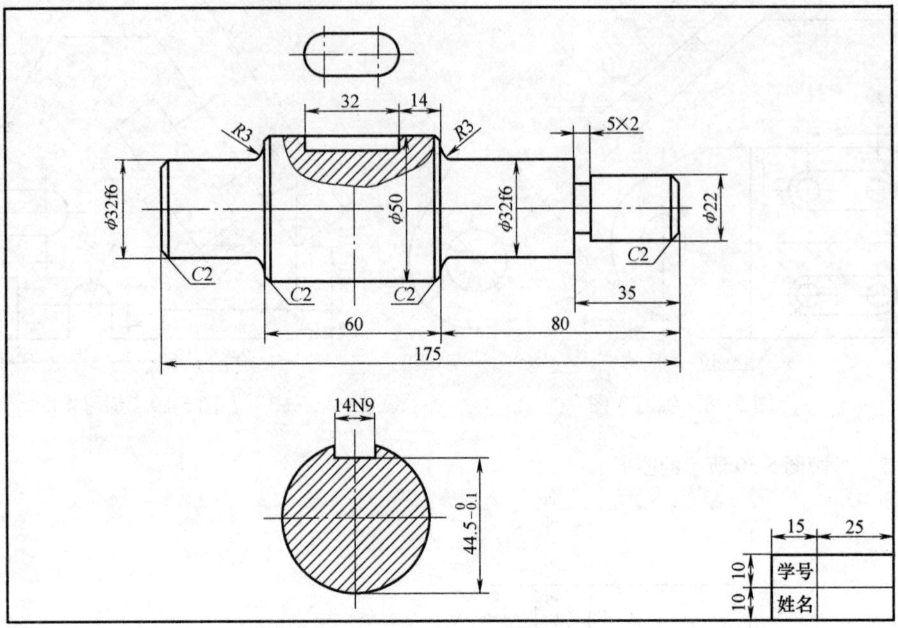

图 5-32　练习 7 图

练习 8　抄画图 5-33 所示的顶杆零件图。

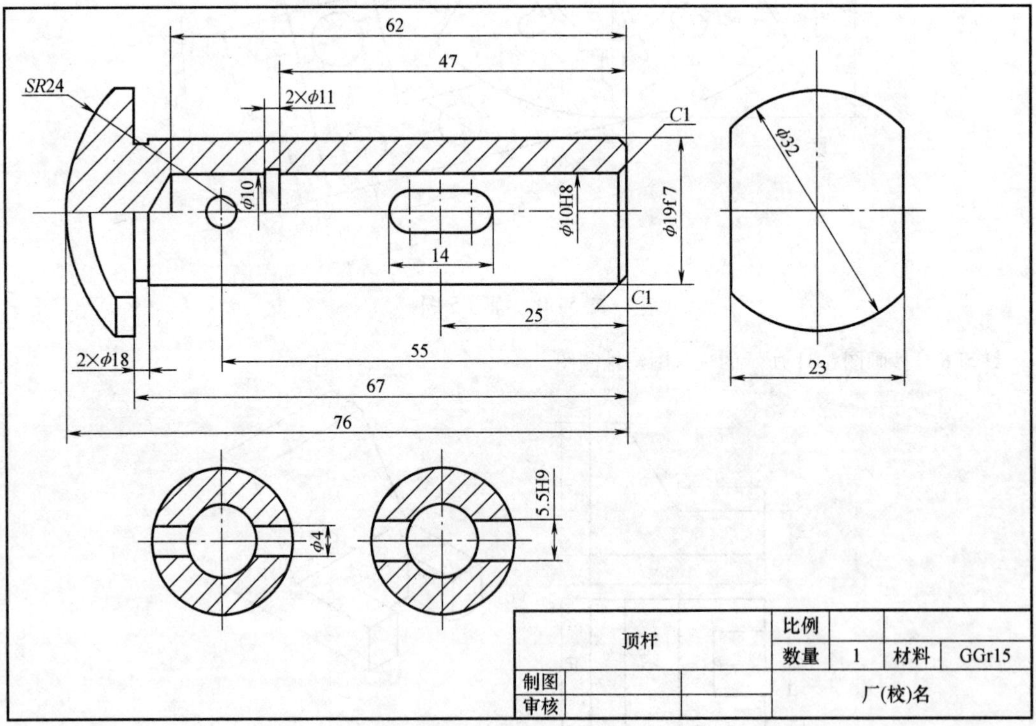

图 5-33　练习 8 图

练习 9 抄画图 5-34 所示的滑动轴承座零件图。

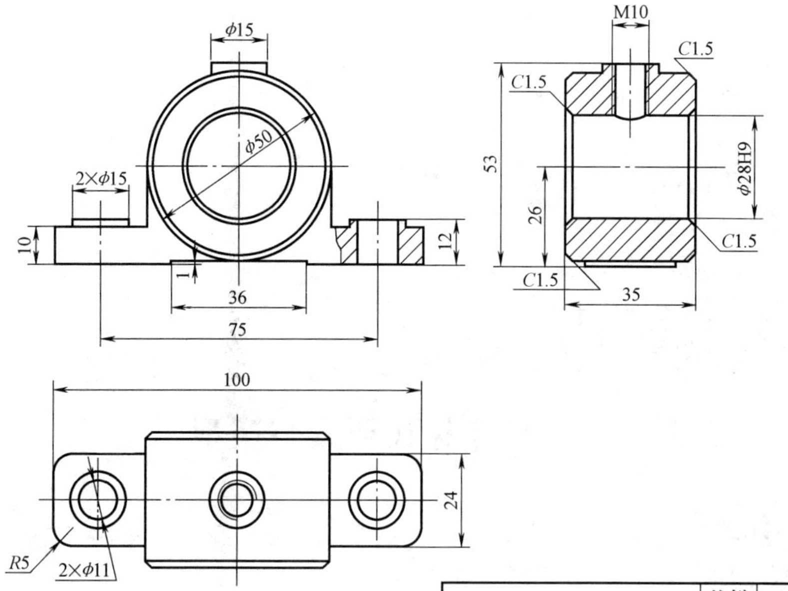

轴承座		比例			
		数量	1	材料	HT150
制图			厂(校)名		
审核					

图 5-34 练习 9 图

第六章　尺寸与文字标注

AutoCAD 提供了许多标注对象及设置标注格式的方法，可以方便地为工程图形创建各种标注。

本章主要介绍以下内容：

- 尺寸标注要素与类型
- 尺寸标注与尺寸标注样式的设置
- 尺寸公差与几何公差的标注
- 文字样式设置与文字注写

第一节　尺寸标注要素与类型

一、尺寸标注要素

一个典型的尺寸标注中各要素如图 6-1 所示。

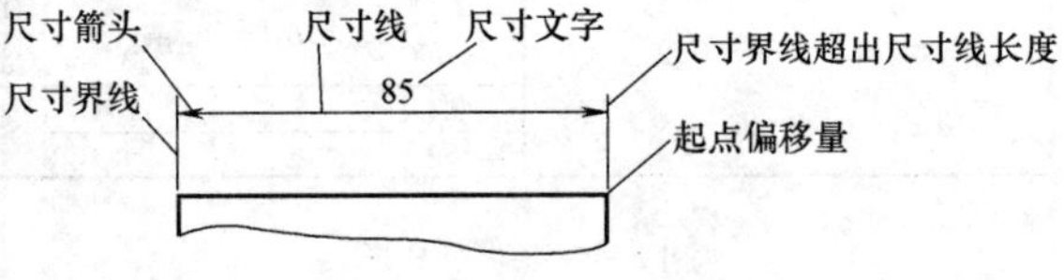

图 6-1　尺寸标注要素

二、尺寸标注类型

常见的尺寸标注类型如图 6-2 所示。

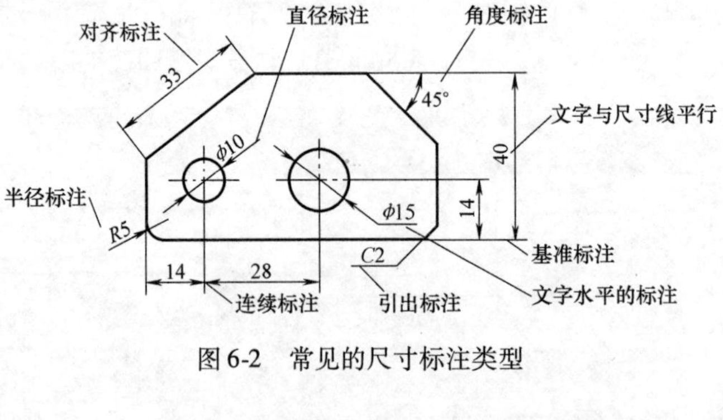

图 6-2　常见的尺寸标注类型

第二节　尺寸标注与尺寸标注样式的设置

一、尺寸标注

在“二维草图与注释”工作空间，“常用”选项卡下的“注释”面板中，嵌入了一些常用的尺寸标注和文字注释命令，如图 6-3 所示。而在“注释”选项卡的“标注”面板中嵌入了更多的标注命令，如图 6-4 所示。专用的“标注”工具栏（“工具”菜单/“工具栏”/“AutoCAD”/“标注”，可打开该工具栏）如图 6-5 所示。

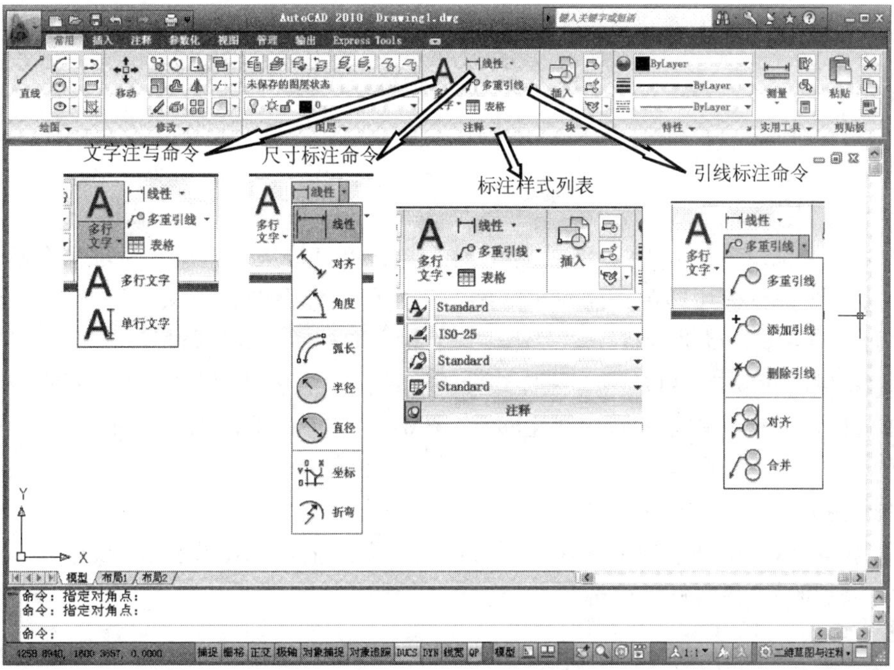

图 6-3　“常用”选项卡下的“注释”面板内容

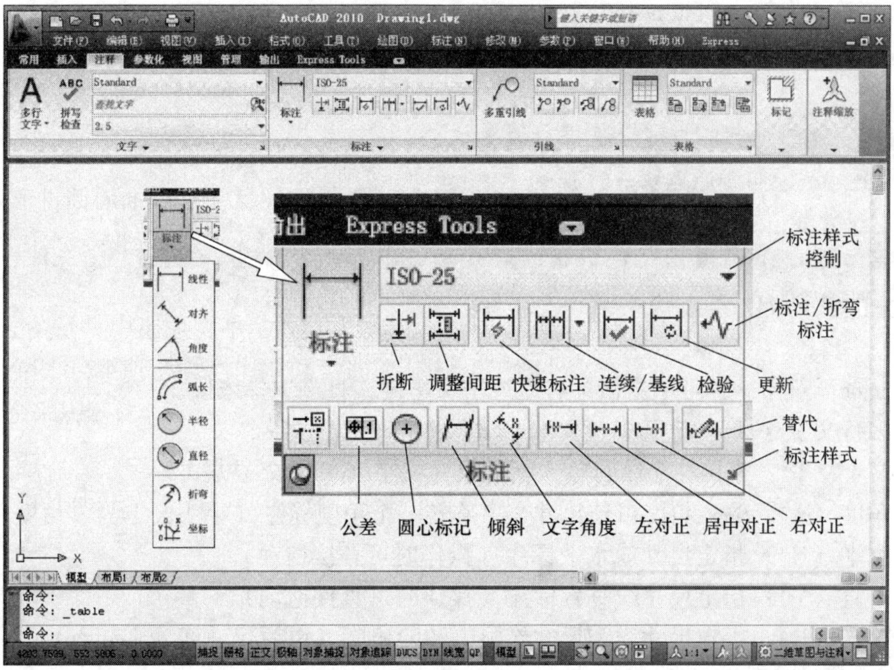

图 6-4　“注释”选项卡下的“标注”面板内容

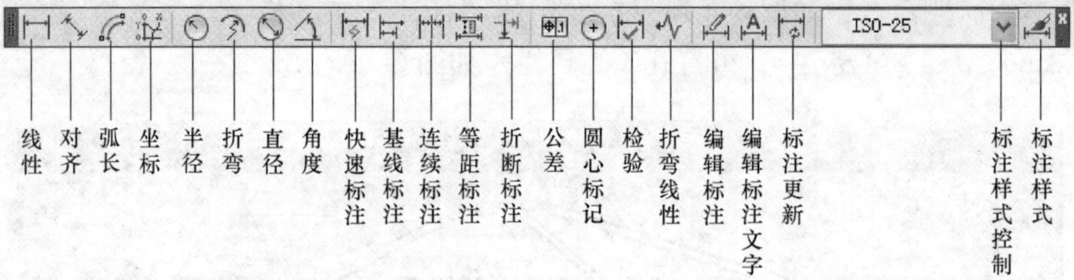

图 6-5　“标注”工具栏

在尺寸标注时，对于常用的一些尺寸标注命令，可直接从“常用”选项卡下的“注释”面板中点取命令进行标注即可；而对于一些不常用的标注命令，可从“注释”选项卡下的“标注”面板中点取，或直接打开“标注”工具栏点取按钮命令进行标注。

在图 6-3～图 6-5 中，可从“标注样式控制”下拉列表中选择所需标注样式进行当前尺寸的标注（标注样式的建立在后面叙述）。在图 6-3～图 6-5 中，当前尺寸标注样式均为“ISO-25”样式。

1. 线性标注

功能：标注水平或垂直的线性尺寸，可通过捕捉两个点来创建标注，也可创建尺寸线和尺寸界限旋转的标注。

输入命令的方式：

➢“注释”面板上的“线性”按钮

➢“标注”工具栏上的“线性”按钮

➢菜单“标注”/“线性”

➢键盘输入命令：Dimlinear ↙

线性尺寸标注常用的命令按钮如图 6-6 所示。

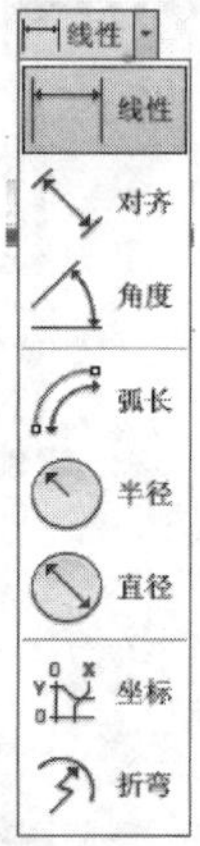

图 6-6　线性尺寸标注常用的命令按钮

系统提示：

指定第一条延伸线原点或 <选择对象>：

指定第二条延伸线原点：

指定尺寸线位置或

[多行文字（M）/文字（T）/角度（A）/水平（H）/垂直（V）/旋转（R）]：

标注文字 = 141.73

其中：

1）<选择对象>：可单击鼠标右键或按回车键，直接选择线段。

2）多行文字（M）：打开多行文本编辑器，修改尺寸文字。

3）文字（T）：直接在命令行输入新的尺寸文字（单行文本方式）。

4）角度（A）：输入角度可使尺寸文字旋转一个角度标注（字头向上为零角度）。

5）水平（H）：指定尺寸线水平标注（操作时可直接拖动）。

6）垂直（V）：指定尺寸线垂直标注（操作时可直接拖动）。

7）旋转（R）：指定尺寸线和尺寸界限旋转的角度（以原尺寸线为零起点）。

☞**注：**

第一条延伸线指的是第一条尺寸界线，第二条延伸线指的是第二条尺寸界线。

线性标注示例如图 6-7 所示。

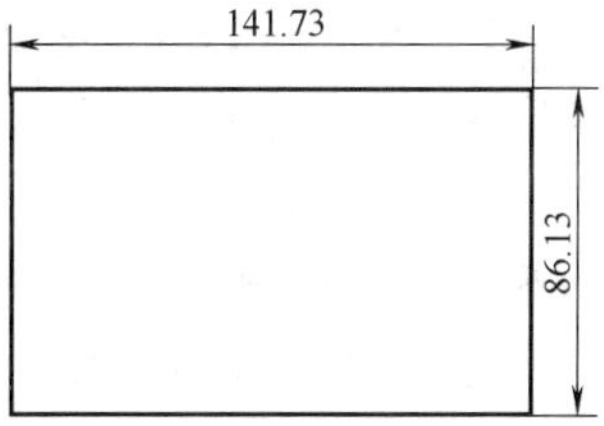

图 6-7　线性标注示例

2. 对齐标注

功能：创建一个与标注点对齐的标注，用于标注倾斜的线性尺寸。

输入命令的方式：

➢“注释”面板上的“对齐”按钮

➢“标注”工具栏上的“对齐”按钮

➢菜单“标注”/“对齐”

➢键盘输入命令：Dimaligned ↙

系统提示：

指定第一条延伸线原点或<选择对象>：

指定第二条延伸线原点：

指定尺寸线位置或

［多行文字（M）/文字（T）/角度（A）］：

标注文字 =63.6

对齐标注示例如图 6-8 所示。

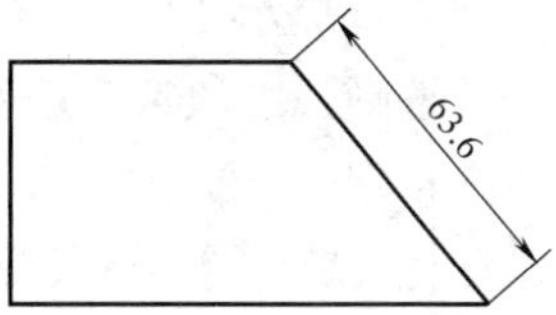

图 6-8　对齐标注示例

3. 角度标注

功能：用于标注不平行直线、圆弧或圆上两点间的角度。

输入命令的方式：

➢“注释”面板上的“角度”按钮

➢“标注”工具栏上的“角度”按钮

➢菜单“标注”/“角度”

➢键盘输入命令：Dimangular ↙

系统提示：

选择圆弧、圆、直线或<指定顶点>：

选择第二条直线：

指定标注弧线位置或［多行文字（M）/文字（T）/角度（A）/象限点（Q）］：

标注文字 =40

角度标注示例如图 6-9 所示。

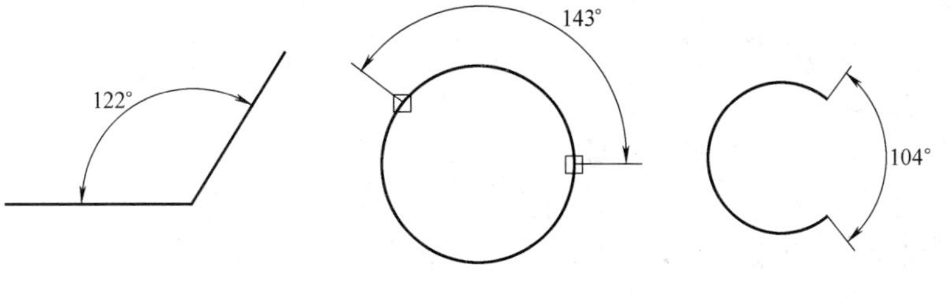

图 6-9　角度标注示例

☞**注**：

1）若直接指定尺寸线位置，系统将按测定的角度数字自动加上角度符号“°”完成标注。

2）若用 M 或 T 选项重新指定角度数字，角度单位符号“°”（%%d）需随角度数字一起输入。

3）象限点（Q）：创建角度标注时，可以测量四个可能的角度。通过指定象限点，使用户可以确保标注正确的角度。指定象限点后，放置角度标注时，用户便可以将标注文字放置在标注的尺寸界线之外的任意位置，尺寸线将自动延长，如图 6-10 所示。

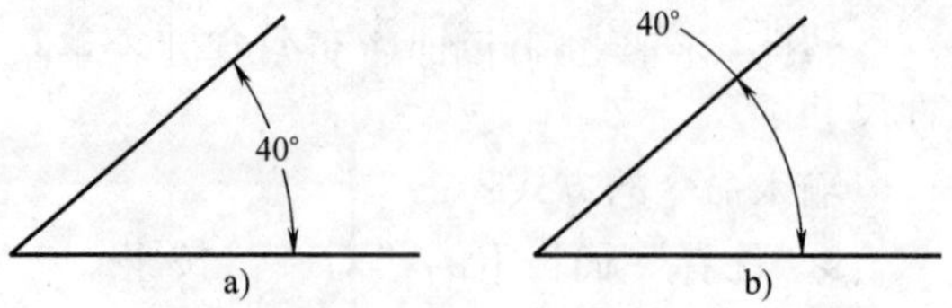

图 6-10　通过指定象限点后角度标注示例
a）未指定象限点　b）已指定象限点

4. 弧长标注

功能：用于标注圆弧的弧长。可标注整个弧长，也可标注部分指定的弧长。

输入命令的方式：

➢“注释”面板上的“弧长”按钮

➢“标注”工具栏上的“弧长”按钮

➢菜单“标注”/“弧长”

➢键盘输入命令：Dimarc ↙

系统提示：

选择弧线段或多段线圆弧段：

指定弧长标注位置或［多行文字（M）/文字（T）/角度（A）/部分（P）/］：

标注文字 =138.57

☞**注**：

1）若直接给出尺寸线位置，系统将按测定尺寸数字并加上圆弧符号完成标注。

2）文字（T）：可重新指定尺寸数字，系统会自动加上圆弧符号。

3）多行文字（M）：可打开多行文字编辑器重新指定尺寸数字。

4）角度（A）：可旋转标注文字的角度。

5）部分（P）：选择此项后，需在弧上任意指定两点标注长度。

弧长标注示例如图 6-11 所示。

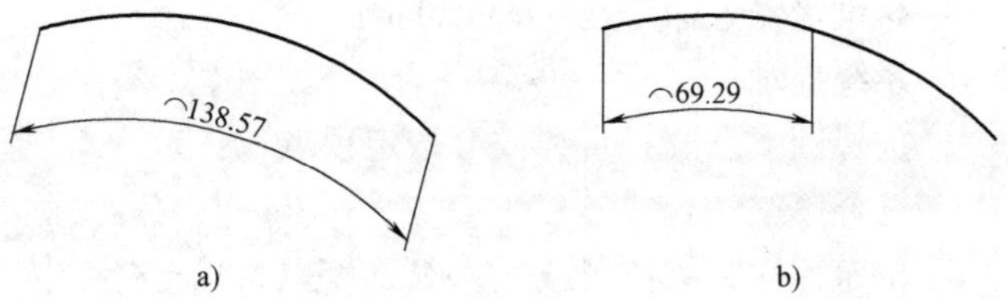

图 6-11　弧长标注示例
a）标注选中的整段弧长　b）标注指定的两点间弧长

5. 半径标注

功能：标注圆弧的半径。

输入命令的方式：

➢“注释”面板上的“半径”按钮

➢“标注”工具栏上的“半径”按钮

➢菜单“标注”/“半径”

➢键盘输入命令：Dimradius ↙

系统提示：

选择圆弧或圆：

标注文字 =22

指定尺寸线位置或［多行文字（M）/文字（T）/角度（A）］：拖动鼠标确定尺寸线位置或选择相应选项

☞注：

1）若直接给出尺寸线位置，系统将按测定尺寸数字并加上半径符号“R”完成标注。

2）文字(T)：可在命令行(单行文字)重新指定尺寸数字，“R”需随尺寸数字一起输入。

3）多行文字（M）：可打开多行文字编辑器重新指定尺寸数字，“R”需随尺寸数字一起输入。

4）角度（A）：旋转标注文字的角度。

半径标注示例如图6-12所示。

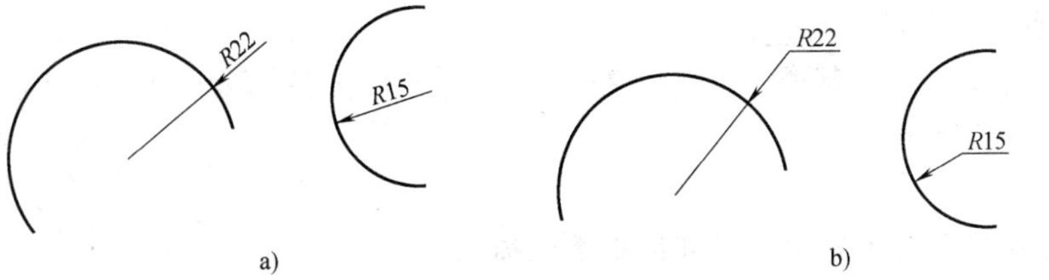

图6-12　半径标注示例

a）文字与尺寸线平行的标注样式　b）文字水平的标注样式

6. 直径标注

功能：标注圆和圆弧的直径。

输入命令的方式：

➢“注释”面板上的“直径”按钮

➢“标注”工具栏上的“直径”按钮

➢菜单“标注”/“直径”

➢键盘输入命令：Dimdiameter ↙

操作提示：

选择圆弧或圆：

标注文字 =40

指定尺寸线位置或［多行文字（M）/文字（T）/角度（A）］：拖动鼠标确定尺寸线位置或按选项

直径标注示例如图6-13所示。

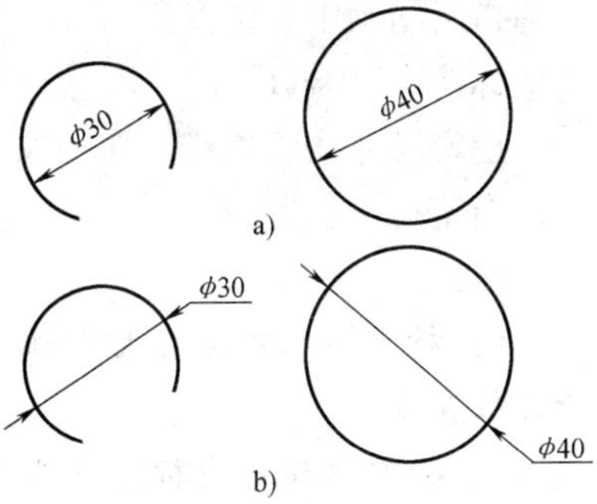

图6-13　直径标注示例

a）文字与尺寸线平行的标注样式

b）文字水平的标注样式

☞注：

1）若直接给出尺寸线位置，系统将按测定尺寸数字并自动加上直径符号“ϕ”完成标注。

2）文字（T）：可在命令行（单行文字）重新指定尺寸数字，但直径符号“ϕ”（%%c）需随尺寸数字一起输入。

3）多行文字（M）：可打开多行文字编辑器重新指定尺寸数字，但直径符号“ϕ”（%%c）需随尺寸数字一起输入。

4）角度（A）：旋转标注文字的角度。

7. 坐标标注

功能：相对于当前坐标系的原点，标注图形中特征点的 *X* 和 *Y* 坐标值。

输入命令的方式：

➢“注释”面板上的“坐标”按钮

➢“标注”工具栏上的“坐标标注”按钮

➢菜单“标注”/“坐标”

➢键盘输入命令：Dimordinate ↙

系统提示：

指定点坐标：选择引线的起点

指定引线端点或［X 基准（X）/Y 基准（Y）/多行文字（M）/文字（T）/角度（A）］：

标注文字 =715.6

☞**注**：

1）若直接指定引线的端点，可按测量值标注。

2）可用“多行文字（M）”或“单行文字（T）”编辑标注文字。

3）*X* 或 *Y* 基准，可沿 *Y* 轴或 *X* 轴测量距离。

4）角度（A）：可输入标注文字旋转的角度。

坐标标注示例如图 6-14 所示。

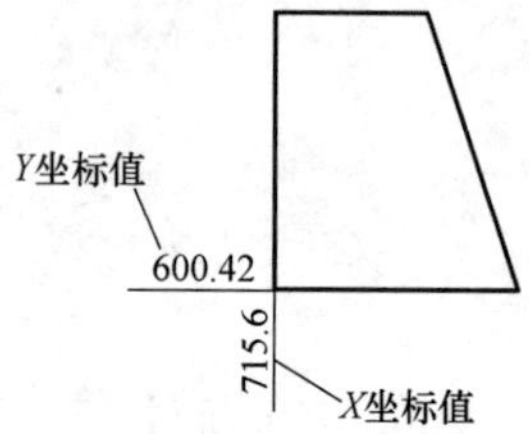

图 6-14　坐标标注示例

8. 折弯标注

功能：用于折弯标注大圆弧的半径等。

输入命令的方式：

➢“注释”面板上的“折弯”按钮

➢“标注”工具栏上的“折弯标注”按钮

➢菜单“标注”/“折弯”

➢键盘输入命令：Dimjogged ↙

系统提示：

选择圆弧或圆：

指定图示中心位置：

标注文字 =117.14

指定尺寸线位置或［多行文字（M）/文字（T）/角度（A）］：

指定折弯位置：

☞**注**：

1）折弯标注需指定大圆弧中心的替代位置、尺寸线放置位置、折弯位置等。

2）折弯角度可由标注样式中进行设置，默认为 90°。图 6-15 所示为用户自设的折弯角度 30°。

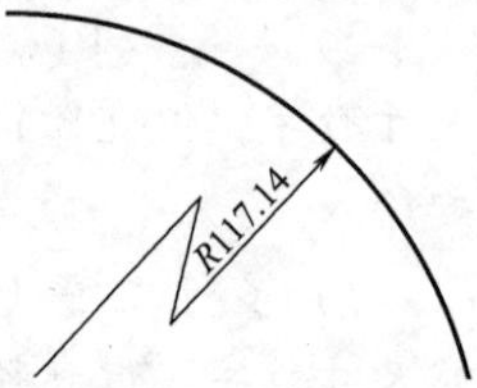

图 6-15　折弯标注示例

9. 基线标注

功能：创建从同一个基准引出的标注（即多个尺寸使用同一条尺

寸界线）。

输入命令的方式：

➢"注释"选项卡/标注面板上的"基线"按钮

➢"标注"工具栏上的"基线标注"按钮

➢菜单"标注"/"基线"

➢键盘输入命令：Dimbaseline ↙

"注释"选项卡下"标注"面板上的"基线标注"按钮如图 6-16 所示。

☞**注：**

"基线"命令操作前，第一个尺寸必须用"线性标注"命令进行标注（见图 6-17 中的 28），然后再使用"基线"命令标注其余尺寸（见图 6-17 中的 60、110、155）。

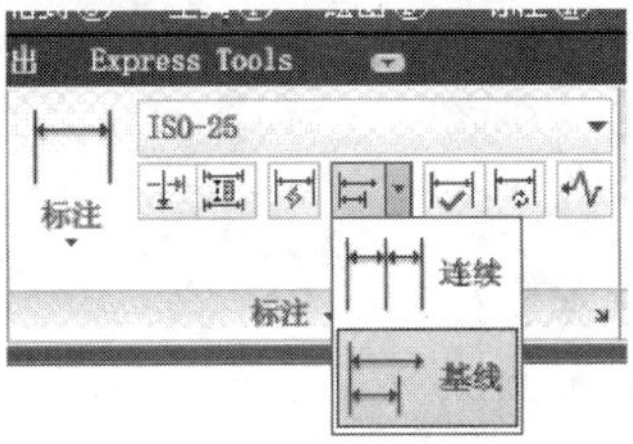

图 6-16 "标注"面板上的"基线标注"与"连续标注"按钮

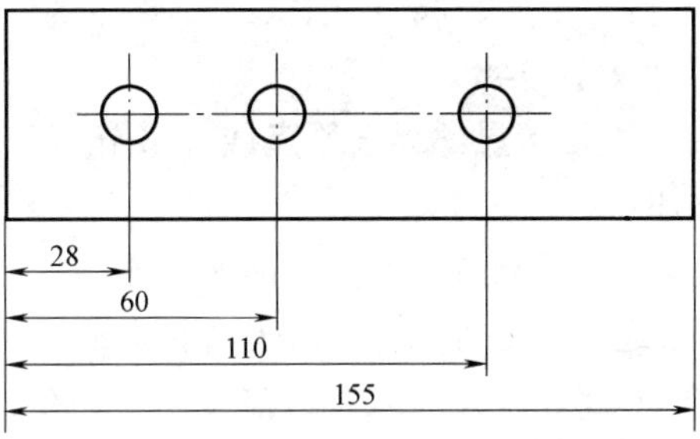

图 6-17 基线标注示例

系统提示：

指定第二条延伸线原点或［放弃（U）/选择（S）］＜选择＞：

标注文字 = 60

指定第二条延伸线原点或［放弃（U）/选择（S）］＜选择＞：

标注文字 = 110

指定第二条延伸线原点或［放弃（U）/选择（S）］＜选择＞：

标注文字 = 155

指定第二条延伸线原点或［放弃（U）/选择（S）］＜选择＞：

☞**注：**

1）选项"放弃（U）"：可撤消前一个基线尺寸。

2）选项"选择（S）"：重新指定基线尺寸第一尺寸界线的位置。

3）各基线尺寸间距离是在标注样式中设定的（见标注样式设置，常用 7～10mm）。

4）所注基线尺寸数值只能使用内测值，标注中不能重新指定。基线标注示例如图 6-17 所示。

10. 连续标注

功能：快速标注首尾相接的若干个连续尺寸。

输入命令的方式：

➢"注释"选项卡/"标注"面板上的"连续标注"按钮

➢"标注"工具栏上的"连续标注"按钮

➢菜单"标注"/"连续"

➤ 键盘输入命令：Dimcontinue ↙

“注释”选项卡下“标注”面板上的“连续标注”按钮如图 6-16 所示。

☞注：

“连续标注”命令操作前，第一个尺寸必须用“线性标注”命令进行标注，如图 6-18 中的“28”所示，然后再使用“连续标注”命令标注其余尺寸，如图 6-18 中的“33”、“48”所示。

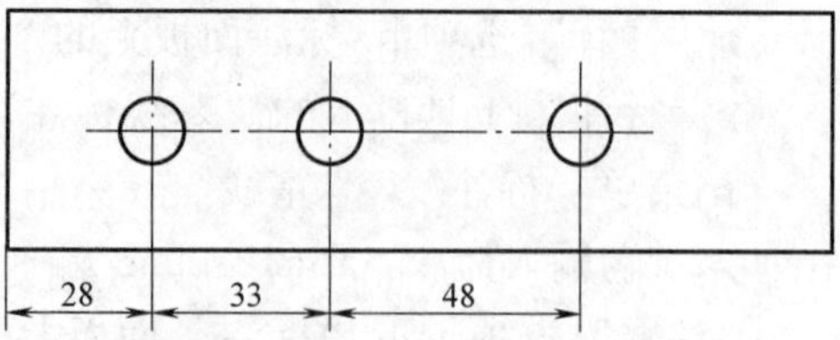

图 6-18　连续尺寸标注示例

系统提示：

指定第二条尺寸界线原点或［放弃（U）/选择（S）］<选择>：
标注文字 =33
指定第二条尺寸界线原点或［放弃（U）/选择（S）］<选择>：
标注文字 =48
指定第二条尺寸界线原点或［放弃（U）/选择（S）］<选择>：

☞注：

1）选项“放弃（U）”：可撤消前一个连续尺寸。

2）选项“选择（S）”：重新指定连续尺寸第一尺寸界线的位置。

3）所注连续尺寸数值只能使用内测值，标注中不能重新指定。

11. 快速标注

功能：能根据拾取到的几何图形自动判别标注类型并进行标注，包括线性尺寸、坐标尺寸、半径尺寸、直径尺寸及连续尺寸等。可一次标注多个对象，也可以创建成组的标注。

输入命令的方式：

➤“注释”选项卡/“标注”面板上的“快速标注”按钮（图 6-19）

➤“标注”工具栏上的“快速标注”按钮

➤ 菜单“标注”/“快速标注”

➤ 键盘输入命令：Qdim ↙

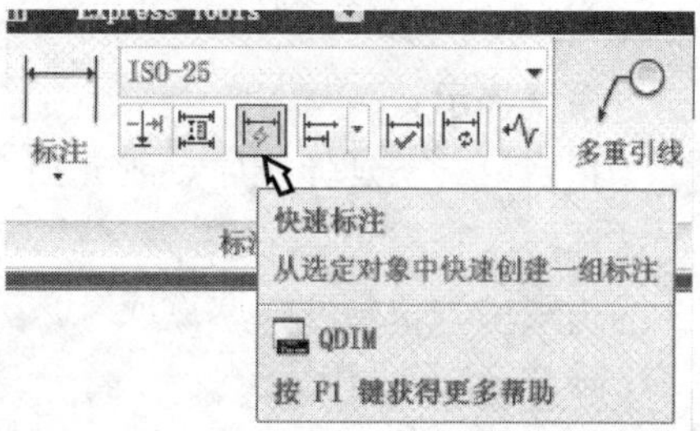

图 6-19　“标注”面板上的“快速标注”按钮

系统提示：

关联标注优先级 = 端点
选择要标注的几何图形：找到 1 个
选择要标注的几何图形：找到 1 个，总计 2 个
选择要标注的几何图形：找到 1 个，总计 3 个
选择要标注的几何图形：
指定尺寸线位置或
［连续（C）/并列（S）/基线（B）/坐标（O）/半径（R）/直径（D）/基准点（P）/编辑（E）/设置（T）］<连续>：

☞注：

在出现上述提示时，若按回车键（或单击鼠标右键），系统则按当前的选项对对象进行快速标注；否则，用户可以根据提示输入一个选项完成标注。

例如，图 6-20 所示为拾取了 1、2、3 三条直线后，自动判断标注出三个连续的尺寸。

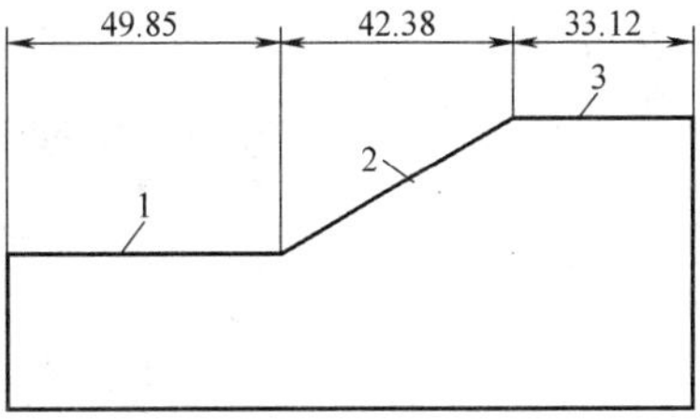

图 6-20　快速标注示例

12. 快速引线标注

功能：创建用引线引出的说明文字标注，其引线可有箭头或无箭头，可以是直线，也可以是样条曲线，可以指定说明文字的位置，也可用于标注带引线的几何公差（几何公差标注见第三节）。

输入命令的方式：

➢ 键盘输入命令：Qleader ↙

系统提示：

指定第一个引线点或［设置（S）］<设置>：

指定下一点：

指定下一点：

指定文字宽度<0.0000>：

输入注释文字的第一行<多行文字（M）>：<u>C2</u>

输入注释文字的下一行：

快速引线标注示例如图 6-21 所示。

如果选择“设置 S”：可弹出“引线设置”对话框，如图 6-22 所示。该对话框中有“注释”、“引线和箭头”及“附着”3 个选项卡。

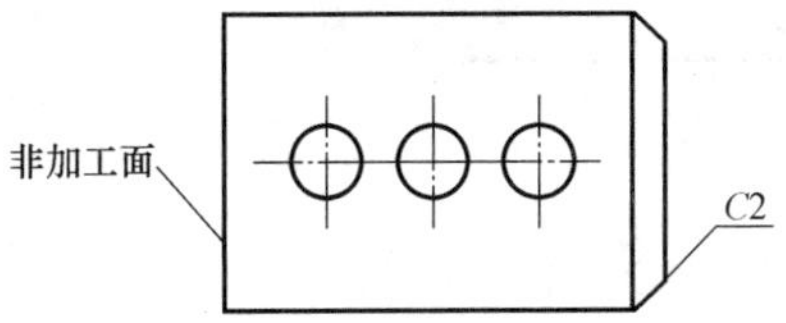

图 6-21　快速引线标注示例

图 6-22　“引线设置”对话框中的“注释”选项卡

在“注释”选项卡（图 6-22）中，如进行一般的引线标注，可选择“多行文字”；如要用引线标注几何公差，可选择“公差”；如要用引线插入块，可选择“块参照”；如要复制其他的引线标注，可选择“复制对象”。

在“引线和箭头”选项卡（图 6-23）中，可选择引线是直线或是样条曲线，引线是否带箭头，引线的转折点数（默认 3 点，两段线）以及各段线的角度约束等。

在“附着”选项卡（图 6-24）中，如选中“最后一行加下划线”，可得到图 6-21 中的倒角“*C*2”的标注样式，如不选中“最后一行加下划线”，则得到图 6-21 中“非加工面”

的标注样式。

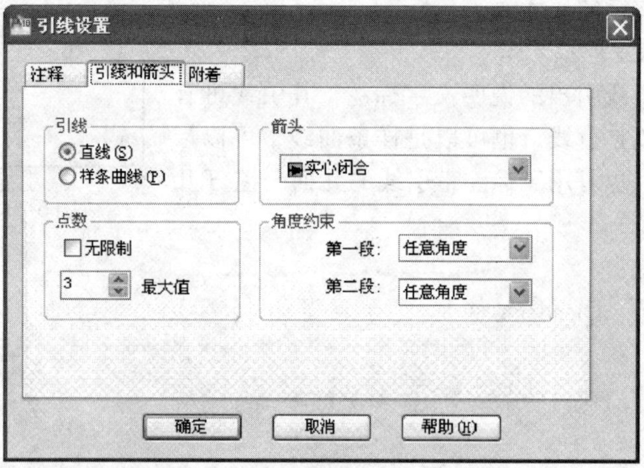

图 6-23　“引线设置”对话框中的“引线和箭头”选项卡

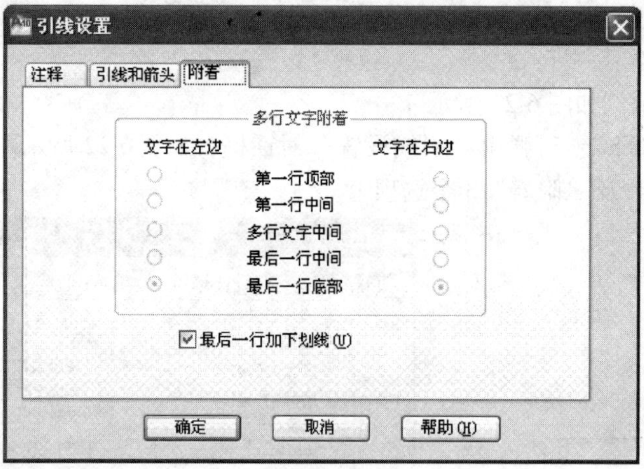

图 6-24　“引线设置”对话框中的“附着”选项卡

13. 多重引线标注

功能：可以创建包含多条引线引出的说明文字标注，其引线可有箭头或无箭头。一条说明可以指向图形中的多个对象，且可以在“特性”选项板中修改引线线段的特性，可以向已建立的多重引线对象添加引线，或从已建立的多重引线对象中删除引线。

多重引线由箭头、引线、水平基线及多行文字（或图块对象）等组成，如图 6-25 所示。

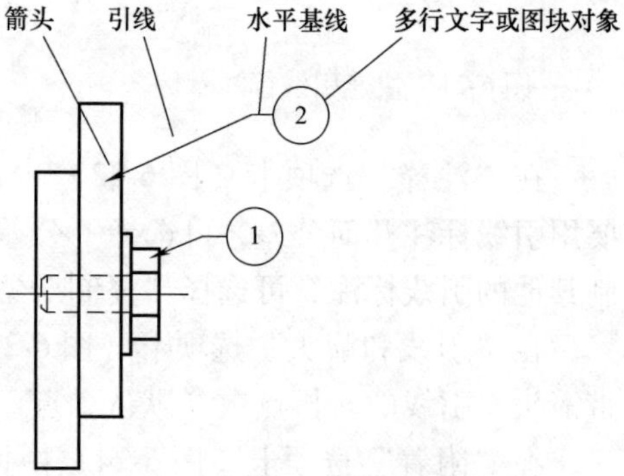

图 6-25　多重引线的组成

输入命令的方式：

➢“注释”面板上的“多重引线”按钮

➢菜单“标注”/“多重引线”

➢键盘输入命令：Mleader ↙

“常用”选项卡下“注释”面板上的“多重引线”命令按钮如图6-26所示。

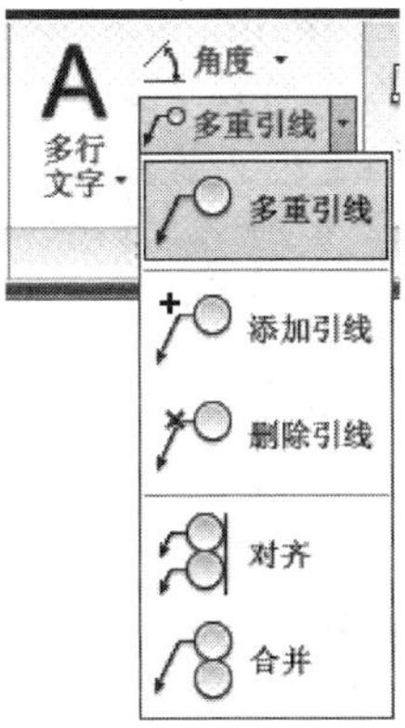

图6-26　“注释”面板上的“多重引线”命令按钮

绘制多重引线可分为箭头优先、引线基线优先或内容优先等选项。绘制多重引线时，用户可根据需要，先创建所需的多重引线样式，然后再根据不同的样式绘制不同的多重引线（创建多重引线样式将在本节后文中详细介绍）。

操作提示：

命令：_mleader

指定引线箭头的位置或［引线基线优先（L）/内容优先（C）/选项（O）］<选项>：o

输入选项［引线类型（L）/引线基线（A）/内容类型（C）/最大节点数（M）/第一个角度（F）/第二个角度（S）/退出选项（X）］<退出选项>：m

输入引线的最大节点数<2>：3

输入选项［引线类型（L）/引线基线（A）/内容类型（C）/最大节点数（M）/第一个角度（F）/第二个角度（S）/退出选项（X）］<最大节点数>：x

指定引线箭头的位置或［引线基线优先（L）/内容优先（C）/选项（O）］<选项>：

指定下一点：

指定引线基线的位置：

上述操作得到的多重引线标注如图6-27所示。

☞**注**：

1）箭头优先（H）：首先指定多重引线箭头的位置，再画出引线和基线的位置，如果此时退出命令，则不会有与多重引线相关联的文字。

2）引线基线优先（L）：首先指定多重引线的基线的位置，再画出引线箭头的位置，如果此时退出命令，则不会有与多重引线相关联的文字。

3）内容优先（C）：首先指定文字或块的位置，其操作是指定一个文本框位置（与多行文字输入相似），完成文字输入后，单击“确定”或在文本框外单击，再画出箭头和引线位置。

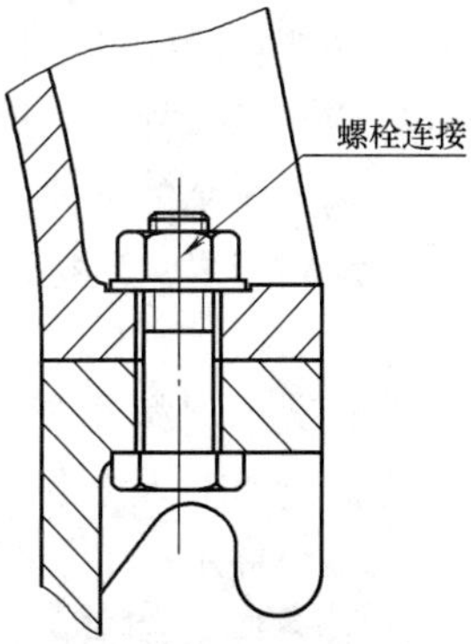

图6-27　多重引线标注示例

4）最大节点数（M）：可用于改变引线转折点的个数，系统默认设置为 2（不出现水平基线）。

5）内容类型（C）：可从中设定文字内容是多行文字或图块等。

6）引线类型（L）：可选择引线的类型为直线或样条曲线等。

7）引线基线（A）：可选择是否使用基线。

8）用户使用“多重引线”命令前，最好先设置好不同的多重引线样式，以便于使用该命令能得到预想的结果（设置详见本节后文）。

9）用户可使用图 6-26 所示的各种“多重引线”命令创建、添加、删除、对齐、合并多重引线。

多重引线标注的几种不同结果示例如图 6-28 所示。

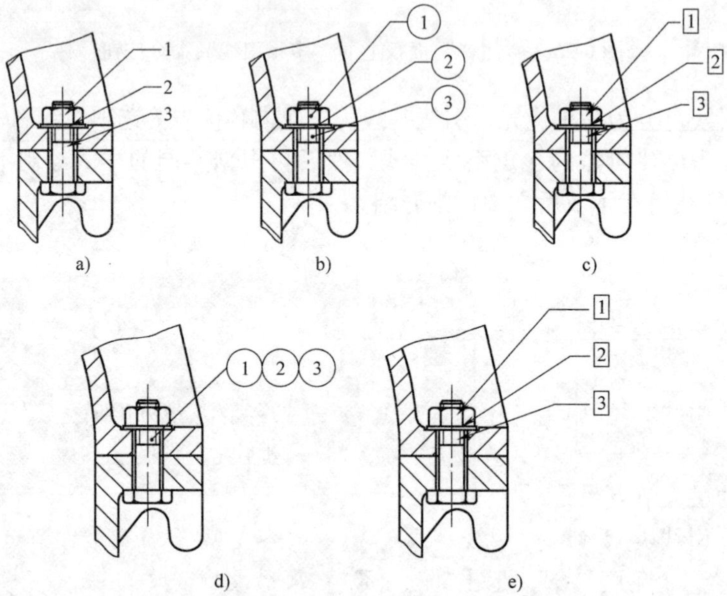

图 6-28　多重引线标注的几种不同结果示例

a）系统预设样式标注　b）用户自建样式 1 标注　c）用户自建样式 2 标注

d）多重引线合并标注　e）多重引线对齐标注

14. 圆心标记

功能：绘制圆心标记。圆心标记有三种形式：无标记、中心线和十字标记。圆心标记的样式应在标注样式中设定（见本节“二、尺寸标注样式的设置”）。

输入命令的方式：

➢“标注”面板上的“圆心标记”按钮

➢“标注”工具栏上的“圆心标记”按钮

➢菜单“标注”/“圆心标记”

➢键盘输入命令：Dimcerter ↙

系统提示：

选择圆或圆弧：

圆心标记示例如图 6-29 所示。

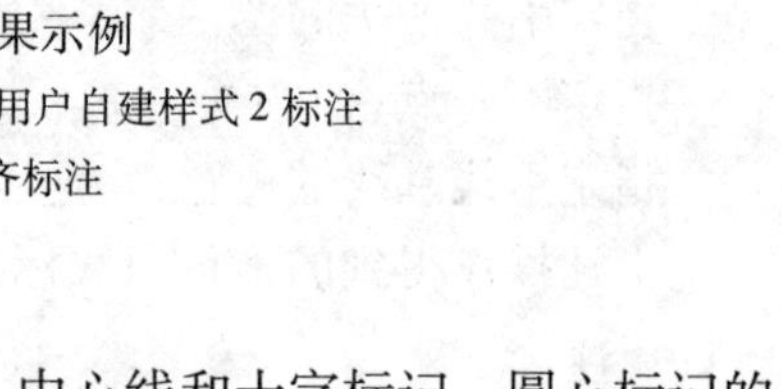

图 6-29　圆心标记示例

a）无标记　b）直线标记　c）十字标记

二、尺寸标注样式的设置

尺寸用来确定工程图中形体的大小，是工程图中一项重要的内容。工程图中的尺寸必须符合相应的制图标准。目前我国各行业的制图标准中对尺寸标注的要求不完全相同，而 AutoCAD 是一个通用的绘图软件包，它所预设的标注样式不一定符合我国用户绘制图形的要求，因此，在标注尺寸之前，用户应该根据需要自行创建样式或修改当前标注样式，以适应图形的制图标准或要求，然后再使用上节所述的“标注”命令标注尺寸。

尺寸标注样式控制尺寸标注的格式和外观，用尺寸标注样式可以建立和强制执行图形的绘图标准。尺寸标注样式主要内容如下：

1）尺寸线、尺寸界线、箭头和圆心标记的格式和位置。

2）标注文字样式、外观、位置和对齐方式。

3）全局标注比例。

4）单位格式和精度。

5）公差值的格式和精度。

在创建标注时，可以基于 AutoCAD 2010 当前的标注样式进行修改，系统默认的标注样式有 Annotative（具有注释特性的标注样式）、ISO-25 和 Standard，如图 6-30 所示。ISO-25 样式与 Annotative 样式中的基本设置相同，不同之处是前者没有注释特性，而后者具有注释特性。ISO-25 样式的系统默认设置如图 6-31 所示。

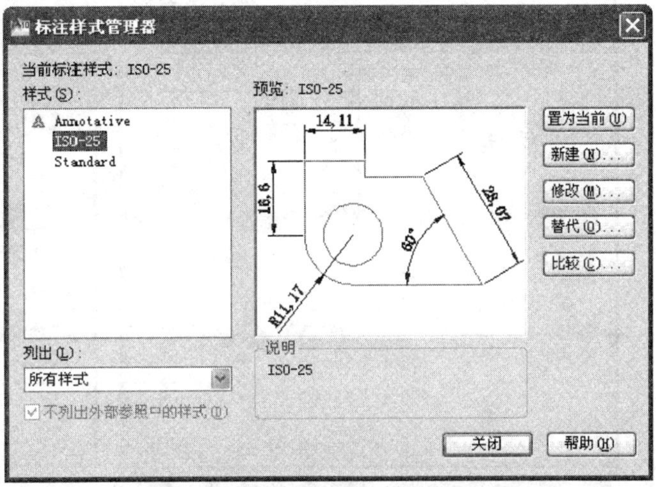

图 6-30　“标注样式管理器”对话框（系统预设的标注样式）

☞**注：**

1）注释性是指对图形加以注释对象的特性（是 AutoCAD 的新功能）。用户可以建立起具有注释特性的尺寸标注样式、文字标注样式、多重引线标注样式等，通过选择状态栏上的不同的注释比例，自动完成缩放注释的过程，在布局视口和模型空间中，按照由这些空间的注释比例设置确定的尺寸显示，并能够以正确的大小在图纸上打印或显示。

2）以下对象通常用于注释图形，并包含注释性特性：文字、标注、图案填充、公差、多重引线、块、属性。凡具有注释性的图形或样式，前面都带有一个符号“▲”。

3）创建注释性样式的方法：在新建样式（尺寸样式、文字样式）时，选中“注释性”，修改已有样式，在对话框中选中“注释性”。

4）设置打印或显示注释的比例：在状态栏或应用程序状态栏的右侧，单击显示的注释比例旁边的箭头，从列表中选择一个注释比例。

5）如果要将包含注释性对象的图形保存为传统图形文件格式，应将系统变量“SAVEFIDELITY”设置为 1。保存为“AutoCAD 2010”文件格式时，应将系统变量“SAVEFIDELITY”设置为 0。

在工程图中，通常有多种尺寸标注的形式，应把绘图中常用的尺寸标注形式创建为标注样式，最好设置有注释特性，以便于改变其注释比例。在标注尺寸时，需用哪种标注样式，

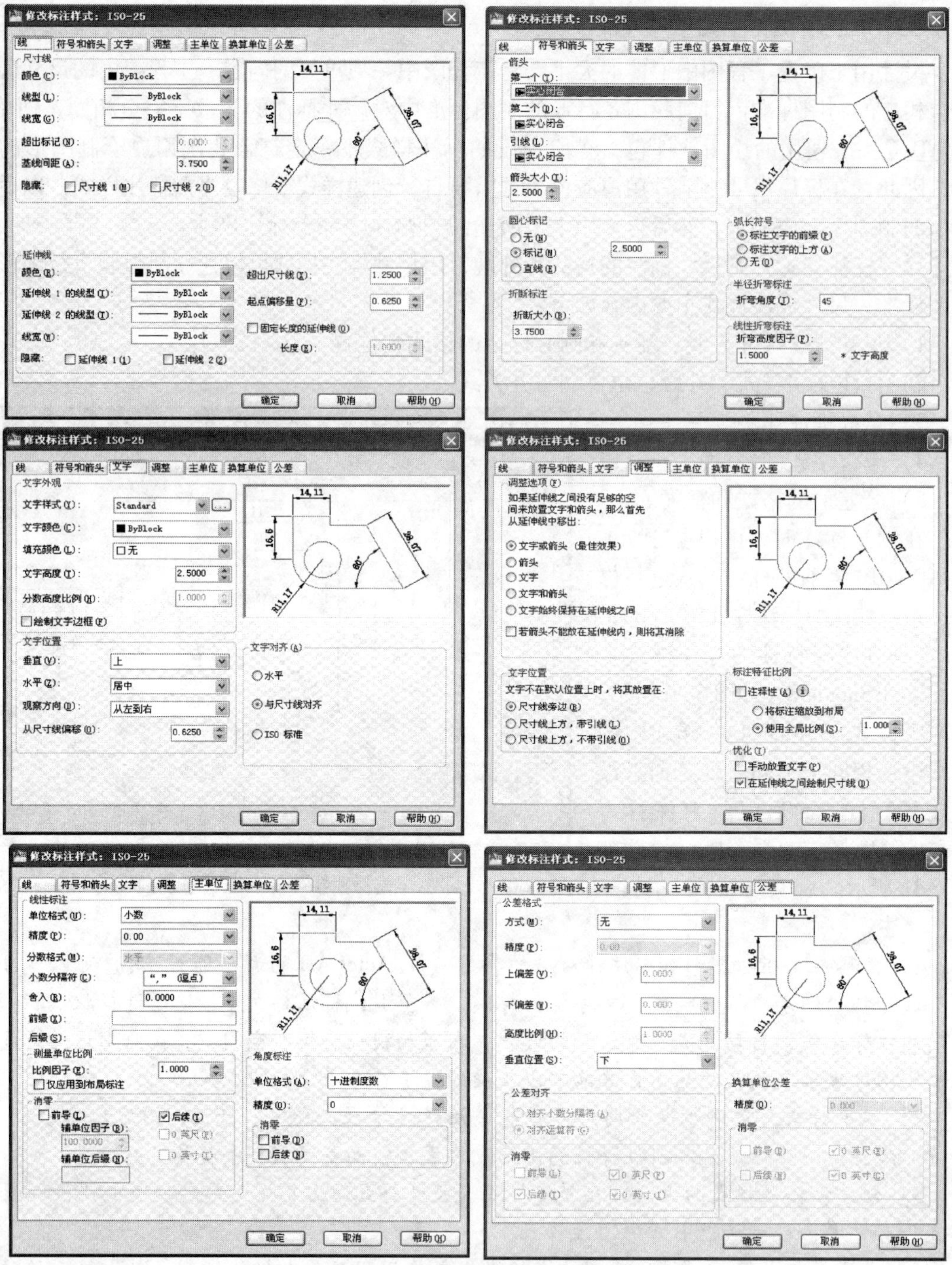

图 6-31　ISO-25 样式的系统默认设置

就将它设为当前标注样式，这样可提高绘图效率，且便于修改。

通常需要建立如下样式：

1）“文字与尺寸线平行”的标注样式（图 6-2）。

2）“文字水平”的标注样式（图 6-2）。

3）“半标注”标注样式。

4）“小尺寸”标注样式等。

下面以建立上述四种标注样式为例来介绍新建标注样式的方法。

1. 新建标注样式

输入命令的方式：

➢“注释”选项卡/“标注”面板右下角的箭头按钮（图6-32）

➢“格式”菜单/“标注样式”

打开“标注样式管理器”对话框如图6-30所示。

（1）基于“ISO-25”样式建立具有注释性的“文字与尺寸线平行”标注样式

1）在图6-30所示的对话框中，选中“ISO-25”，单击“新建”按钮，打开“创建新标注样式”对话框，如图6-33所示。

图6-32　“标注”面板右下角的箭头按钮

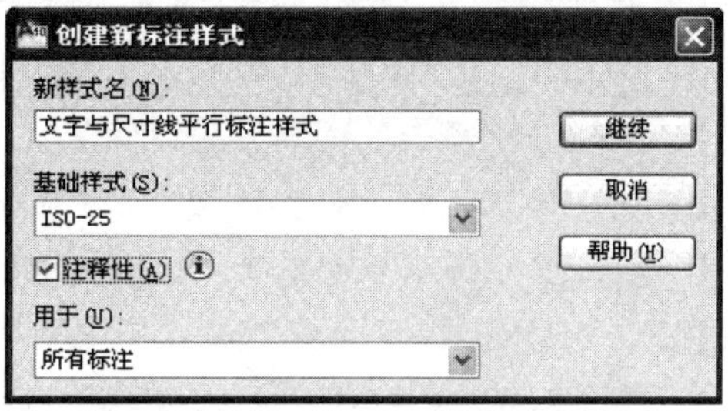

图6-33　“创建新标注样式”对话框

2）在图6-33所示的对话框中，输入新样式名为“文字与尺寸线平行标注样式”，基础样式保持为“ISO-25”，选中“注释性”选项，用于“所有标注”，单击“继续”按钮，将打开“新建标注样式：文字与尺寸线平行标注样式”对话框，如图6-34所示。

3）在图6-34所示的“线”选项卡中，修改“基线间距”为10（指平行的尺寸线间的距离，常用值为7~10），延伸线（即尺寸界线）超出尺寸线为3，其余采用默认。

4）在图6-34所示的“符号和箭头”选项卡中，修改“箭头大小”为3，“折断大小”为5（用于折断标注的间距大小），“折弯高度因子”为3，其余采用默认。

5）在图6-34所示的“文字”选项卡中，修改“文字高度”为3.5，其余采用默认。

6）在图6-34所示的“调整”选项卡中，在“调整选项（F）”中选择“文字和箭头”，在“优化（T）”中选中“手动放置文字”，其余采用默认。

7）在图6-34所示的“主单位”选项卡中，将“小数分隔符”由“逗点”修改为“句点”，其余采用默认。

8）单击“确定”按钮返回图6-30所示的“标注样式管理器”对话框，此时，“文字与尺寸线平行标注样式”名已经出现在该对话框中了。

（2）基于“文字与尺寸线平行标注样式”新建“文字水平标注样式”

1）在图6-30所示的对话框中，选中“文字与尺寸线平行标注样式”，单击“新建”按钮，打开“创建新标注样式”对话框，如图6-35所示。

在图6-35中的“新样式名”框中，输入要创建的新样式名称，如“文字水平标注样式”（默认为“副本 文字与尺寸线平行标注样式”）。

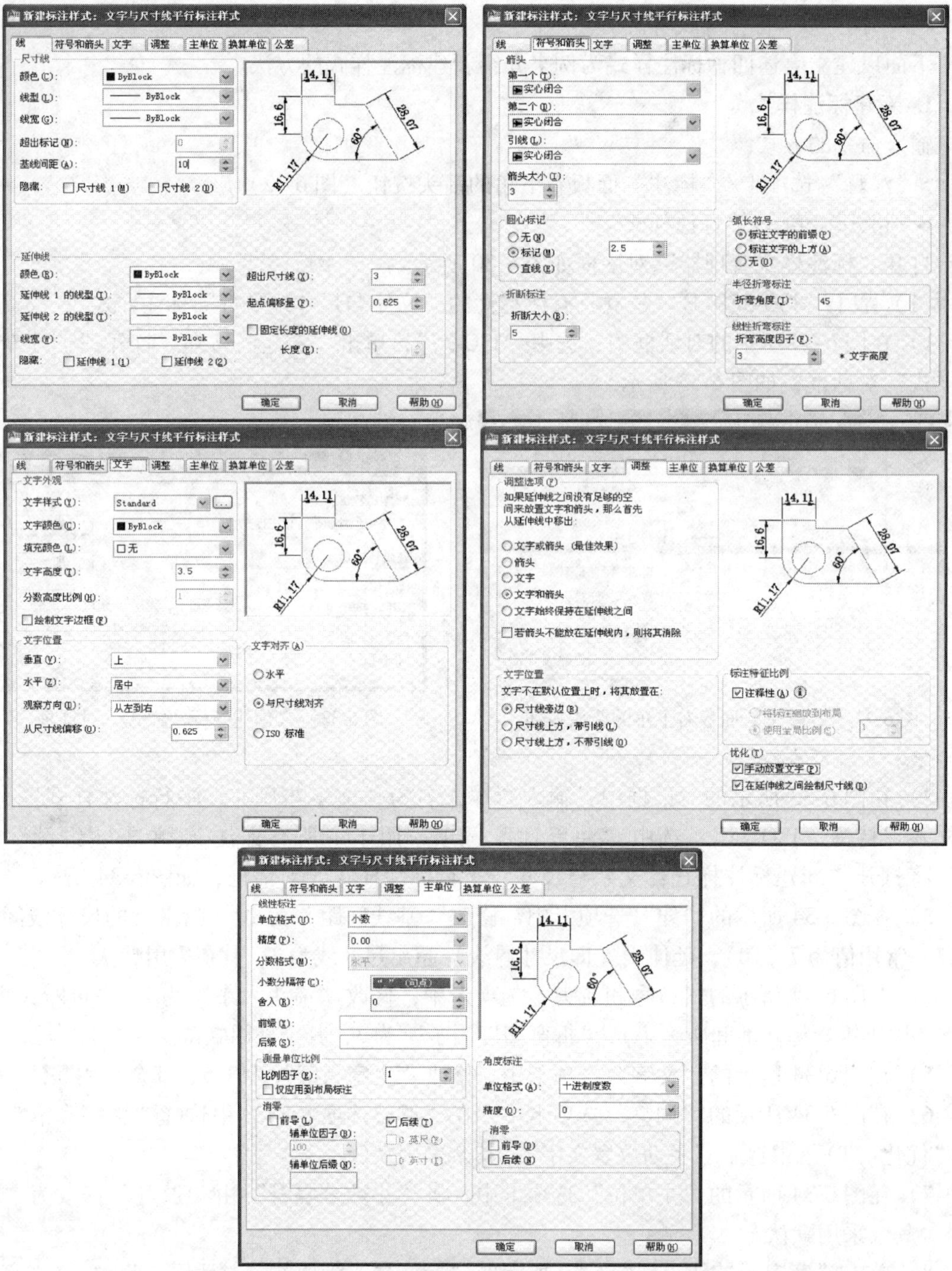

图 6-34　“文字与尺寸线平行标注样式”的设置参数（修改 ISO-25）

在“基础样式”框中，选择原基础样式的名称，即新样式在哪种样式的基础上进行修改，当前的选择为“文字与尺寸线平行标注样式”。

选中“注释性”。在“用于”框中，选择“所有标注”。

2）单击图 6-35 中的“继续”按钮，打开“新建标注样式：文字水平标注样式”对话框，如图 6-36 所示。

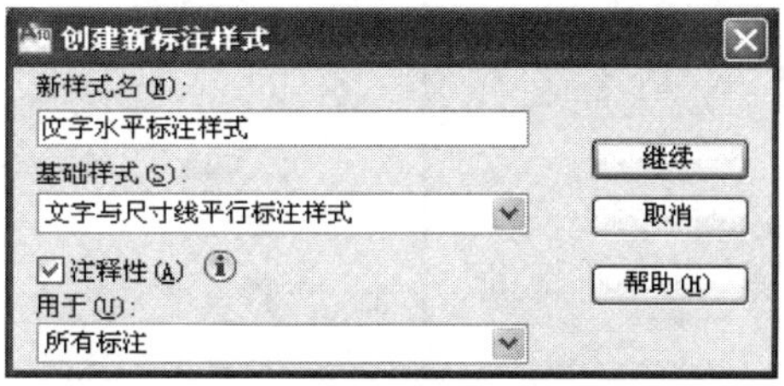

图 6-35　“创建新标注样式”对话框

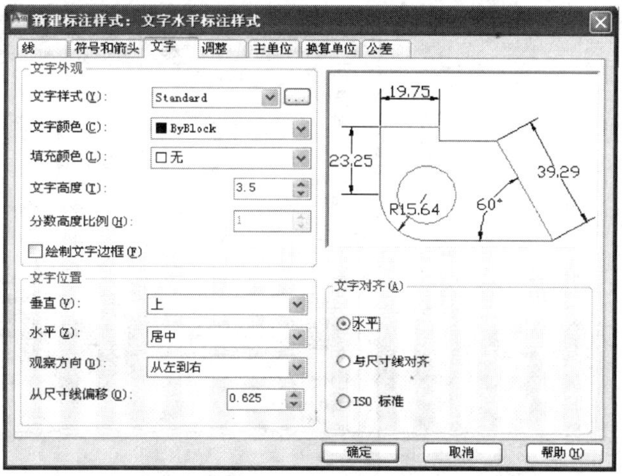

图 6-36　“新建标注样式：文字水平标注样式”对话框

3）在“文字”选项卡中，只修改“文字对齐”为“水平”，其余不变，如图 6-36 所示。

单击“确定”按钮，完成设置，返回到“标注样式管理器”对话框，此时，该“文字水平标注样式”名将出现在该对话框中。

（3）基于“文字与尺寸线平行标注样式”新建“半标注样式”　操作步骤为与（2）基本相同：在“标注样式管理器”对话框中，选择“文字与尺寸线平行标注样式”，单击“新建”按钮，在“创建新标注样式”对话框中输入新样式名为“半标注样式”。所作的修改是：在“线”选项卡中，选择隐藏“尺寸线 2”和隐藏“延伸线 2”即可，其余不变。修改的结果如图 6-37 所示。

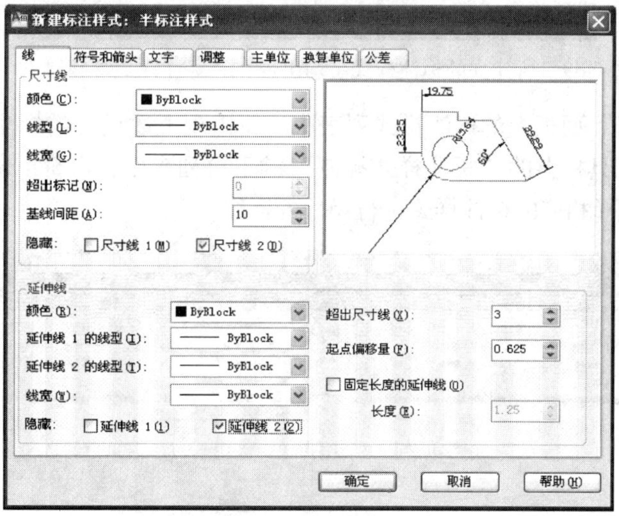

图 6-37　“新建标注样式：半标注样式”对话框

（4）基于“文字与尺寸线平行标注样式”新建“小尺寸标注样式”　操行步骤同（3），新样式名为“小尺寸标注”。所作的修改是：在“符号和箭头”选项卡中，将两个箭头改为“圆点”，“箭头大小”改为 2 即可，其余不变。其修改结果如图 6-38 所示。

进行上述 4 例设置后，在标注样式管理器中将出现上述的 4 个样式名，如图 6-39 所示。

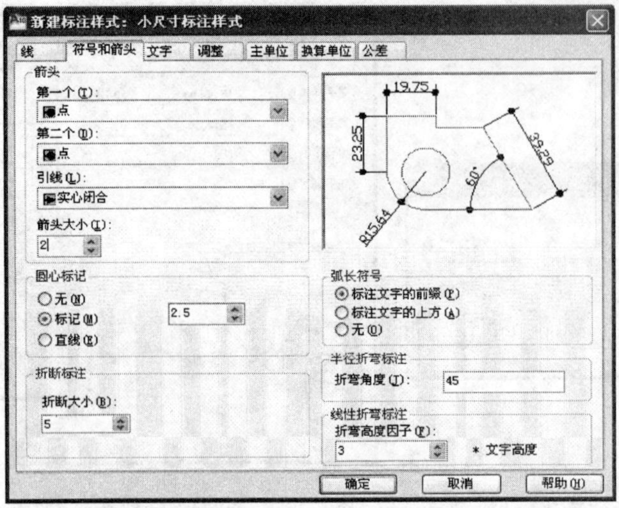

图 6-38　“新建标注样式：小尺寸标注样式”对话框

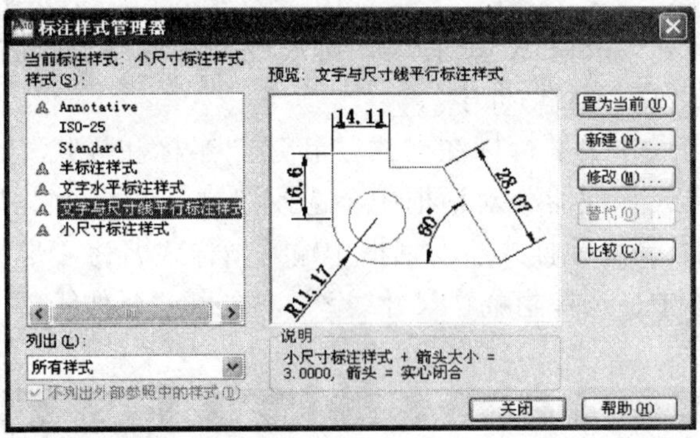

图 6-39　所建立的标注样式名均出现在“标注样式管理器”中

同时，在“注释”面板上的标注样式列表中，将出现上述设置的标注样式名，如图 6-40 所示。在“标注”工具栏上的“标注样式控制”的下拉列表中，也将出现上述样式名。在标注尺寸时，可从中选择相应的标注样式进行尺寸的标注。

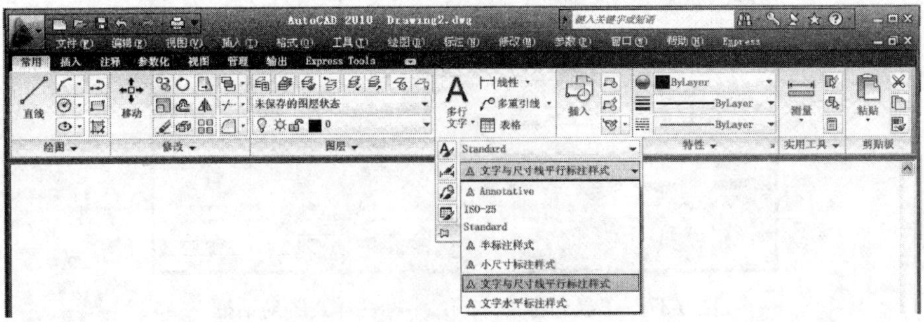

图 6-40　在“注释”面板上出现所建立的标注样式名

☞**注：**

从图 6-40 所示的“注释”面板上的标注样式下拉列表中可见到，上述设置的四种标注样式前面均有一个注释图标，这些具有注释特性的标注样式在用于标注尺寸时，可从窗口状态栏上的“注释比例”中选择任一种比例进行尺寸的标注，以满足用户所需的显示效果或打印效果。图 6-41 所示为用“文字与尺寸线平行标注样式”标注尺寸时，用户标注同一个标注样式采用了两种不同注释比例的显示效果。

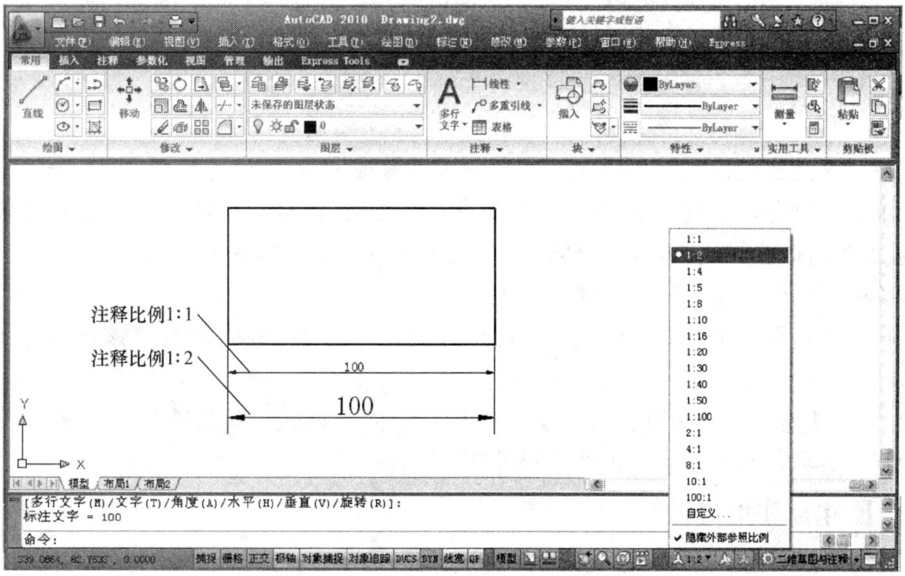

图 6-41　用同一标注样式选择不同的注释比例标注结果比较

图 6-42 所示为小尺寸标注和半标注示例。

2. 设置当前的标注样式

设置当前标注样式的最快捷的方法是，从图 6-40 所示的“注释”面板上的标注样式下拉列表中选择任一种标注样式即可。对于使用 AutoCAD 经典工作空间的用户，可从“标注”工具栏上，单击“标注样式控制”按钮，从中选择某一种标注样式即可，选中的标注样式即作为当前标注样式显示在“标注”工具栏上。

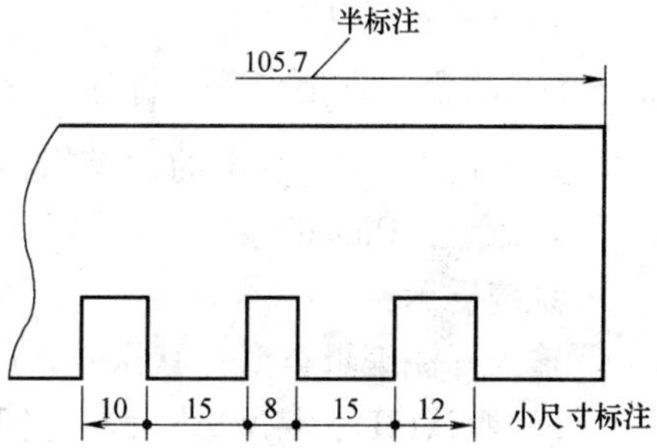

图 6-42　小尺寸标注和半标注示例

3. 修改标注样式

若要修改某一标注样式，可按以下步骤操作：

1）单击“注释”选项卡/“标注”面板右下角的箭头按钮，打开图 6-30 所示的“标注样式管理器”对话框。

2）在“样式”列表中选择要修改的标注样式，然后单击“修改”按钮。

3）在“修改标注样式”对话框中进行所需的修改（与创建新样式的方法类似）。

4）修改完后，单击“确定”按钮返回“标注样式管理器”，再单击“关闭”按钮即可。

☞**注：**

修改后，所有按该标注样式标注的尺寸（包括已标注的尺寸和将要标注的尺寸）均自动按新修改的标注样式更新。

4. 标注样式的替代

标注样式的替代功能用于个别尺寸的标注。在进行尺寸标注时，常常有个别尺寸与所设标注样式相近但不相同，若修改相近的标注样式，将使所有用该样式标注的尺寸都改变，若再创建新的标注样式又显得很繁琐。替代功能可为用户设置一个临时的标注样式。

操作方法如下：

1）打开“标注样式管理器”对话框，如图 6-39 所示。

2）在“样式”列表中选择相近的标注样式，然后单击“替代”。

3）在“替代当前样式”对话框中进行所需的修改。

4）单击“确定”按钮，返回“标注样式管理器”，将自动生成一个临时标注样式，并自动设置为当前标注样式，且在“样式”列表中显示名为“样式替代”。

5）关闭对话框，进行所需标注。

6）直至设置下一个需要的样式为当前样式时，系统才会将自动取消该代替样式，结束替代功能。

例如，标注连续小尺寸时，可基于“小尺寸标注”样式，只修改箭头（即尺寸起止符号），创建“连续小尺寸 1”，“连续小尺寸 2”等替代样式。

三、尺寸标注的修改

当一个尺寸标注完毕后，也可以进行修改。

1. 编辑标注

功能：修改尺寸数字，旋转尺寸数字，使尺寸界线倾斜等。

输入命令的方式：

➢“注释”选项卡下“标注”面板上的“倾斜”按钮

➢“标注”工具栏上的“编辑标注”按钮

➢ 命令：Dimedit ↙

系统提示：

输入标注编辑类型［默认（H）/新建（N）/旋转（R）/倾斜（O）］＜默认＞：

1）默认(H)：将所选尺寸标注回退到未编辑前的状况。提示选择需回退的尺寸，回车结束。

2）新建（N）：可修改尺寸数字。打开多行文字编辑器，输入新的尺寸数字，然后提示选择需更新的尺寸，回车结束。

3）旋转（R）：可旋转尺寸数字。提示指定文字的旋转角度，选择对象，回车结束。

4）倾斜（O）：可使尺寸界线按指定的角度倾斜。提示选择需倾斜的尺寸，输入倾斜角度，回车结束。

如图 6-43 所示轴测图中的尺寸标注，常用对齐标注后进行“倾斜”的

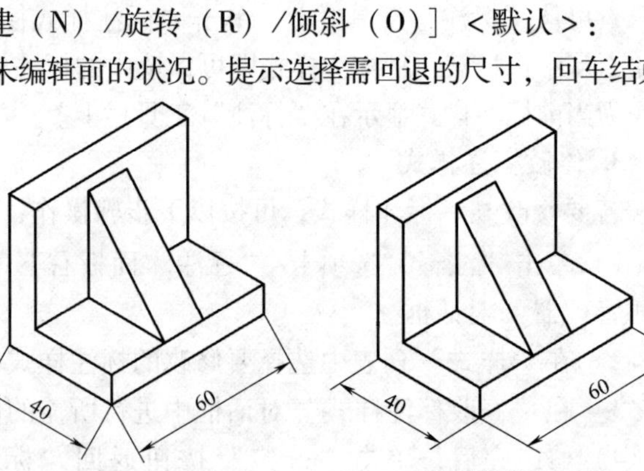

用对齐方式标注的尺寸

a)

尺寸40的倾斜角度为30°
尺寸60的倾斜角度为-30°

b)

图 6-43　尺寸“倾斜”示例

a）倾斜前　b）倾斜后

编辑。

2. 编辑标注文字

功能：重新调整文字的放置位置。

输入命令的方式：

➢ 标注工具栏上的“编辑标注文字”按钮

➢ 菜单“标注”/“对齐文字”/“默认、角度、左、中、右”

➢ 命令：Dimtedit ↙

操作提示：

选择标注：选择需要编辑的尺寸

指定标注文字的新位置或［左（L）/右（R）/中心（C）/默认（H）/角度（A）］：

一般动态地拖动文字尺寸到所选位置即可，或者用“注释”选项卡下“标注”面板上的“左对正、居中对正、右对正”三个按钮依次进行标注文字的对正操作。

3. 标注更新

功能：可将已有尺寸的标注样式更新为当前标注样式。

输入命令的方式：

➢ 标注工具栏上的“标注更新”按钮

➢ 菜单“标注”/“更新”

➢ 命令：Dimupdate ↙

操作提示：

选择对象：选择尺寸后，按右键或回车键即可将已有的尺寸标注更新为当前标注样式。

四、创建多重引线的标注样式

多重引线标注样式控制多重引线的格式和外观，在标注多重引线之前应先设置用户所需要的多重引线标注样式。

输入命令的方式：

➢“注释”选项卡下“引线”面板右下角的箭头按钮（图 6-44）

➢ 菜单“格式”/“多重引线样式”命令

“多重引线样式管理器”对话框如图 6-45 所示。

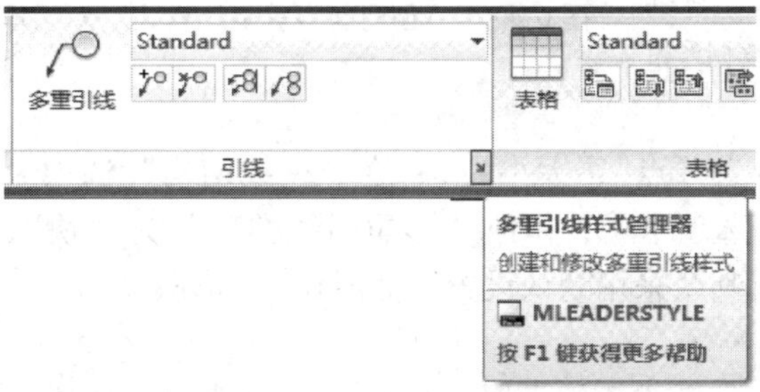

图 6-44　“引线”面板右下角的箭头按钮

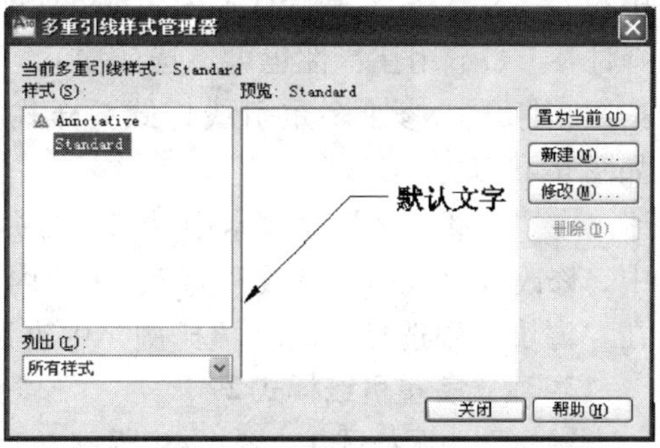

图 6-45　“多重引线样式管理器”对话框

在图 6-45 中，系统默认设置有两种多重引线标注样式，两种样式的基本设置都相同，不同之处是：Annotative 带有注释性，Standard 无注释性。如选择“Standard”样式，单击“修改”按钮，可见到“修改多重引线样式”对话框，其默认设置如图 6-46 所示。

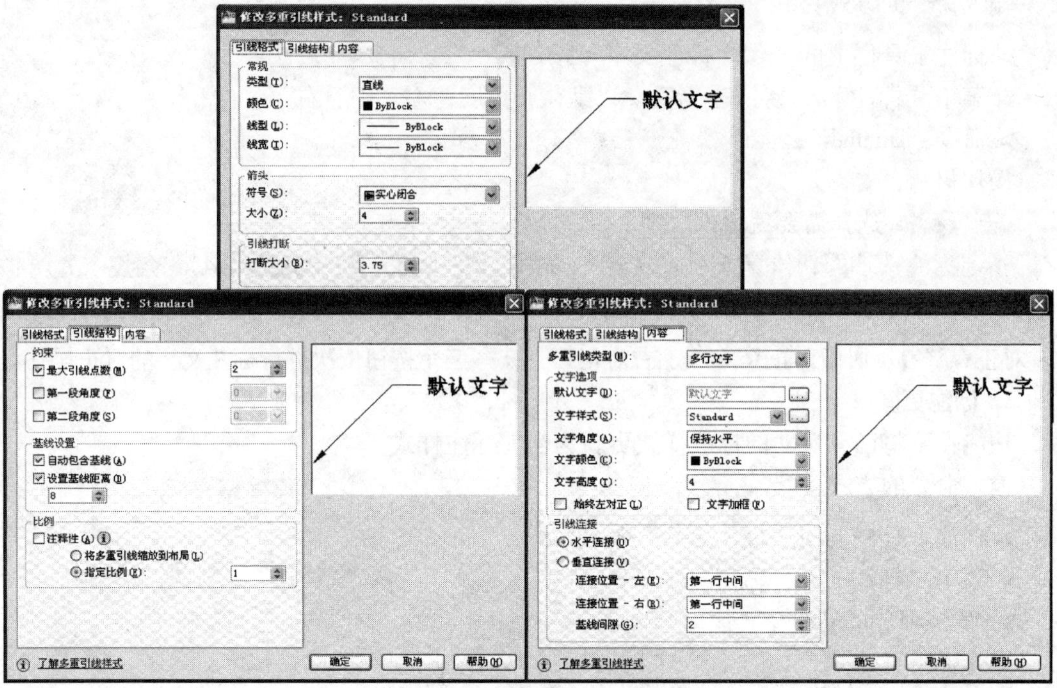

图 6-46　“Standard”多重引线样式的默认设置

下面以图 6-28b 所标注的多重引线样式 1 和图 6-28c 所标注的多重引线样式 2 为例来介绍创建多重引线样式的方法与步骤。

1. 建立多重引线样式 1

在图 6-45 所示的“多重引线样式管理器”对话框中，选择 Standard，单击“新建”按钮，打开创建多重引线样式对话框如图 6-47 所示，在“新样式名”框中输入“样式 1”，基础样式为“Standard”，选中“注释性”（如不用注释性也可不选此项），单击“继续”按钮，打开“修改多重引线样式：样式 1”对话框，如图 6-48 所示。

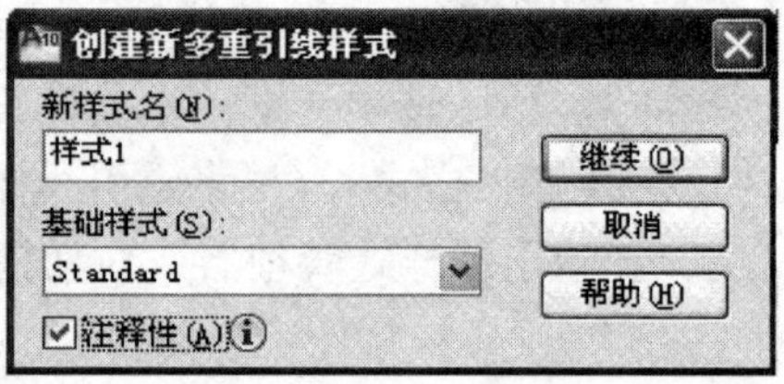

图 6-47　“创建新多重引线样式”对话框

在“引线格式”选项卡中，修改箭头符号为“点”，大小为 2；在“引线结构”选项卡中，修改“最大引线点数”为 3；在“内容”选项卡中，修改“多重引线类型”为“块”，在“源块”中选择“圆”，“比例”中改为 2，其余采用默认设置，如图 6-48 所示。

2. 建立多重引线样式 2

操作方法同样式 1，图 6-49 所示为多重引线样式 2 的设置。图 6-50 所示为设置完成后在“多重引线样式管理器”对话框中见到的样式名称。相应的样式名也会出现在注释面板上的多重引线样式控制列表中。

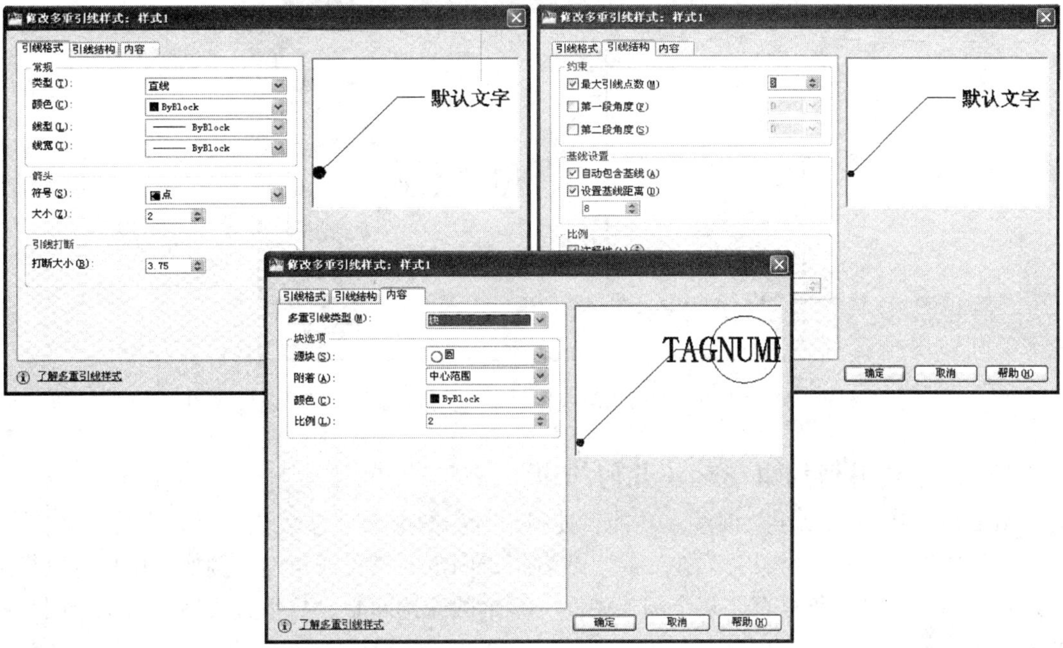

图 6-48　“多重引线样式 1”的设置

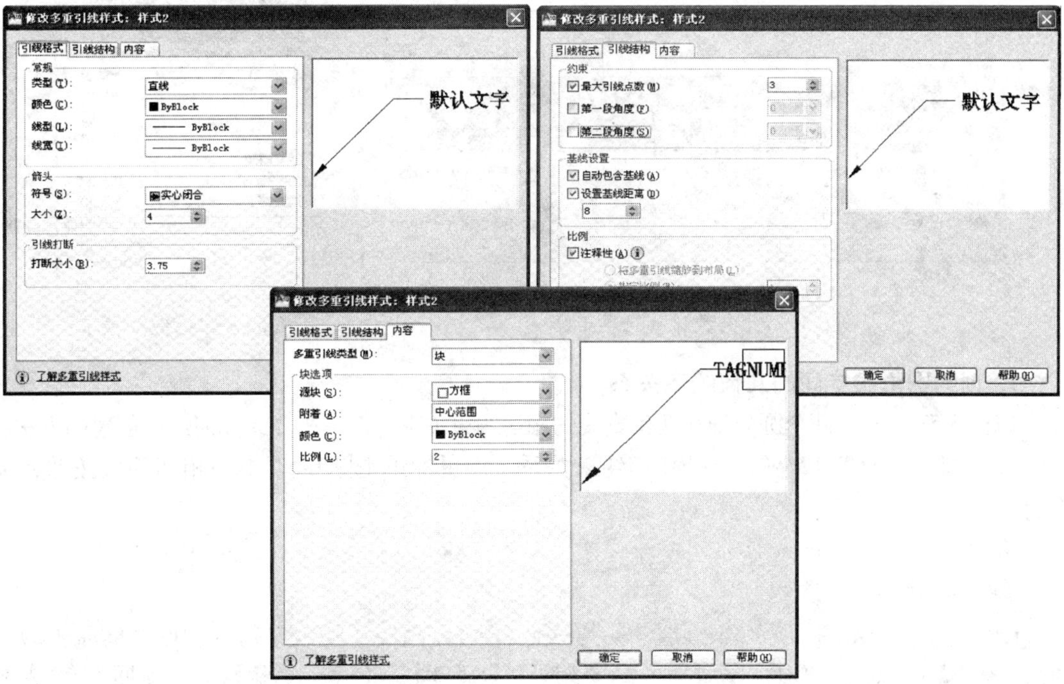

图 6-49　“多重引线样式 2”的设置

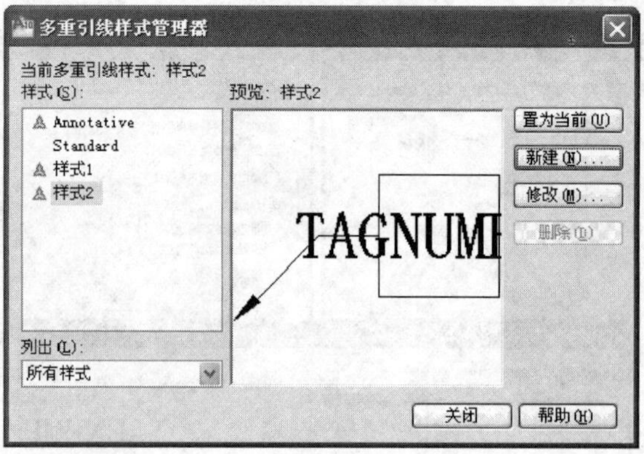

图 6-50　所创建的样式名均出现在“多重引线样式管理器”对话框中

*五、创建几何约束与标注几何约束

AutoCAD 2010 新增了几何约束功能，使得设计中图形的“参数化”得以实现。

几何约束可将几何对象关联在一起，或者指定固定的位置或角度。例如，用户可以指定某条直线始终与另一条垂直、某个圆弧始终与某个圆保持同心、某条直线始终与某个圆弧或某个圆相切。

约束操作命令集成在“参数化”选项卡中，如图 6-51 所示，或集中在“参数”菜单中，如图 6-52 所示。

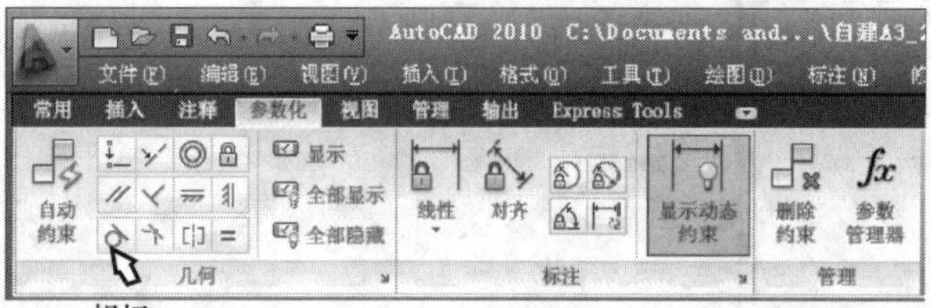

图 6-51　“参数化”选项卡

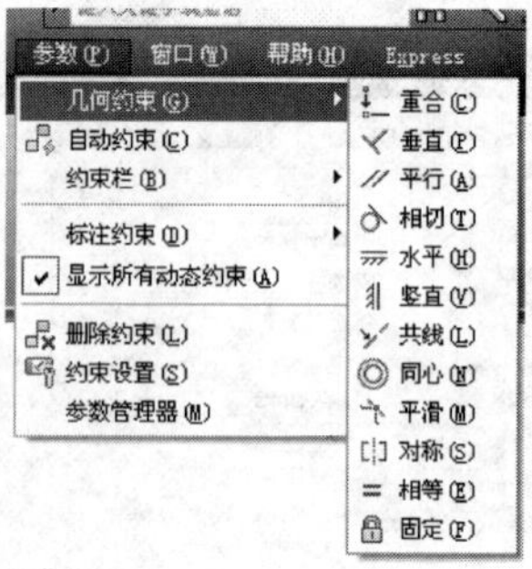

图 6-52　“参数”菜单

1. 创建图形实体间的几何约束关系

以图 6-53 中建立两个圆分别与两条直线的相切约束关系为例，来介绍几何约束创建的方法。

建立圆 *A* 与直线 12 在 1 点处相切约束关系。用鼠标单击图 6-51 中的相切约束按钮，命令行出现提示为：

命令：_GeomConstraint

输入约束类型

［水平（H）/竖直（V）/垂直（P）/平行（PA）/相切（T）/平滑（SM）/重合（C）/同心（CON）/共线（COL）/对称（S）/相等（E）/固定（F）］<相切>：按回车键或鼠标右键确认相切

选择第一个对象：选择圆 *A*

选择第二个对象：选择直线 12 上点 1 附近

命令结束后，1 点附近出现了相切约束符号，如图 6-53 所示。同理，建立起 1、2、3、4 点处的相切约束。当鼠标靠近某切点时，会出现图中所示的提示。如果不解除（删除）该约束，那么这种相切关系将一直保留。

2. 标注几何约束

用“参数化”选项卡下“标注”面板上的相应几何约束命令对实体操作，将标注出相应的几何约束。

如图 6-54 所示，用“线性”命令为两圆心距离加上了长度约束。两直径加上了直径约束，再拉伸两圆心的距离或改变直径大小将变得不可操作，除非删除该约束才能改变直径大小和改变长度。

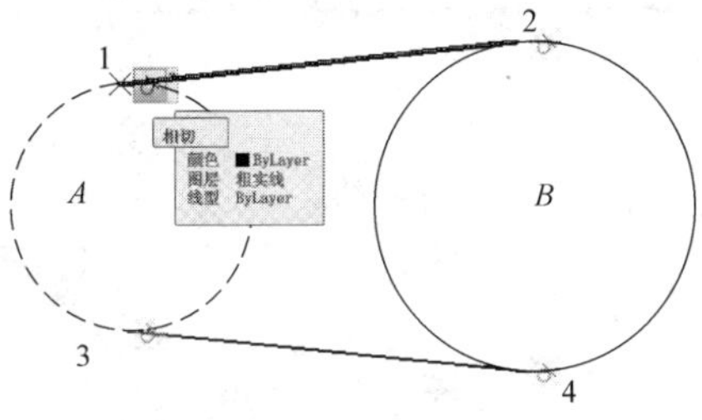

图 6-53　直线与圆的相切约束关系

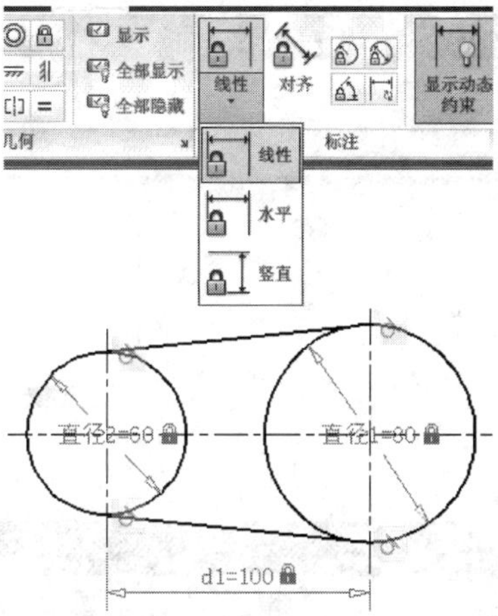

图 6-54　标注了线性约束（两圆心距、两直径）

用“参数”菜单下的“约束设置”命令可以对约束类型、标注约束及自动约束进行设置（此处略）。

第三节　尺寸公差与几何公差的标注

一、尺寸公差的标注

标注尺寸公差最快捷的方法有以下两种：

1. 用多行文字编辑器中的“堆叠”命令标注尺寸公差

以图 6-55 中所示的两种公差值标注为例，标注尺寸公差①的步骤为：

1）将某种标注样式如“文字与尺寸线平行标注样式”设为当前标注样式。

2）单击“注释”面板上的“线性标注”按钮，出现以下提示：

指定第一条延伸线原点或<选择对象>：选择第一点

指定第二条延伸线原点：选择第二点

指定尺寸线位置或

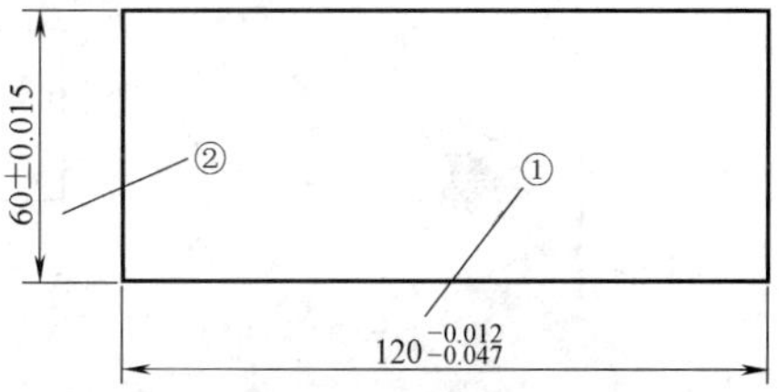

图 6-55　尺寸公差标注示例

[多行文字（M）/文字（T）/角度（A）/水平（H）/垂直（V）/旋转（R）]：M

3）选择多行文字（M）选项，按回车键，打开多行文字编辑器，如图6-56所示。在图6-56中，系统检测到的测量值将自动亮显出来，如图6-56中亮显的120，如不删除，即表示默认该值；如果删除，可重新输入数值。公差值要输入在测量值（或公称尺寸值）之后。例如，上极限偏差为－0.012mm，下极限偏差值为－0.047mm，可输入成“120－0.012^－0.047”（^符号是上下极限偏差间的界线，不能省略），如图6-56a所示，用鼠标选中“－0.012^－0.047”，然后单击鼠标右键，从弹出的右键菜单中选择“堆叠”命令（图6-56b），得到图6-56c，单击空白处或关闭多行文字编辑器，回到图形中，得到图6-55中所示的公差①的标注（依照此法，“堆叠”命令可用于输入分式）。

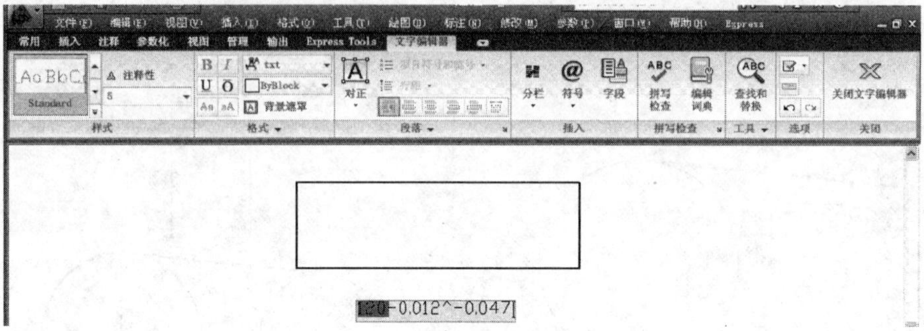

a)

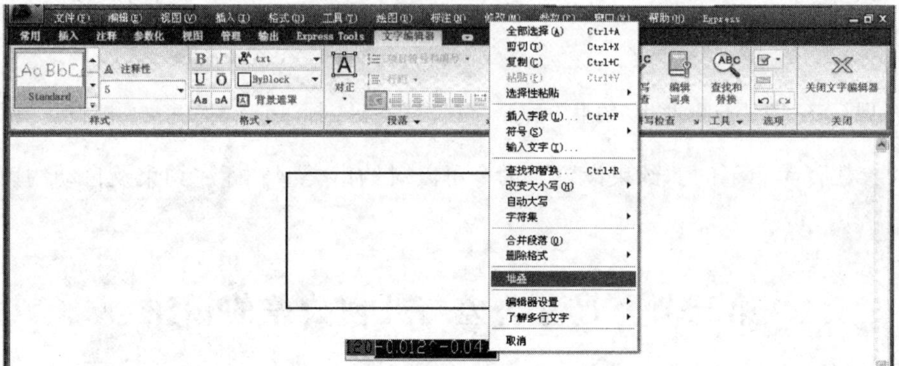

b)

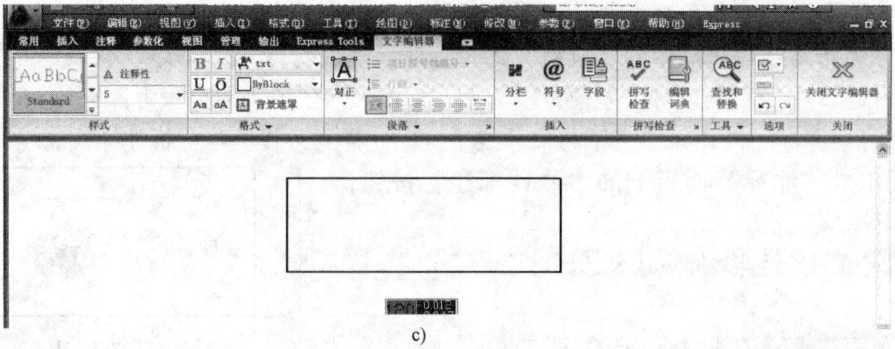

c)

图6-56　用多行文字编辑器标注尺寸公差

喜欢 AutoCAD 经典工作空间的老用户，如果对 AutoCAD 2010 的多行文字编辑器窗口感到不习惯，可以从窗口中调出“文字格式”工具栏并选择“堆叠”命令等。方法是从图 6-56b 所示的右键菜单中选择“编辑器设置”，从打开的下级菜单中选择“显示工具栏”命令，可打开“文字格式”工具栏，如图 6-57 所示。当选中 -0.012^-0.047 时，堆叠按钮就变得亮显而可用了。

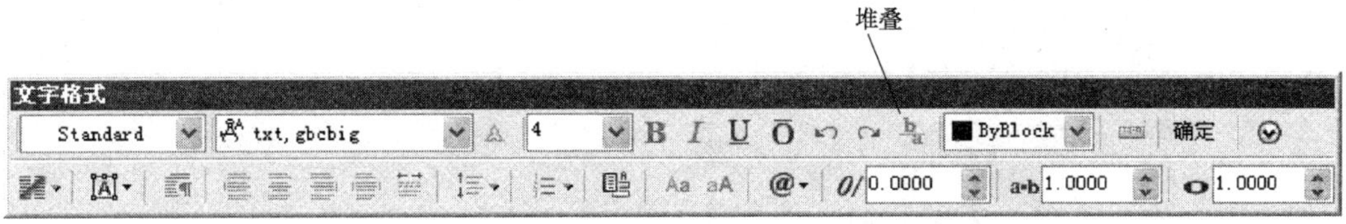

图 6-57　多行文字编辑器中的“文字格式”工具栏

公差②（上下偏差同值，符号相反）的标注，操作同上，但在多行文字编辑器输入正负号 ± 值时，可选择“符号”按钮下的“正/负”符号，如图 6-58 所示（或者用户自已输入 60%%p0.015，其中%%p 即为 ±），该项也可在命令行中用 T 选项（单行文字）完成。

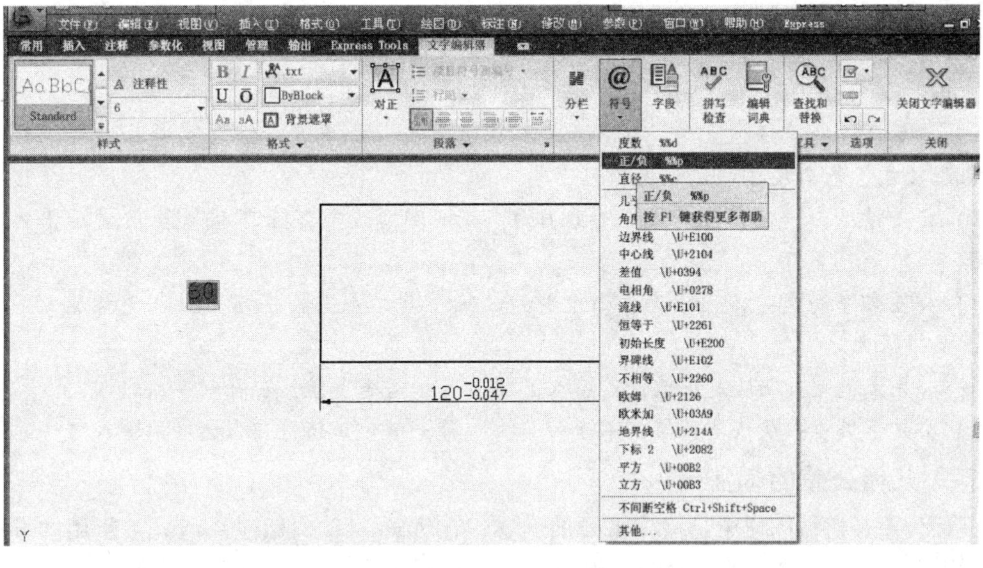

图 6-58　“符号”按钮下的“正/负”号命令

2. 利用快捷特性对话框标注尺寸公差

图形实体在绘制的过程中，其本身具有的属性值已被系统记录为该图形实体的特性存入系统中了，利用其“特性”对话框也能标注尺寸公差，方法如下：

1）先将一个图形的尺寸标注完毕，如图 6-59a 所示圆的直径尺寸。

2）用鼠标双击要标注尺寸公差的尺寸，如图 6-59a 所示直径尺寸“$\phi 30$”，将弹出该圆的直径标注的“特性”对话框，在该对话框中选择“公差”项目下拉列表，将“显示公差”设置为“极限偏差”，“公差精度”设置为 0.000，“公差文字高度”设置为 0.5，“公差上偏差”设置为 0.007，“公差下偏差”设置为 0.014，如图 6-59b 所示，然后关闭特性对话框，按 Esc 键退出，即可得到如图 6-59c 所示的标注结果。

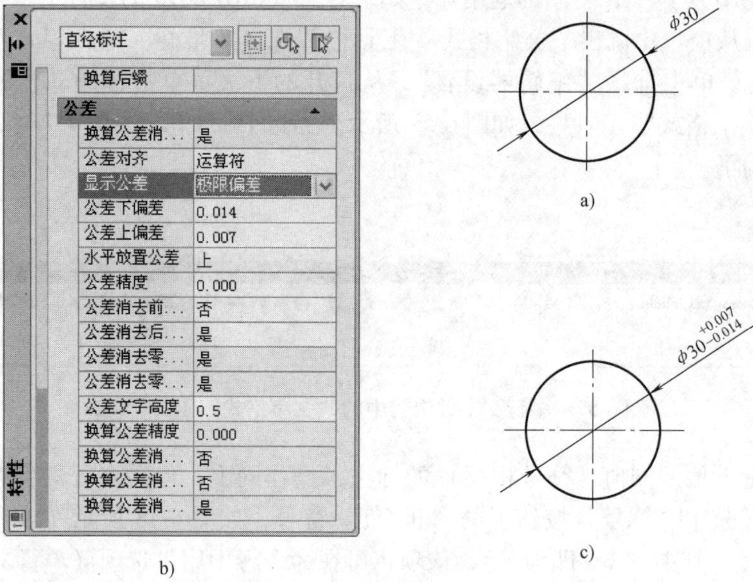

图 6-59　用“特性”对话框标注尺寸公差

☞**注：**

1）显示公差：默认设置为“无”，即不显示公差，必须进行修改（包括对称、极限偏差、极限尺寸、基本尺寸、无等选项）。

2）公差精度：一定要将其设置为 0.000，否则即使设置了上下偏差，但显示出来的却是 ±0。

3）公差文字高度：必须修改为小于 1 的数值，否则公差数值标注出来会与原文字高度一样，显得很大。

4）公差上偏差：默认是正值，不输入“+”号；若是负值，应在数字前输入“-”号。

5）公差下偏差：默认是负值，不输入“-”号；若是正值，应在数字前输入“-”号。

二、几何公差的标注

几何公差在机械图样中是极为重要的内容，在 AutoCAD 中标注几何公差所用的方法有“快速引线”命令和“公差”命令、设置公差标注样式等，但由于用“公差”命令标注的结果无引线和箭头，而“快速引线”命令标注时可将引线和箭头一起带入，如用设置公差样式来标注几何公差会很烦琐，故常用“快速引线”命令来标注几何公差。在我国机械制图国家标准中，几何公差以往称为形位公差，AutoCAD 沿用了这一名称，故下文中依照软件的写法，将“几何公差”写作“形位公差”，请读者注意。

1. 用“快速引线”命令标注形位公差

输入命令的方式：

➤ 键盘输入命令：Qleader ↙

系统提示：

指定第一个引线点或［设置（S）］<设置>:S

1）输入 S，按回车键后弹出图 6-60 所示“引线设置”对话框。

图 6-60　“引线设置”对话框中的“注释”和“引线和箭头”选项卡

2）在图 6-60 所示的“注释”选项卡中，注释类型选择“公差”，在“引线和箭头”选项卡中，选择引线有箭头，点数（指引线转折点数）为“3”，单击“确定”按钮，返回到命令行。

系统继续提示：

指定第一个引线点或［设置（S）］<设置>：用鼠标到图形中指定引线的第一点

指定下一点：用鼠标指定引线的第二点

指定下一点：用鼠标指定引线的第三点

弹出“形位公差”对话框，如图 6-61 所示。

3）单击“符号”列第一个或第二个（第二个用于有两项公差标注时）■框，可在弹出的“特征符号”对话框中进行公差符号选择，如图 6-62 所示。

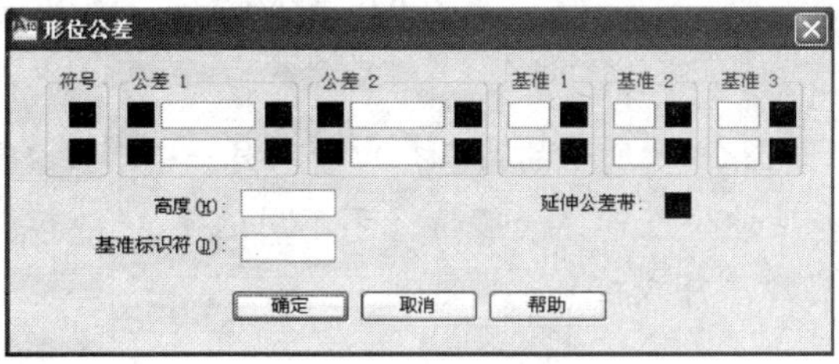

图 6-61　“形位公差”对话框

图 6-62　“特征符号”对话框

4）单击“公差 1”列前面的■框，可插入一个直径符号“ϕ”，再次单击可取消。

5）在“公差 1”框中输入公差数值，如有公差附加符号，可单击公差 1 后面的■框，弹出“附加符号”对话框，如图 6-63 所示，选择相应的附加符号。

6）如有基准符号，可在“基准 1”框中输入基准字母，单击后面的■框，可输入基准的附加符号（当有多个基准时，可在后面添加）。输入完成后，单击“确定”按扭即完成形位公差的标注。

图 6-63　“附加符号”对话框

如图 6-64 的输入示例（一），其标注结果如图 6-65 所示。

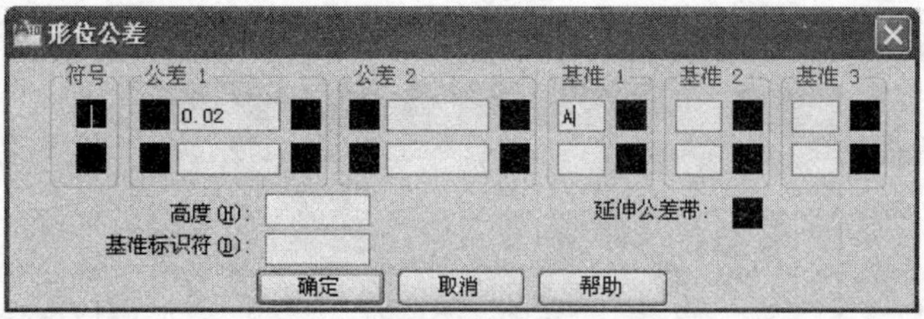

图 6-64　形位公差输入示例（一）

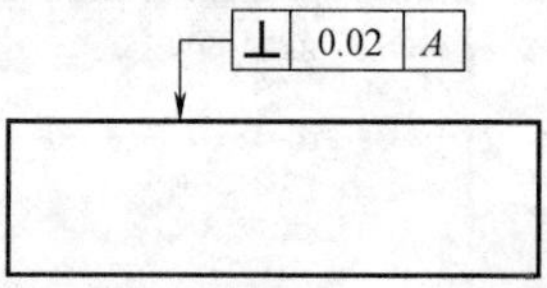

图 6-65　输入示例(一)标注结果

如图 6-66 所示的输入示例（二），其标注结果如图 6-67 所示。

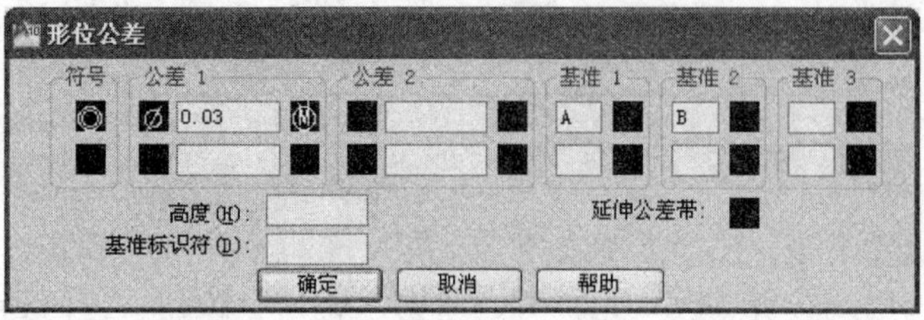

图 6-66　形位公差输入示例（二）

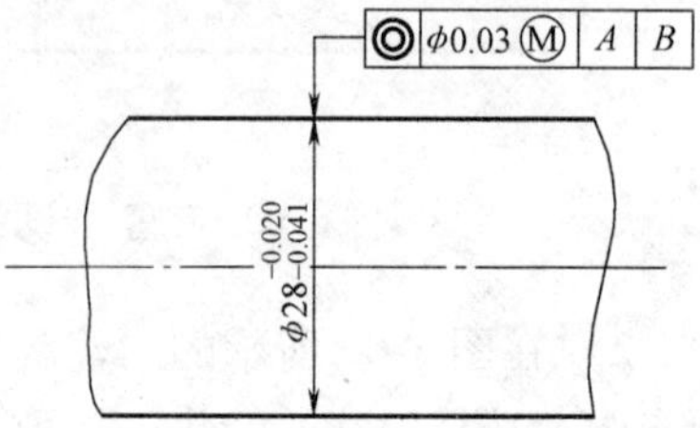

图 6-67　输入示例（二）标注结果

图 6-68 所示为并列标注两项公差时的输入示例（三），其标注结果如图 6-69 所示。

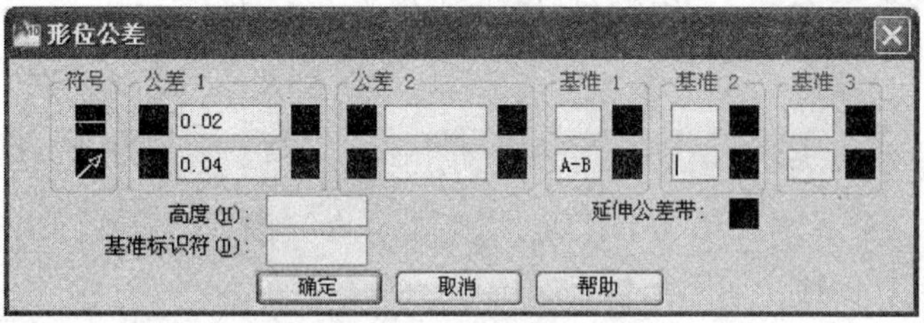

图 6-68　形位公差输入示例（三）

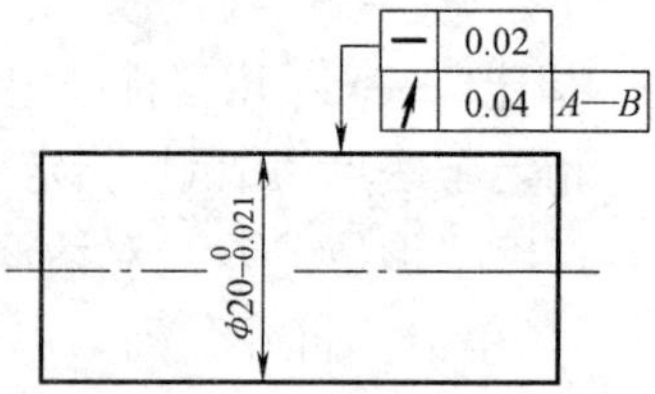

图 6-69　输入示例(三)标注结果

☞**注：**

1）当有两个形位公差重叠标注时，可在如图 6-68 所示的第二行中输入另一个形位公差。

2）“高度”、“延伸公差带”可用于添加延伸公差带，一般情况下不用选择。

3）公差框内的文字高度、字形均由当前标注样式控制。

2. 用“公差”命令标注形位公差

输入命令的方式：

➤“标注”面板上的“公差”按钮

➤“标注”工具栏上的“公差”按钮

➤菜单“标注”/“公差”

➤命令：Tolerance ↙

可打开“形位公差”对话框，如图 6-61 所示。其输入过程与前述相同，标注结果是只有公差框格和文字部分，无引线和箭头，如图 6-70 所示。

由图 6-70 可知，由于用“公差”命令标注的形位公差没有引线和箭头，其引线和箭头需用相应的绘图命令绘制，故用此法标注形位公差是不太方便的。

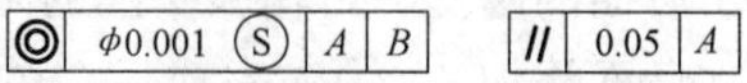

a)　　b)

图 6-70　用“公差”命令标注的形位公差示例

第四节　文字样式设置与文字注写

由于用途的多样性，AutoCAD 文本也有不同的类型。AutoCAD 提供了一些方法让用户控制文本显示，如字体、字符宽度、倾斜角度等格式。用户可以通过设置文本样式来改变字符的显示效果，例如在一幅图形中定义多种文本类型，在输入文字时使用不同的文本类型，就会得到不同的字体效果。系统默认的文字样式为 Standard 和 Annotative 两种，二者均使用宋体，常规样式，不同之处是 Standard 无注释性，而 Annotative 带有注释性。

一、文字样式的设置

功能：创建新的文字样式或修改已有的文字样式。

输入命令的方式：

➢“注释”选项卡/“文字”面板右下角的箭头按钮（图 6-71）

➢ 菜单“格式”/“文字样式”

➢ 命令：Style ↙

图 6-71　“文字”面板右下角的箭头按钮

打开“文字样式”对话框如图 6-72 所示。

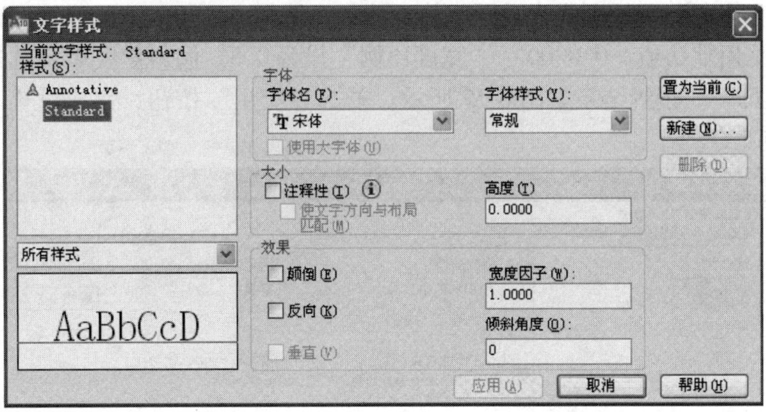

图 6-72　“文字样式”对话框

1. 设置当前文字样式

在图 6-72 所示的对话框中，从“样式”列表中选择一种文字样式，单击“置为当前”按钮，可将该文字样式置为当前样式（从“注释”面板上的“文字样式”下拉列表中也可设置当前文字样式，见图 6-73）。

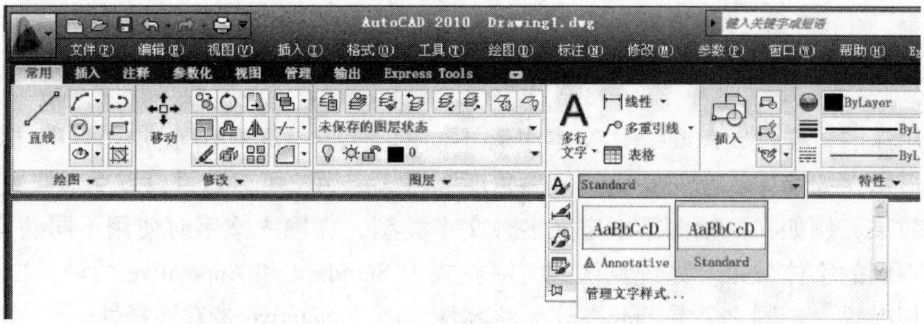

图 6-73　从“注释”面板上设置当前文字样式

2. 修改文字样式

在图 6-72 中选择某种文字样式，可在“字体名”下拉列表中重新选择字体名；在“效果”区域中可设置“颠倒”（字头反向放置）、“反向”（镜像）、“垂直”（竖直排列）、“宽度因子”、“倾斜角度”等效果。设置完后，单击“应用”按钮即可。

☞注：

1）“倾斜角度”设置为“0”时，文字字头垂直向上；输入正值，字头向右倾斜；输入负值，字头向左倾斜。

2）“高度”设为 0.0000，在单行文本输入时，会出现字高提示，要求输入字高，否则不会出现字高提示，一般默认 0.0000。

3. 新建文字样式

1）在图 6-72 中，单击“新建”按钮，可打开图 6-74 所示的“新建文字样式”对话框，在样式名框中输入新建的文字样式名称，例如：输入“汉字”名称，单击“确定”按钮，返回图 6-72“文字样式”对话框。

图 6-74　“新建文字样式”对话框

2）在“字体名”下拉列表中选择字体。例如，选择“T 仿宋 GB2312”（或“宋体”），“高度”框中采用默认值“0.0000”，“宽度比例”设为 0.8，倾斜角度 0°，选择“注释性”，其他采用默认即可。设置结果如图 6-75 所示。单击“应用”按钮，完成设置，再单击“关闭”按钮结束命令。

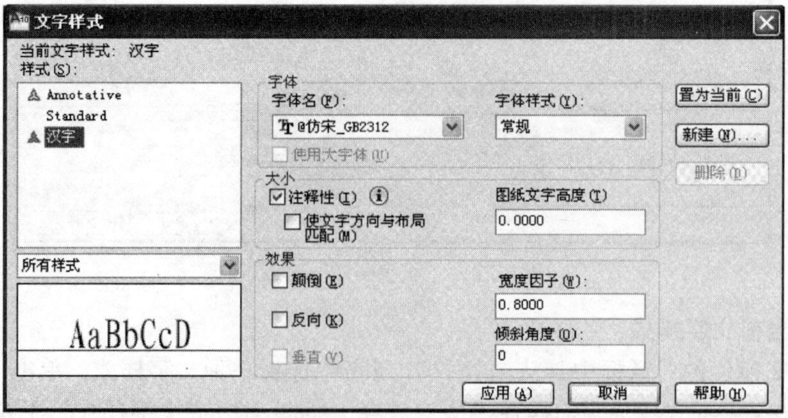

图 6-75　“汉字”文字样式设置示例

二、注写文字

AutoCAD 提供了两种注写文字的方式：多行（段落）文字注写和单行文字注写。其功能各有不同。

1. 多行文字注写

功能：以段落的方式输入文字，一次输入的所有文字是一个整体对象。具有控制所注写文字的字符格式及段落文字特性等功能，可用于输入文字、分式、上下标、公差等，并可改变文字的字体及大小。

输入命令的方式：

- "注释"面板上的"多行文字"按钮
- "绘图"工具栏上的"多行文字"按钮
- 菜单"绘图"/"文字"/"多行文字"
- 命令：Mtext ↙

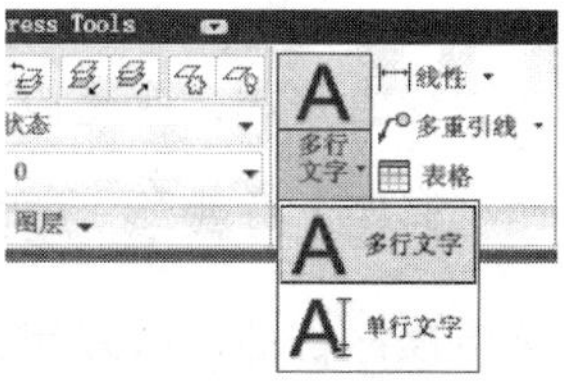

图 6-76　"注释"面板上的文字注写命令按钮

"注释"面板上的"多行文字"命令按钮如图 6-76 所示。

系统提示：

命令：_mtext 当前文字样式："Standard"　文字高度：2.5　注释性：否

指定第一角点：

指定对角点或［高度（H）/对正（J）/行距（L）/旋转（R）/样式（S）/宽度（W）/栏（C）］：

用鼠标在绘图区拖出一个注写文字的区域后，出现多行文字编辑器窗口如图 6-77 所示。

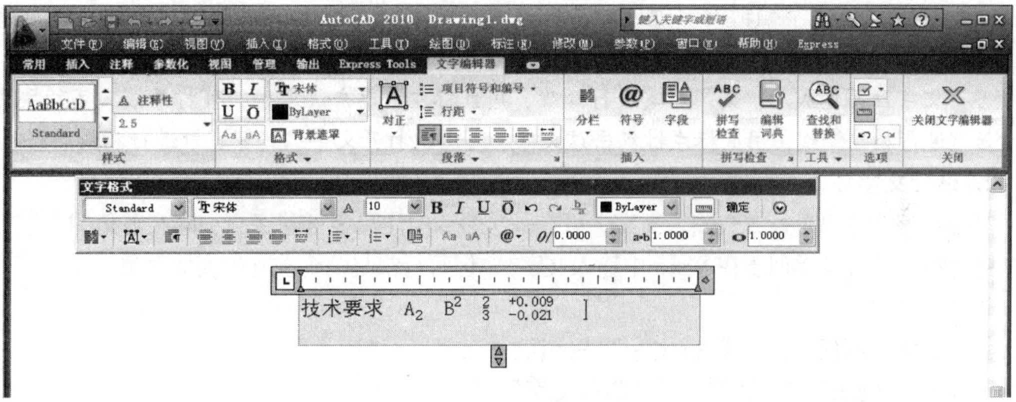

图 6-77　文字编辑器窗口

☞**注：**

图 6-77 所示窗口中的"文字格式"工具栏在默认状态是未打开的。"文字格式"工具栏可以帮助熟悉经典版本的用户进行文字编辑。打开方法是：在该窗口中单击鼠标右键，从打开的右键菜单（图 6-78）中选择"编辑器设置"/"显示工具栏"命令。

1）多行文字编辑器分为"文字格式"面板和"文字显示区"两个部分。"文字格式"面板由多个面板组成，从左自右依次为样式、格式、段落、插入、拼写检查、工具、选项、关闭等，其中嵌入了大量的文字格式与排版命令，例如在"样式"面板中可以更改文字样式、字高，在"格式"面板中可以设置字体加粗、倾斜、下划线、上划线、字体、颜色、大写、小写、背景遮罩等，在“段落”面板中可以设置段落格式、对正、行距、项目符号和编号等，在“插入”面板中可以插入符号、字段、分栏等。

2）“文字显示区”主要用来输入文字、编辑文字等。编辑操作时，应选中所需编辑的文字，然后再选用“文字格式”区域中的选项。例如，要修改文字的字高，应先选中文字，再从字高下拉列表中选择字号，若下拉列表中无所需字号，可从键盘输入。

3）对于分式或上下标的注写，一般是以“/”符号为界将文字变成分式，或是以“^”为界将文字变成上下两部分。例如：要输入分式$\frac{2}{3}$，应在文字显示区输入 2/3，然后将其选中，单击鼠标右键，从弹出的右键菜单中选择“堆叠”命令（图 6-78），或者单击“文字格式”工具栏上的堆叠按钮$\frac{a}{b}$即可；要输入某上下偏差值时，如输入：+0.009^-0.021，然后将其选中，再单击堆叠按钮$\frac{a}{b}$，即可变成$^{+0.009}_{-0.021}$；输入 A^2，再选中^2，单击堆叠按钮$\frac{a}{b}$即可变成 A_2；输入 B2^，再选中 2^，单击堆叠按钮$\frac{a}{b}$即可变成 B^2，其效果如图 6-77 所示。注写完后，单击关闭文字编辑器按钮，或单击窗口内一点，或单击“文字格式”工具栏上的“确定”按钮，均可关闭该文字编辑窗口返回原工作区。

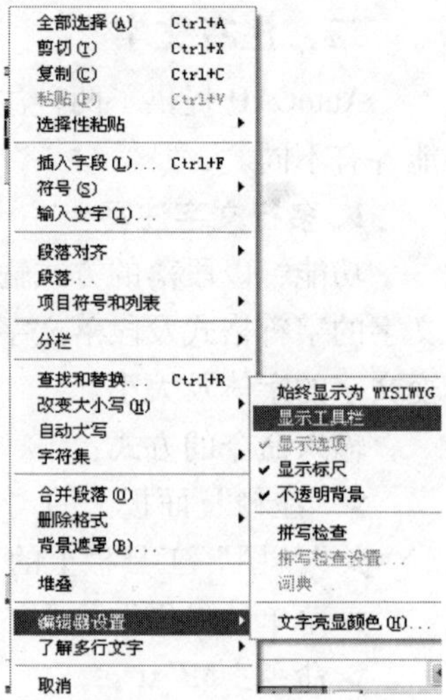

图 6-78 “文字编辑器”窗口的右键菜单

☞**注**：

多行文字注写完成后，如想对其进行修改，用鼠标左键单击该文字，可打开该文字的快捷特性对话框进行属性修改，用鼠标左键双击该文字，可再次打开文字编辑器窗口进行相应的修改。

2. 单行文字注写

功能：该命令以单行方式输入文字，可在一次命令中注写多行同字高、同旋转角的文字，按回车键可换行输入（类似于在 Word 中输入文字），但每行都是一个独立的实体对象。

输入命令的方式：

➢“注释”面板上的“单行文字”按钮

➢菜单“绘图”/“文字”/“单行文字”

➢命令：Dtext（或 text）↙

操作提示：

当前文字样式：“Standard”　文字高度：2.5000　注释性：　否

指定文字的起点或［对正（J）/样式（S）］：

指定高度 <2.5000>：5

指定文字的旋转角度 <0>：

其中：

1）对正（J）：可弹出 14 种文字对齐方式（即文字的定位点）供选择。

［对齐（A）/布满（F）/居中（C）/中间（M）/右对齐（R）/左上（TL）/中上（TC）/右上（TR）/左中（ML）/正中（MC）/右中（MR）/左下（BL）/中下（BC）/右下（BR）］：mc

① 正中（MC）：指定文字的正中点，输入的文字以指定的正中点对齐。

② 对齐（A）对正模式：指定文字块的底线的两个端点为文字的定位点，系统将根据输入文字的多少自动计算文字的高度与宽度，使文字恰好充满所指定的两点之间。

③ 布满（F）布满模式：底线同对齐（A）模式，但可指定字高，系统只调整字宽，使文字扩展或压缩至指定的两个点之间。

④ 居中（C）中心模式：指定文字块底线的中心为文字定位点。

⑤ 中间（M）中间模式：指定文字块的中心点为定位点。

⑥ 右对齐（R）右对正模式：指定文字块的右下角点（即文字块结束点）为定位点。

文字的对正模式如图 6-79 所示。

2）样式（S）：该选项将提示用户选择一个图形中已有的文字样式为当前文字样式。

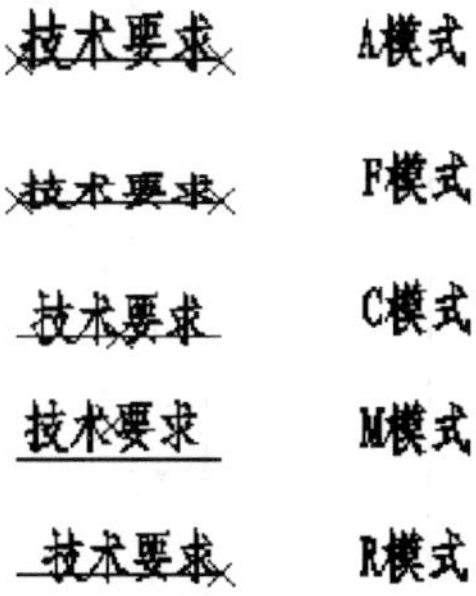

图 6-79　文字的对正模式

思考与上机练习

一、复习与思考

1. 在 AutoCAD 中，标注命令都位于哪个面板、哪个工具栏、哪个菜单中？

2. 如果图形中有小尺寸标注、公差标注、半标注及尺寸数字水平等标注要求，应怎样才能实现这些标注？

3. 如果标注尺寸时发现注写的文字太小，尺寸箭头太短，是什么原因？应怎么改变？

4. 标注几何公差最好用哪个命令标注，怎样实现？

5. 用引线标注可标注出哪几种不同的情况？怎样实现？

6. 要修改一个已有的尺寸标注，如要将其尺寸界线倾斜，或使其旋转，应用哪个命令（或按钮）来实现？

二、上机练习

练习 1　画出图 2-22 所示的标题栏，并完成文字注写。

练习 2　抄画图 6-80 所示的图形。

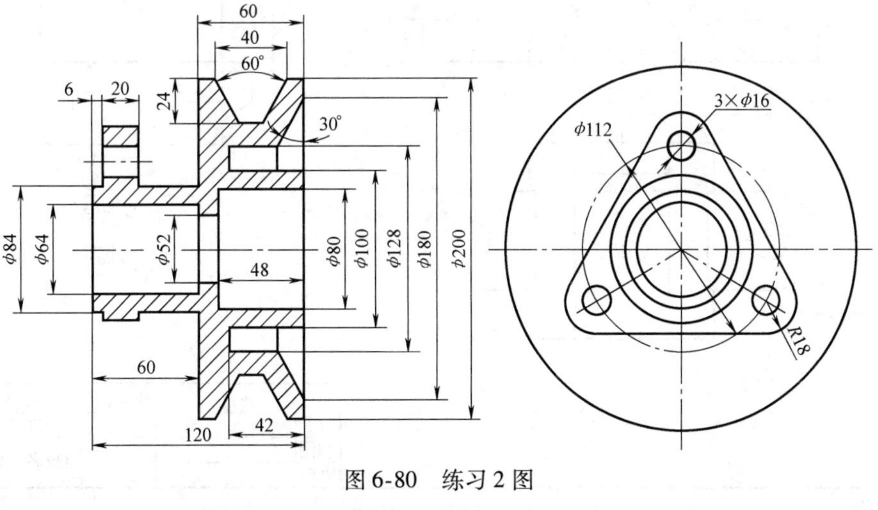

图 6-80　练习 2 图

练习 3　完成图 6-81 所示的零件图，将图 2-22 中的标题栏应用到此图中，并标注尺寸及注写文字。

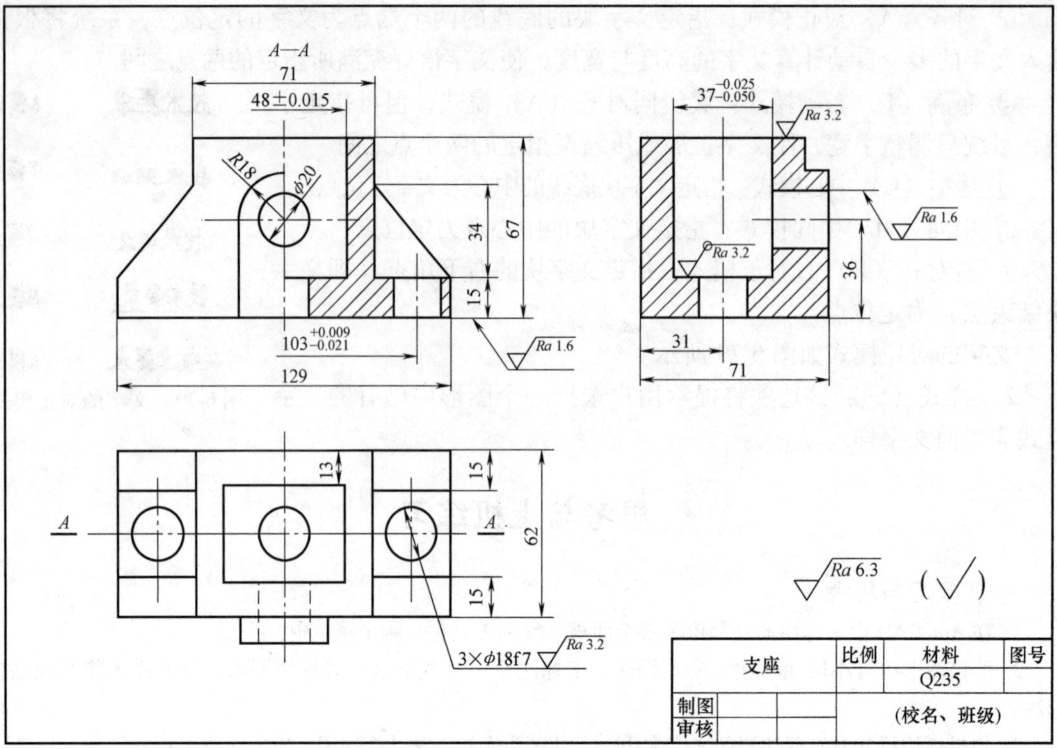

图 6-81　练习 3 图

练习 4　完成图 6-82 所示的零件图，并标注尺寸及注写文字。

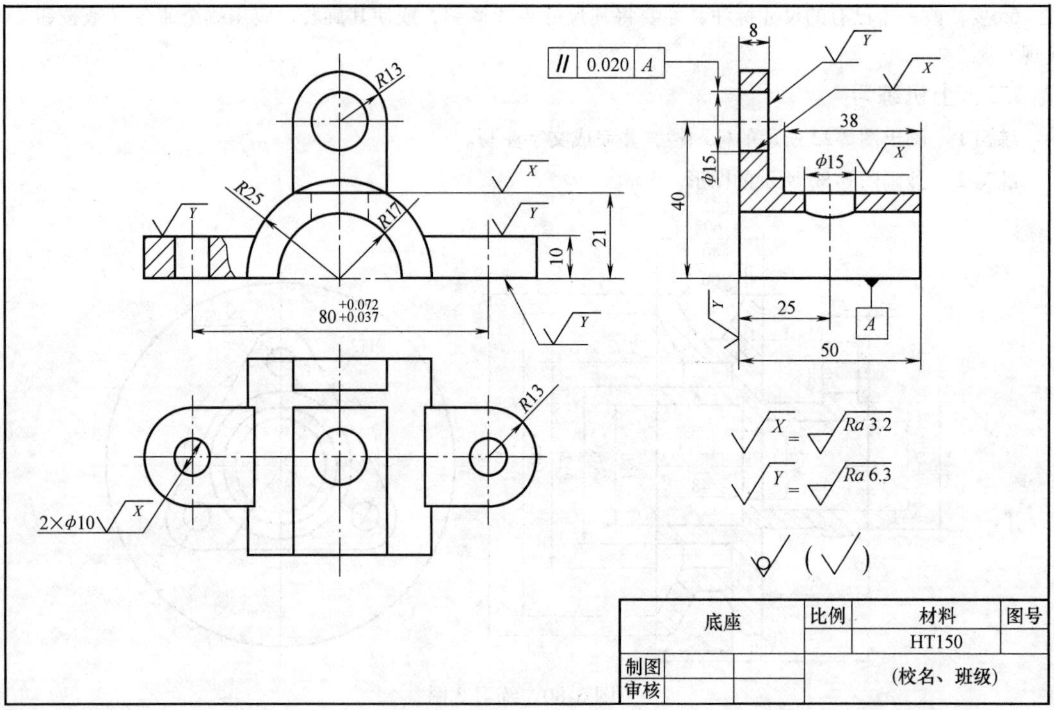

图 6-82　练习 4 图

练习 5　完成图 6-83 所示的零件图，并标注尺寸及注写文字。

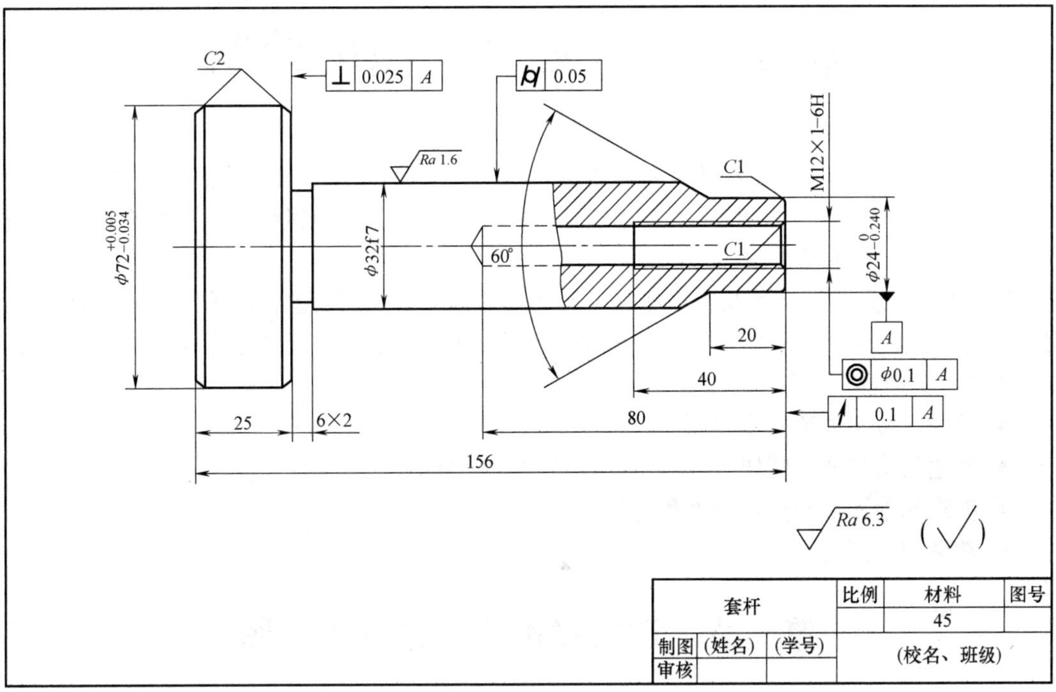

图 6-83　练习 5 图

练习 6　在绘图区域输入图 6-84 所示的文字。

技术要求

1. 未注圆角 *R*3
2. 未注倒角 *C*2

*C*1　　100 ± 0.4

A_2　　B^3　　$\frac{2}{3}$　　$^{+0.009}_{-0.021}$

$\phi 40\frac{H7}{c6}$　　$\phi 18p6\left(^{+0.029}_{+0.018}\right)$

图 6-84　练习 6 图

第七章　常见零件图的绘制

零件图是制造和检验零件的重要技术文件。一张完整的零件图应包括一组图形、尺寸、技术要求、标题栏等，而在技术要求中还要包括文字说明、表面粗糙度、基准符号、尺寸公差、几何公差、热处理等。

前一章中已介绍了尺寸及文字注写、尺寸公差标注、几何公差标注等。本章主要介绍调用样板文件建立零件图的方法，建立表面粗糙度图块的方法，以及常见零件图的绘制方法。

本章主要内容如下：

- 调用样板文件建立零件图
- 创建图块与插入图块
- 创建属性图块与标注表面粗糙度
- 常见零件图的绘制

第一节　调用样板文件建立零件图

在第二章中已经介绍了图形样板文件的建立方法，当绘制零件图时，可直接调用已有的样板文件，快速建立起零件图的绘图环境。其方法为：启动 AutoCAD 2010 后，打开菜单“文件”/“新建”命令，系统会自动打开“选择样板”对话框，如图 2-25 所示。在图 2-25 中，如选择系统预置的样板文件，例如“Gb_a3-Named Polt Styles. dwt”，单击“打开”，会自动进入图纸空间，如图 2-26 所示，用户可在该图纸空间（布局 1）中进行零件图的绘制。如选择用户自建的图形样板文件，例如“自建 A3_1. dwt”或“自建 A3_2. dwt”文件，用户可在自己设置的零件图样图中进行图形的绘制。

第二节　创建图块与插入图块

一、图块概述

图块，简称块（Block），可由一条线、一个圆等单一的图形实体组成，也可以是由一组图形实体组成。组成图块后，便成为一个整体，可以改变比例因子和转角，插入到图形的任何位置，在编辑过程中按一个目标来处理。

组成图块的实体可以分别处于不同的层，具有不同的颜色和线型等，各个图形实体的数据都将随图块一起存储在图块中。用户在绘制图形时，可将图形中常用的重复绘制制成图块，一次做成，多次调用，具有数字或文字属性的图形应制成属性图块，例如表面粗糙度标注图块，在每次插入时通过修改属性值来标注不同的表面粗糙度值。

建立图块相当于建立图形库，绘制相同结构时，就从图块库中调出，既可避免大量的重复工作，又能节省存储空间（因为系统保存的是图块的特征参数，而不是图块中每一个实体的特征参数）。

二、创建内部图块

内部图块是指创建的图块只能在本图形文件中调用。定义图块时，首先应绘制出要定义为图块的图形，然后再输入命令将其定义成块。

输入命令的方式：

➢“块”面板上的“创建块”按钮

➢“绘图”工具栏上的“创建块”按钮

➢菜单“绘图”/“块”/“创建”

➢命令：Block ↙

“块”面板上的“创建块”命令按钮如图 7-1 所示。

下面以创建一个基准图块为例来介绍图块的创建过程。

操作步骤：

1）画出一个基准图形（大小由图形的比例确定），如图 7-2 所示。

图 7-1　“块”面板上的“创建块”命令按钮

图 7-2　基准 A

2）执行“创建块”命令。

3）打开“块定义”对话框如图 7-3 所示。

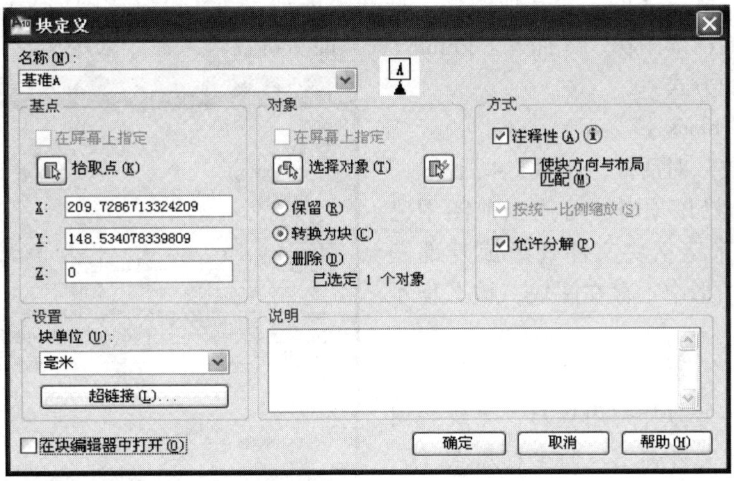

图 7-3　“块定义”对话框

① 名称（N）：在该对话框中输入新建图块的名称“基准 A”。其下拉列表中将列出当前图形中已经定义的图块名。在同一图形中，不能定义两个相同名称的图块，如果同名，图块将被重新定义，以前的图块将被覆盖。

② 对象：单击“选择对象”按钮，返回绘图区选择要定义成图块的图形实体，例如将图 7-2 中所示的基准 *A* 整个选中，按回车键或右键确认后返回。

③ 基点：单击“拾取点”按钮，将返回绘图区选择图块将来插入时的基准点。对于图 7-2 所示的基准 *A*，可选择黑色三角形底边中点作为插入基点。选择返回后，X、Y、Z 三个文本框中将自动出现捕捉到的基点坐标值（用户也可直接在文本框中输入坐标以确定图块的插入点）。

④ 保留（R）：建立图块后，保留创建图块的原图形实体。

⑤ 删除（D）：建立图块后，删除创建图块的原图形实体。

⑥ 转换为块（C）：建立图块后，将原图形实体也转换为块。

⑦ 注释性（A）：选中后，该图块具有注释特性。

⑧ 允许分解（P）：选中后，允许将图块分解。

⑨ 块单位（U）：从下拉列表中可选择图块插入时的单位（常用：毫米）。

⑩ 说明（E）：可在文字编辑框中输入对所定义图块的相关文字描述（一般可不用）。

⑪ 超链接（L）：可打开“插入超链接”对话框，在该对话框中可以插入超级链接的文档。

设置完成后，单击“确定”按钮即完成图块的定义。

☞**注：**

在图 7-3 中，若选中“在块编辑器中打开”，按“确定”关闭“块定义”对话框后，将会打开块编辑器对块进行其他的编辑操作。

三、创建外部图块

用“Block”命令定义的图块只能为本图形所调用，称为内部图块，内部图块将保存在本图形文件中。外部图块是指可为各图形公用的图块，称为外部图块，外部图块是作为图形文件单独保存在磁盘上的，与其他图形文件并无区别。同样可以像图形文件一样打开、编辑、保存，并同内部图块一样插入。外部图块只能从键盘输入命令来定义。

输入命令的方式：

➢ 命令：Wblock ↙

打开“写块”对话框，如图 7-4 所示。

图 7-4　创建外部图块的“写块”对话框

1）块：选择该项时，可用当前图中已有的内部图块来定义块文件（形成外部图块）如果当前图形中不存在图块，该选项不能用。

☞**注：**

将内部图块写为外部图块后，系统将图块的插入点指定为外部图块的坐标原点（0，0，0）。

2）整个图形：选择该项时，可将当前整个图形定义成一个块。

3）对象：在图形中选择图形实体来建立新图块（常用）。

4）选择对象、基点、插入单位等与内部图块定义相同。

5）文件名和路径：系统默认的存盘路径和文件名将出现在此框中，用户可在此修改存盘路径和文件名。设置完后，单击“确定”按钮即可完成外部图块的定义。

例如：将常用的标题栏定义成一个外部图块，将粗糙度符号、基准符号、剖切符号等分别定义成外部图块（具有属性的外部图块，属性块的定义见本章第三节）。

☞**注：**

用“Wblock”命令定义的外部图块不会保留图形中未用的层定义、块定义、线型定义等。因此，如果将整个图形定义成外部图块，作为一个新文件与原文件相比，它大大减少了文件的字节数。

四、插入图块

1. 插入单个图块

输入命令的方式：

➢“块”面板上的“插入块”按钮

➢绘图工具栏上的“插入块”按钮

➢菜单“插入”/“块”

➢命令：Insert ↙

“块”面板上的“插入块”按钮如图 7-5 所示。“插入”对话框，如图 7-6 所示。

图 7-5　“块”面板上的“插入块”按钮

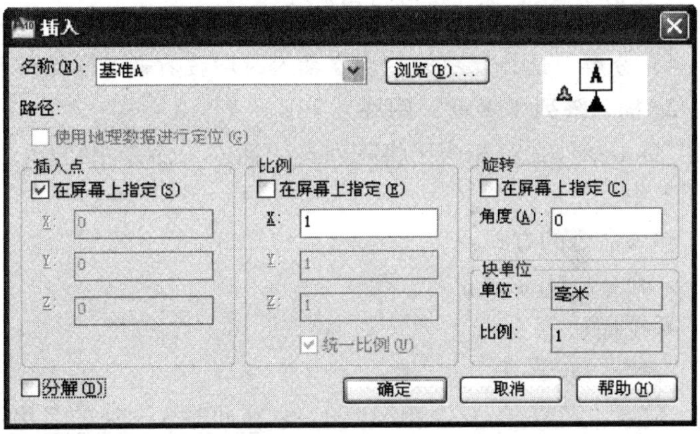

图 7-6　“插入”对话框

1）名称：输入需插入的图块的名称（含路径），或在右侧的下拉列表中，选择本图形中已定义的内部图块；单击“浏览”按钮，可以选择要插入的外部图块（文件）。

☞**注：**

当用户插入一个外部图块后，系统自动在当前图形中生成相同名称的内部块，该名称将出现在“名称”下拉列表中。

2）插入点、缩放比例、旋转：分别用来指定图块插入点的位置、在 *X*、*Y*、*Z* 方向的缩放比例，是否旋转指定角度等。“统一比例”用来锁定图块在 *X*、*Y*、*Z* 三个方向以相同的比例插入。

☞注：

1）输入 >1 的比例系数时，插入的图块将被放大；输入 <1 的比例系数时，插入的图块将被缩小。保持比例系数为 1 时，插入的图块将保持原来大小。例如，在图 7-6 中，将基准 A 的缩放比例改为 $X=2$（该图块采用了统一比例，即 X、Y、Z 均为同一比例）则插入的基准 A 图形将会是原基准图形的 2 倍。

2）输入负比例因子，将得到轴对称图形（镜像图）。例如，插入一个原图块与镜像图块，如图 7-7 所示。

3）可输入不同的旋转角度插入图块。例如，插入表面粗糙度图块，如图 7-8 所示。

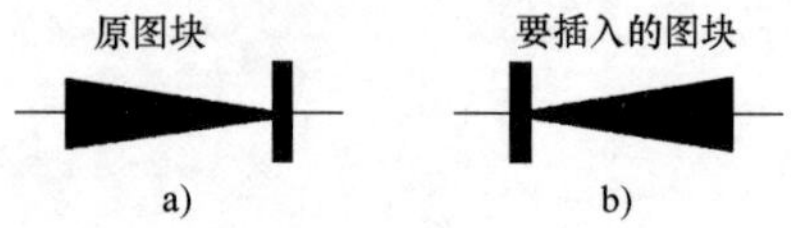

图 7-7　插入原图块与镜像图块

a）原图块 X、Y 比例因子均为 1

b）镜像图块 X、Y 比例因子均为 -1

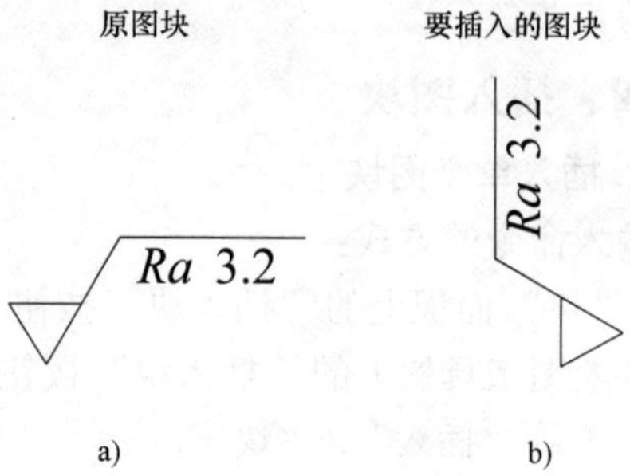

图 7-8　插入带旋转角度的图块

a）原角度　b）旋转 90°角

4）分解：选择此项时，块在插入时即被打散为单个实体。

2. 插入阵列（多重）图块

“Minsert”命令相当于将阵列与“插入”命令相结合，可将图块按矩形阵列的方式插入到图形中。

输入命令的方式：

➢ 命令：Minsert ↙

系统提示：

命令：minsert

输入块名或［?］<粗糙度 1>：在此输入图块的名称

单位：毫米　转换：　1.0000

指定插入点或［基点（B）/比例（S）/X/Y/Z/旋转（R）］：

输入 X 比例因子，指定对角点，或［角点（C）/XYZ（XYZ）］<1>：

输入 Y 比例因子或 <使用 X 比例因子>：

指定旋转角度 <0>：

输入行数（——）<1>：

输入列数（|||）<1>：

输入行间距或指定单位单元（——）：

指定列间距（|||）：

输入属性值

Ra = <3.2>：

☞注：

1）指定插入点：可直接在绘图区点取一点作为插入点。

2）比例（S）：可设置 X、Y、Z 轴方向的图块缩放比例因子。通过不同的比例因子，可得到大小不同的结果。

3）旋转（R）：可输入阵列的旋转角。

4）行间距与列间距的正负要求与“阵列”命令操作相同。

5）用“Minsert”命令插入的所有图块是一个整体，而且不能用“Explode”命令分解。如要修改该整体图块的特性（如插入点、比例因子、旋转角度、行数、列数、行间距和列间距等），可通过右键单击该整体图块，选择“特性”命令。

6）“Minsert”命令不能用于插入带有注释性的图块。

例如，建筑物窗户的插入如图 7-9 所示。

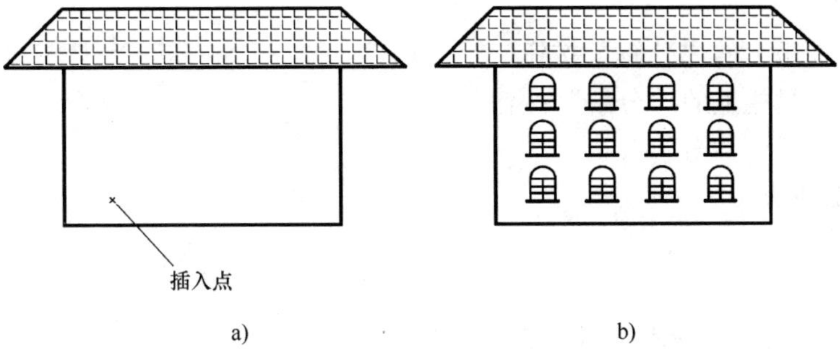

图 7-9　插入阵列图块示例

3. 等分插入图块

输入命令的方式：

➢ 菜单“绘图”／“点”／“定数等分”

➢ 命令：Divide ↙

操作提示：

选择要定数等分的对象：

输入线段数目或［块（B）］：b

输入要插入的块名：

是否对齐块和对象？［是(Y)/否(N)］<Y>：

输入线段数目：

图 7-10 所示为插入定数等分图块示例。

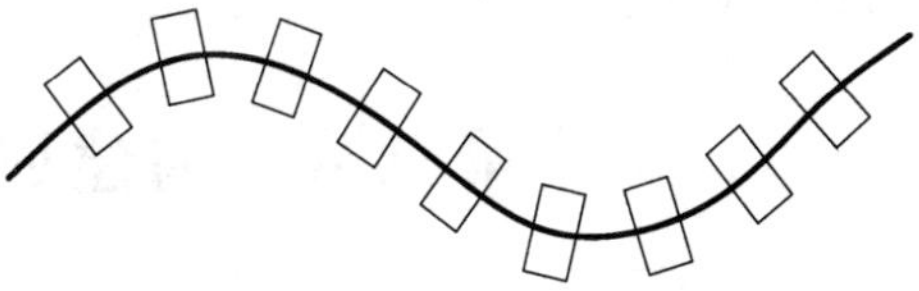

图 7-10　插入定数等分图块示例

☞注：

“Divide”命令不能用于插入带有注释性的图块。

4. 等距插入图块

输入命令的方式：

➢ 菜单“绘图”／“点”／“定距等分”

➢ 命令：Measure ↙

操作提示：

选择要定距等分的对象：
指定线段长度或［块（B）］：b
输入要插入的块名：
是否对齐块和对象？［是（Y）/否（N）］ <Y>：
指定线段长度：

图 3-52 所示为将图块“珍珠”以定距等分方式插入的示例。

☞注：

“Measure”命令不能用于插入带有注释性的图块。

五、图块的分解

图块的分解是建立图块的逆过程，一个图块是一个整体图形，当绘图中需要对图块中的某实体进行编辑修改时，必须将图块进行分解。

输入命令的方式：

- “修改”面板上的“分解”按钮
- “编辑”工具栏上的“分解”按钮
- 菜单“修改”/“分解”
- 命令：Explode ↙

操作提示：

选择对象：

选中图块后，单击右键或按回车键即完成分解。

六、修改图块

1. 修改由用“Block”命令创建的图块

修改用“Block”命令创建的图块的方法是：先修改这种图块中的任意一个，修改前应先将该图块分解或重新绘制，然后以相同的名重新定义块。重新定义后，系统会立即修改该图形中所有已插入的同名图块。

2. 修改由“Wblock”命令创建的图块

修改用“Wblock”命令创建的图块的方法是：用“打开”命令打开该图块文件，修改后保存即可。

第三节　创建属性图块与标注表面粗糙度

图块属性是从属于图块的特殊文本信息，它不能独立存在及使用，只有在插入图块时才会出现。属性文本与普通文本不同，它可在每次插入时输入不同的属性值，也能在插入图块后进行修改。例如，机械工程图中表面粗糙度符号、基准符号、剖切符号等，由于在使用时需要有文字说明跟随，故常将这些重复图形制成属性图块，以加快作图速度。

一、制作表面粗糙度属性图块

建立属性图块的步骤如下：

1）画出创建图块所需的图形。

2）定义属性（用“块”面板上的“定义属性”命令按钮或“绘图”菜单/“块”/

“定义属性”命令）。“块”面板上的“定义属性”命令按钮如图 7-11 所示。

3）定义图块（其操作与本章第二节相同）。

下面以定义机械图样中用去除材料的方法获得的表面粗糙度 *Ra* 符号图块为例，来介绍定制属性块的过程。

（1）画出表面粗糙度符号　如图 7-12 所示（其中各线段的尺寸见图 7-13）。

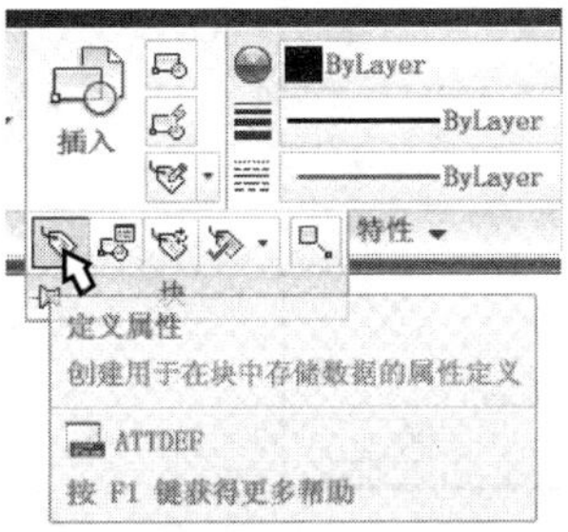

图 7-11　“块”面板上的“定义属性”命令按钮

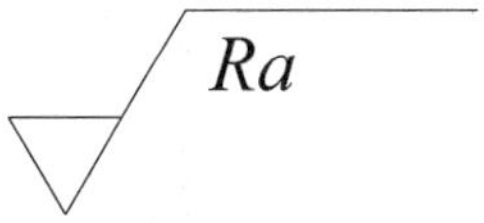

图 7-12　机械图样中表面粗糙度符号之一

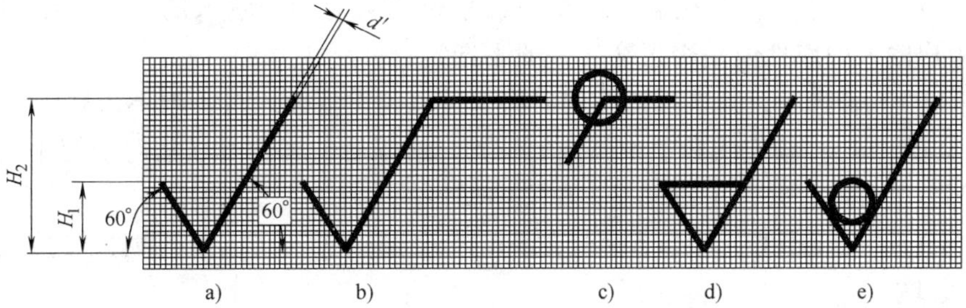

表A.1　尺寸　　　　单位为毫米

数字和字母高度h(见 GB/T 14690)	2.5	3.5	5	7	10	14	20
符号线宽d' 字母线宽d	0.25	0.35	0.5	0.7	1	1.4	2
高度H_1	3.5	5	7	10	14	20	28
高度H_2(最小值)[a]	7.5	10.5	15	21	30	42	60
[a]　H_2取决于标注内容。							

图 7-13　表面粗糙度符号各部分尺寸（摘自 GB/T 131-2006）

（2）定义属性

输入命令的方式：

➢“块”面板上的“定义属性”命令按钮

➢菜单“绘图”/“块”/“定义属性”

➢命令：Attdef ↙

打开图 7-14 所示的“属性定义”对话框。

1）模式区域

① 不可见（I）：若选中，插入图块后，其属性值不在图形中显示出来（一般不选）。

② 固定（C）：若选中，插入图块时，其属性值是一常数，不可变（一般不选）。

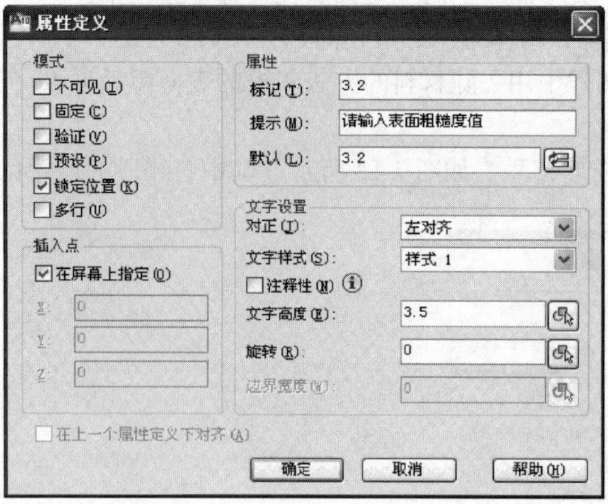

图 7-14　“属性定义”对话框

③ 验证（V）：若选中，每次插入图块时，系统都会对用户输入的属性值给出校验提示，以确认用户输入的属性值是否正确（一般不选）。

④ 预设（P）：若选中，每次插入图块时将直接以初始值插入（一般不选）。

⑤ 锁定位置（K）：锁定块参照中属性的位置，解锁后，属性可以相对于使用夹点编辑的块的其他部分的移动，并且可以调整多行文字属性的大小。

⑥ 多行(U)：指定属性值可以包含多行文字。选定此选项后，可以指定属性的边界宽度。

2）属性区域

① 标记(T)：用于输入属性标记(必须设置)。此例输入“3.2”(便于符号中准确定位)。

② 提示（M）：用于标出改变属性值时的提示，该提示将出现在每次插入属性图块时，作为引导用户正确输入属性值之用（必须设置）。如果不设此项，系统将自动以属性标记作为属性提示。此处输入“请输入表面粗糙度值”。

③ 默认（L）：该项用于设置属性的默认初始值，一般在此输入常用值。此处输入表面粗糙度 *Ra* 的常用值“3.2”。

3）文字设置区域

① 对正（J）：用于定义属性文本的对齐方式。

② 文字样式（S）：用于选择属性文本的字型。此处选择“样式 1”。

③ 文字高度（E）：用于确定属性文本的字高（默认 2.5）。此处设置为 3.5。

④ 旋转（R）：用于确定属性文本的旋转角度。

⑤ 注释性（N）：如选中，则该文字具有注释特性。此处不选。

4）插入点。选中“在屏幕上指定”（或直接在 X、Y、Z 文本框中输入插入点的坐标）。若选择“在屏幕上指定”，单击“确定”按钮后，将返回绘图区用鼠标指定属性文本的插入点。

设置完后，单击“确定”按钮，完成属性定义。

图 7-15 所示为“表面粗糙度”图块的属性定义后产生的图形结果。

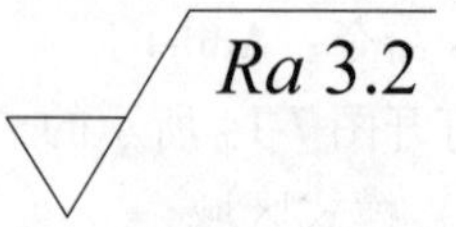

图 7-15　“表面粗糙度”图块属性定义后产生的图形结果

(3) 定义图块

输入命令的方式：

➢“块”面板上的“创建块”命令按钮。

➢ 菜单“绘图”/“块”/“创建”命令。

打开“块定义”对话框，其操作与本章第二节相同，输入的结果如图 7-16 所示。

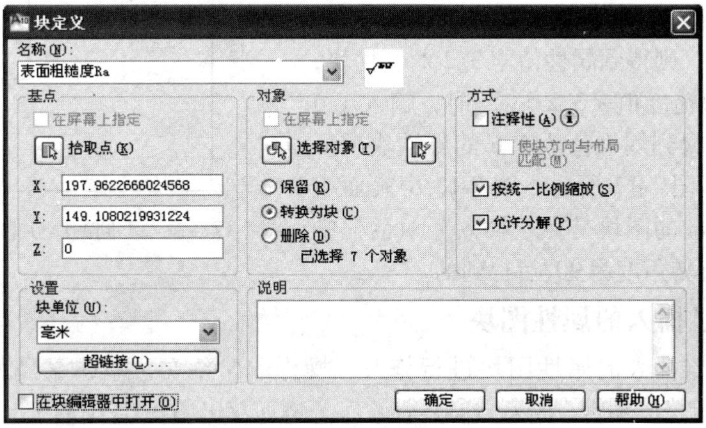

图 7-16　“表面粗糙度 Ra”图块定义

在图 7-16 中，图块名称定义为“表面粗糙度 Ra”，单击“选择对象”按钮，将图 7-15 中的图形和文本全体选中，单击“拾取点”按钮，选择图 7-15 中三角形的最底尖点为插入时的基点，选中“按统一比例缩放”，“允许分解”选项，单击“确定”按钮，弹出再次确认的对话框，确定即可。

第三步操作完成后，一个名为“表面粗糙度 Ra”的属性图块便建立了，该图块将被保存在本图形文件中，且只能被本图形文件调用。如果用户想将该图块共享于其他图形文件，可将该图块定义成外部图块，其方法参见本章第二节中关于外部图块的定义。

☞注：

1) 第三步操作中，“选择对象”时，应将图形及“3.2”文本一起选中（即图块与属性成一个整体），否则在插入属性块时将不会出现属性值。

2) 一个图形文件中可有多个不同的属性块，用户可将绘图中常用的带文本信息的图形都做成属性块以提高作图速度。

二、插入表面粗糙度属性图块

插入属性图块的操作与插入普通图块的操作基本相同，不同之处是在命令行中会出现属性提示信息，引导用户按不同的属性值插入属性图块。

例如：用“表面粗糙度 Ra”属性图块插入一个属性值为“Ra 3.2”以及属性值为“Ra1.6”的粗糙度符号。

输入命令的方式：

➢“块”面板上的“插入块”命令按钮

➢“绘图”工具栏上的“插入块”按钮

➢ 菜单“插入”/“块”

➢ 命令：Insert↙

在出现的“插入”对话框（图 7-6）中，选择“表面粗糙度 Ra”块名称，单击“确定”按钮后，命令行出现的提示如下：

命令：_insert

指定插入点或［基点（B）/比例（S）/旋转（R）］：用鼠标指定插入点

输入属性值

请输入表面粗糙度值 <3. 2 >：

若按回车键，则得到属性值为 3. 2 的属性块；若在“请输入粗糙度值 <3. 2 >：”时，输入 1. 6 再按回车键，则得到属性值为 1. 6 的属性块图形（以此类推），如图 7-17 所示。图 7-17 中表面粗糙度 *Ra* 为 6. 3μm 的图块是在“插入”对话框中（图 7-6）输入旋转角度为 90°后得到的。

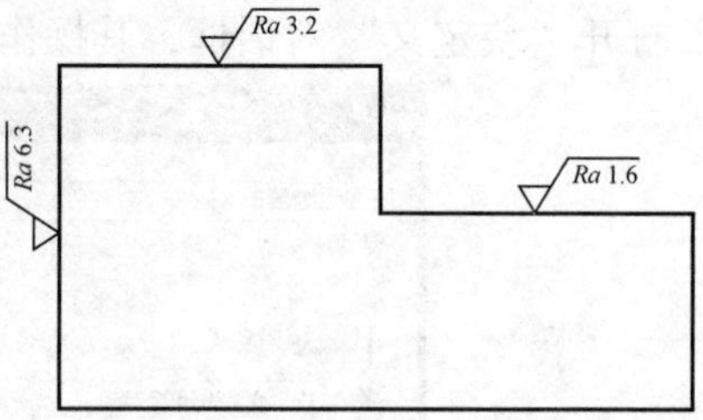

图 7-17　输入不同的属性值得到不同的块图形

三、编辑已插入的属性图块

如果要对已经插入的属性图块进行修改，操作非常简单。单击某属性文字，可打开“快捷特性”进行修改编辑。若双击某属性文字，例如双击图 7-17 中的 1. 6，可打开“增强属性编辑器”，如图 7-18 所示。

在图 7-18 所示的“属性”选项卡中，可修改属性值，例如将 1. 6 改为 6. 3。

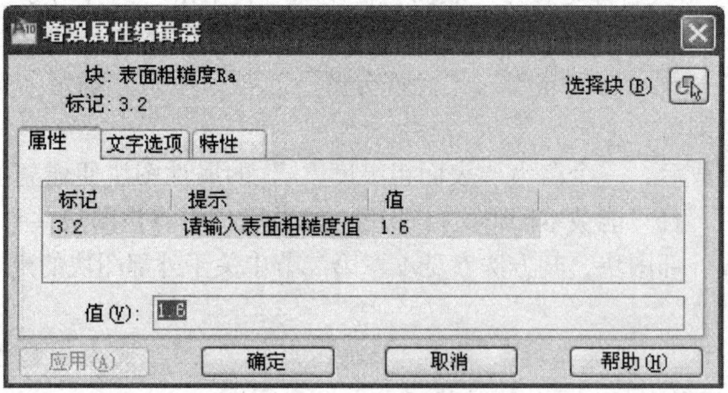

图 7-18　“增强属性编辑器”对话框中的“属性”选项卡

在图 7-19 所示的“文字选项”选项卡中，可修改字高、对齐方式等。

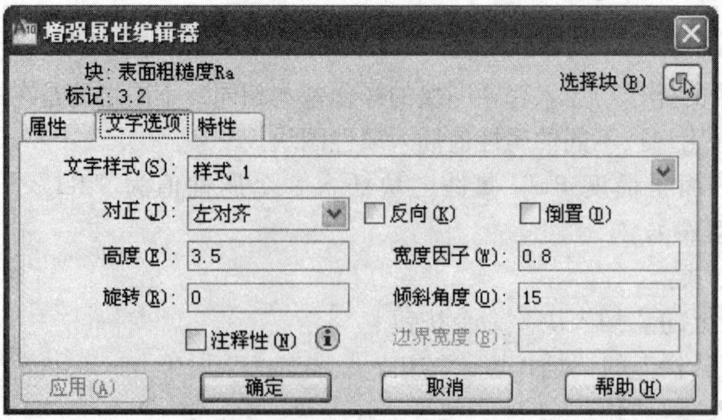

图 7-19　“增强属性编辑器”对话框中的“文字选项”选项卡

在图 7-20 所示的“特性”选项卡中，可修改属性文字的图层，颜色等。

图 7-20　“增强属性编辑器”对话框中的“特性”选项卡

修改完后，单击“确定”按钮即可。

第四节　常见零件图的绘制

一、绘制零件图的一般步骤

1）调用样板文件建立一张新图（或新建一张图，设置该零件图所需的绘图环境）。

2）按 1∶1 比例绘制图形（绘图前按下“极轴”、“对象捕捉”、“对象追踪”按钮）。

3）标注尺寸及相关技术要求。

标注尺寸时应注意：若图形与图纸大小正好符合 1∶1 的比例，可按正常标注样式标注尺寸；若图形需要放大或缩小绘制，则需要修改标注样式中的标注比例。例如，若要得到 1∶2的图形（即图形缩小 1 倍），应按 1∶1 绘制完图形后，用“比例缩放”命令将图形缩小 1 倍（即缩放比例系数为 0.5），再修改标注样式，将图 6-31 中标注样式“主单位”选项卡下的“测量单位比例”下的“比例因子”设置为 2（即标注时将测量值放大 1 倍），这样就能得到所需比例的图形与标注。同理，若要得到 2∶1 的图形与尺寸标注，应将原图形放大为 2，标注样式中“测量单位比例”下的“比例因子”设置为 0.5。

4）填写标题栏。

5）保存文件。

二、轴套类零件的绘制

轴套类零件一般由同一轴线、不同直径的圆柱、圆锥体组成，构成阶梯状。零件上常有键槽、轴肩、螺纹、退刀槽、倒角、中心孔等结构。主要视图为主视图，另视结构需要增加一些局部剖视图和断面图等。该类零件一般在车床上加工，主视图应水平放置。

因此绘制轴套类零件图的方法主要是：先绘制轴套类零件的主视图的上半部分，之后用“镜像”命令完成下半部分，再绘制所需的其他辅助图形。

下面以图 7-21 所示的轴零件为例，来介绍该类零件的绘制步骤与方法。

1）调用样板文件建立一张新图（A4 图幅，标题栏已有，绘图环境已设置完毕）。

2）按下“极轴”、“对象捕捉”、“对象追踪”按钮，并打开“对象捕捉”工具栏。

3）调用“中心线层”，画出一条水平中心线。

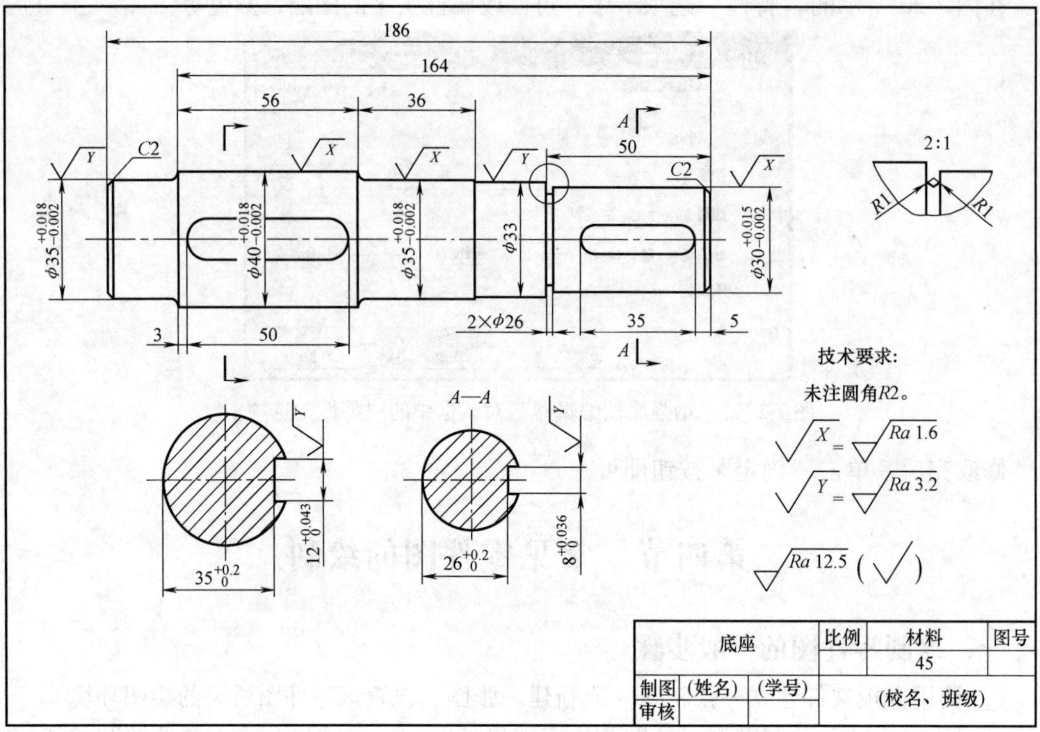

图 7-21　轴零件图

4）画出轴主视图的上半部分，如图 7-22 所示。

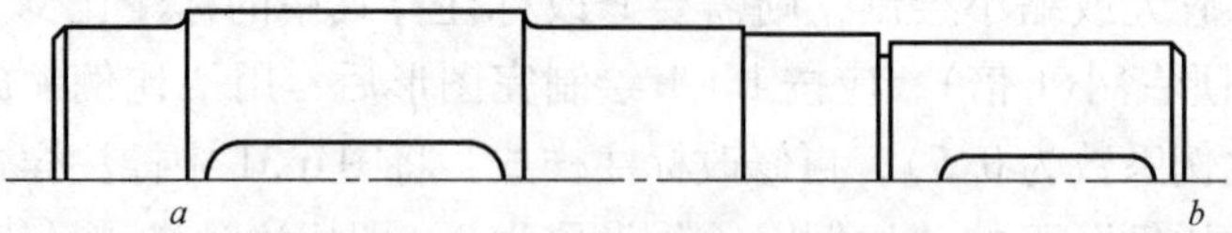

图 7-22　轴主视图的上半部分

5）执行“镜像”命令，得到轴主视图的全部图形，如图 7-23 所示。

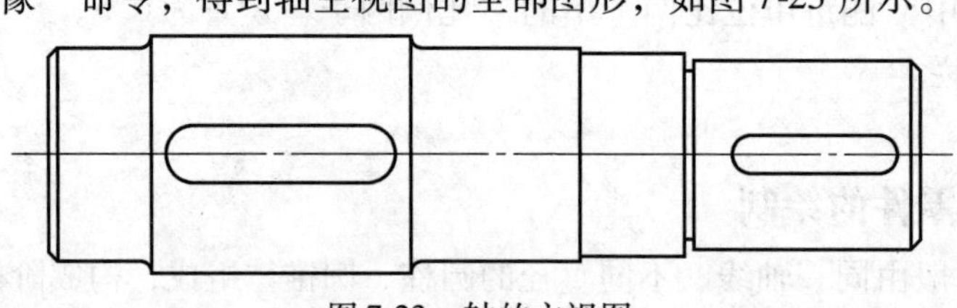

图 7-23　轴的主视图

6）画两个移出断面图。

① 调用中心线层，在键槽下方画出断面圆所需的中心线，然后再调用粗实线层，分别画出 ϕ40mm 和 ϕ30mm 的圆。

② 用捕捉和追踪关系画出键槽缺口。例如，画 ϕ40mm 圆的缺口时，执行“直线”命令，移动鼠标至 ϕ40mm 圆最左边的象限点处，再向右拖动鼠标，出现水平极轴线时输入 35，按回车键得到一点，再向下拖动鼠标，出现垂直极轴线时输入 6，按回车键得到键槽半宽处的点，再向右拖动鼠标，单击与圆周的交点即得到半个键槽；执行“镜像”命令完成

另半个键槽；执行“修剪”命令，修剪掉多余的线段，即得到所需的键槽。以此类推，画出 ϕ30mm 圆的键槽。如图 7-24 所示。

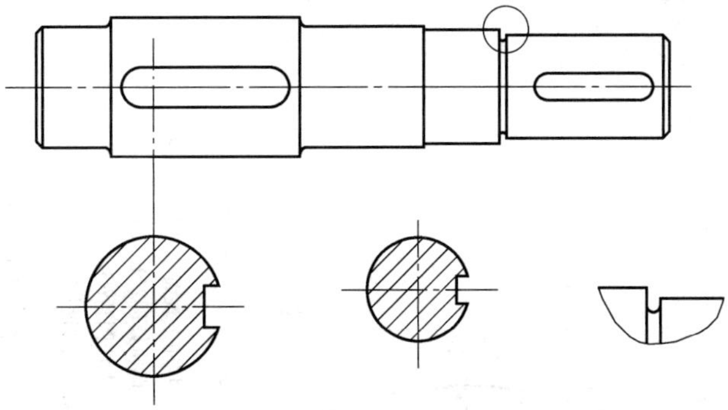

图 7-24　绘制结果

③ 填充剖面线。

7）绘制局部放大图。

① 用“复制”命令把主视图上要放大的部分图形复制到局部放大的位置。

② 用“样条曲线”命令画出断裂线（细实线），并修剪掉多余线段。

③ 用“圆角”命令绘制过渡圆角。

④ 用“比例缩放”命令将其放大 2 倍。

绘制的结果如图 7-24 所示。

8）标注尺寸及技术要求等（此处略）。

9）填写标题栏。

10）存盘退出。

对于套类零件，其主要结构由回转体组成，与轴类零件不同之处在于套类零件是空心的，主视图多采用轴线水平放置的全剖视图表示。在绘图时可参照轴类零件的绘图方法画出套类零件的外圆柱，再画出内圆孔，然后填充剖面线（此处略）。

三、轮盘类零件的绘制

轮盘类零件基本形状是扁平状，主体部分是回转体，一般需要两个或两个以上基本视图。主视图一般按加工位置将轴线水平放置，并作全剖视。为了表达出轮盘上孔的结构及分布情况，可再画一个左视图或右视图，有的还需要用局部视图或断面图表达。

在绘制轮盘类零件图时，一般是先画出圆的视图，如左视图。对于在圆周上分布的孔等结构，多采用“阵列”命令绘制，然后再启动对象追踪等关系，画出所需的主视图。

图 7-25 所示为一个齿轮的零件图，绘图步骤如下：

1）调用样板文件建立一张新图（A3 图幅，绘图环境已设置完毕）。

2）按下“极轴”、“对象捕捉”、“对象追踪”按钮。

3）调用中心线层，画出该图所需的中心线，及左视图上所需的点画线圆等。

4）调用粗实线层，画出左视图上所有的圆，其中 4 个 ϕ16mm 的圆只需画出一个，然后用环形“阵列”命令画出其余 3 个。再调用“直线”命令画出键槽，绘制键槽可参照图 7-24画键槽的方法。

5）用“直线”命令完成主视图中主要线段，画主视图时注意从左视图追踪相关点，按

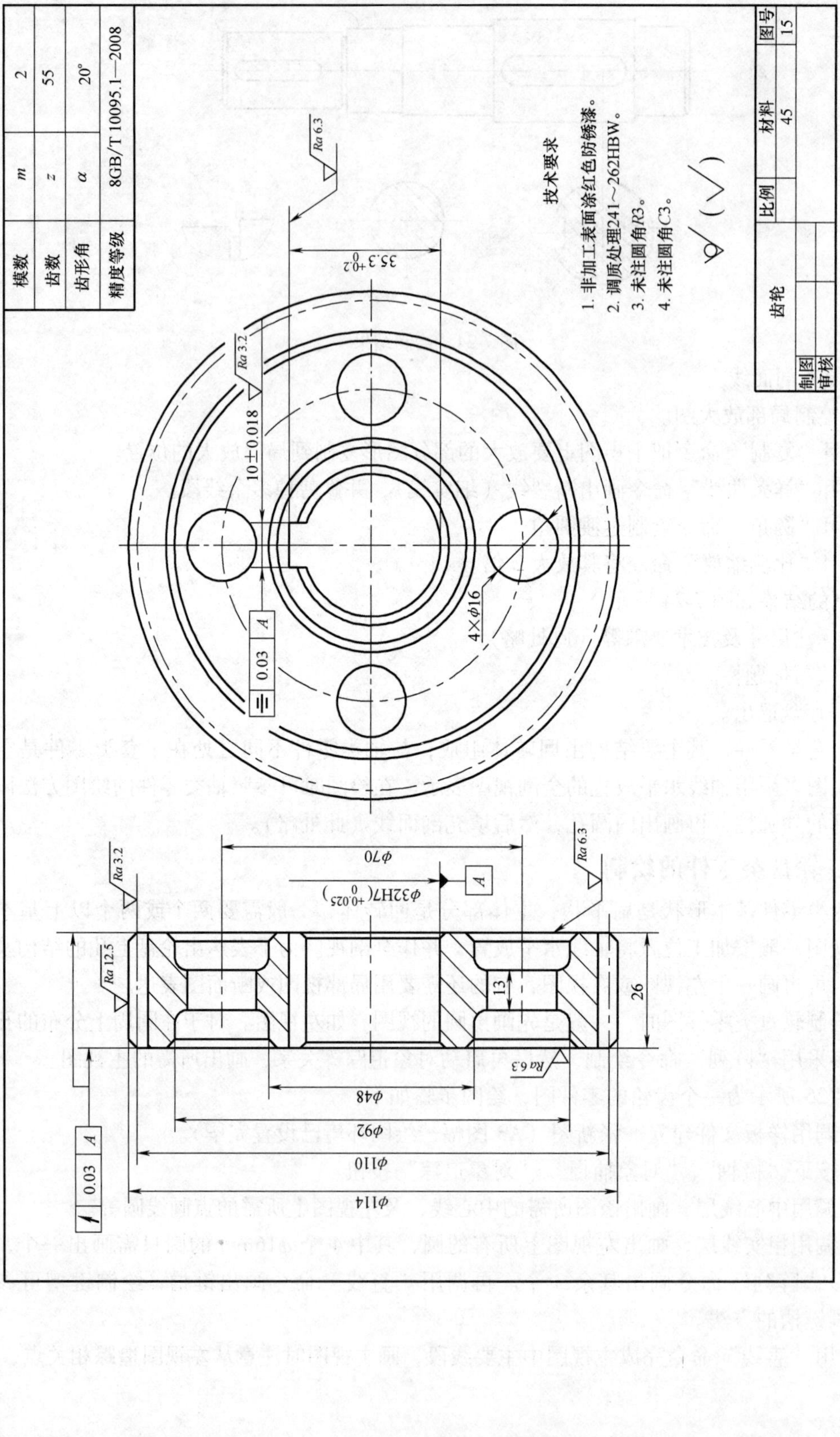
模数 m 2
齿数 z 55
齿形角 α 20°
精度等级 8GB/T 10095.1—2008
技术要求
1. 非加工表面涂红色防锈漆。
2. 调质处理241～262HBW。
3. 未注圆角R3。
4. 未注圆角C3。
齿轮
比例
材料
45
图号
15
制图
审核
35.3
10±0.018
4×φ16
0.03 A
φ70
φ32H7
φ48
φ92
φ110
φ114
13
26
Ra 3.2
Ra 6.3
Ra 12.5

图 7-25　齿轮零件图

照高平齐关系绘制。例如绘制主视图表示齿顶圆的水平线时，可移动鼠标到左视图中圆的最高点处，再向左拖动鼠标，出现水平极轴线时再按齿轮宽度画出所需直线，以此类推。注意：为了达到快速作图的目的，图 7-25 所示的主视图上下基本对称，因此在绘制时，可只画出一半（如只画出上半部分），用“镜像”命令画出下半部分，然后再做一些局部的修改即可。基本线段完成后，再进行倒角、圆角、图案填充等，完成主视图。

6）标注尺寸及填写技术要求等。

7）填写标题栏。

8）存盘退出。

四、叉架类零件的绘制

与轴套类零件相比，叉架类零件多数不规则，结构比较复杂。叉架类零件一般需要两个或两个以上基本视图才能表达清楚其主体形状结构。视图表达的一般原则是将主视图按工作位置安放，投射方向根据叉架的主要结构特征来选择。对于零件上的弯曲、倾斜结构等，还需用斜视图、断面图、局部视图等来表达。因此在绘图时，很少有像轴套类零件或轮盘类零件那样有规律可循。图 7-26 所示为一拨叉的零件图，其绘图步骤如下：

1）调用样板文件建立一张新图（A3 图幅，绘图环境已设置完毕）。

2）按下“极轴”、“对象捕捉”、“对象追踪”按钮，并启用“DYN”按钮。

3）调用中心线层，画出该图所需的中心线(斜线部分可用“DYN”动态捕捉所需角度线)。

4）调用粗实线层，画出主视图中各圆及 *A* 向局部视图中的圆等。

5）利用极轴追踪关系及“DYN”动态输入法画出主视图定位尺寸为 80mm 处所有斜线（与垂直线倾斜 30°及 120°的直线）。用“偏移”命令画出两条等距线（距离为 16mm），并画出该处与大圆的两条切线。利用“修剪”、“删除”等命令画出主视图大部分图形。

6）利用极轴和高平齐关系画出右视图相关线段。可用“偏移”、“直线”、“修剪”、“圆角”、“倒角”、“图案填充”等完成右视图。

7）绘制主视图中的局部剖视。用“样条曲线”画出主视图上部所需的波浪线，然后用“图案填充”命令完成局部剖视。画主视图左下角处的局部剖视时，先利用“DYN”动态输入法画出 30°中心线，再利用“偏移”命令画出孔等，用“直线”、“样条曲线”、“图案填充”等完成局部剖视。

8）用“DYN”动态输入法画出 *A* 向局部视图（或设置极轴角度为 30°绘图）。

9）画出 *B—B* 移出断面图。

10）标注尺寸及技术要求等

11）填写标题栏。

12）存盘退出。

五、箱体类零件的绘制

箱体类零件主要用来支承和容纳其他零件，且多为铸件，多数都是中空壳体，并由多道工序加工形成，结构复杂。在视图选择上一般要用三个或三个以上的基本视图，并根据结构特点在基本视图上取剖视、断面、局部视图、斜视图来表达其内、外结构形状。因此在画图时，要综合应用多种命令，灵活地进行绘制。

图 7-27 所示为一个缸体的零件图，它是内部为空腔的箱体类零件。绘图步骤如下：

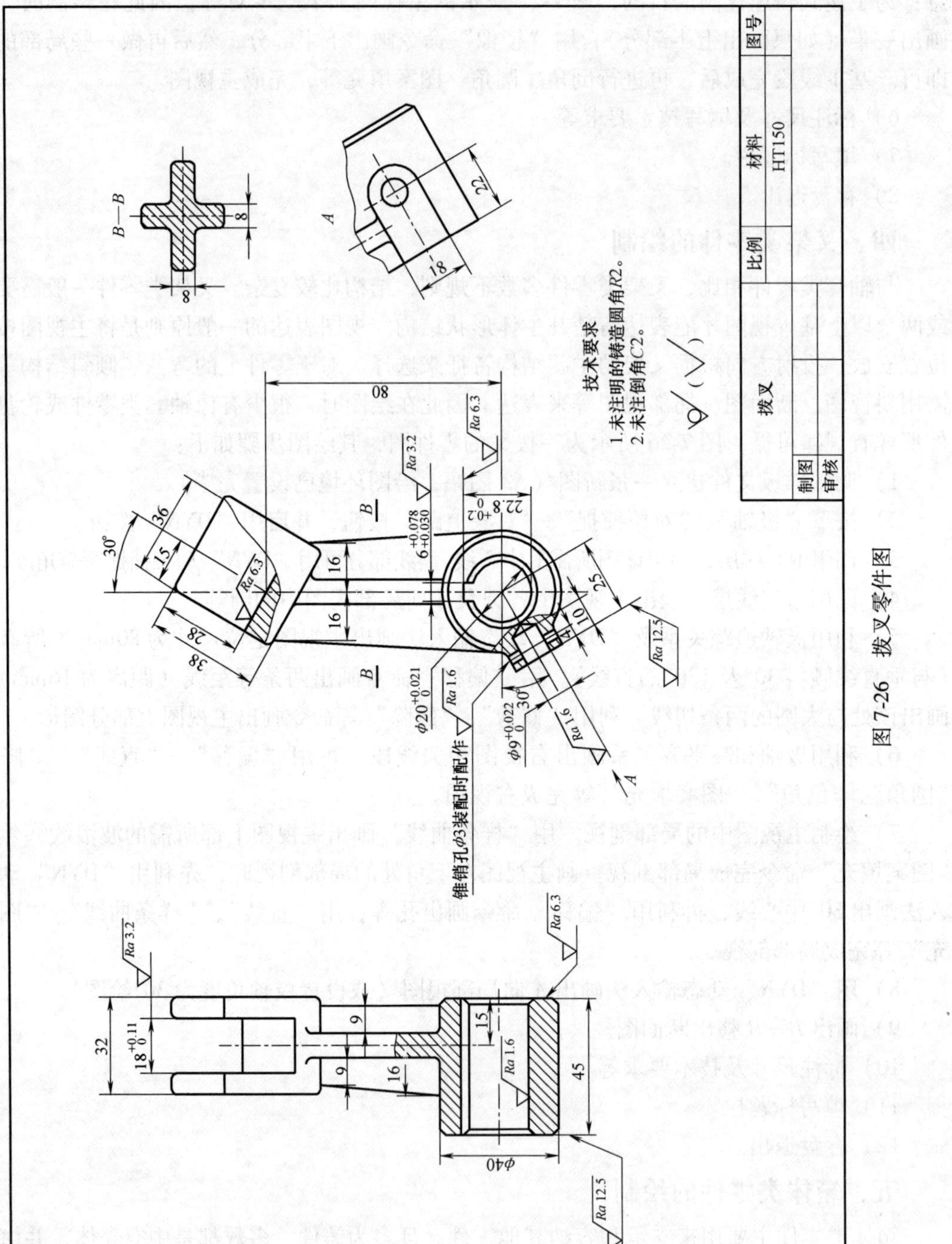
B—B
A
技术要求
1.未注明的铸造圆角R2。
2.未注倒角C2。
拨叉
比例
材料
HT150
图号
制图
审核
锥销孔ϕ3装配时配作
ϕ40

图 7-26　拨叉零件图

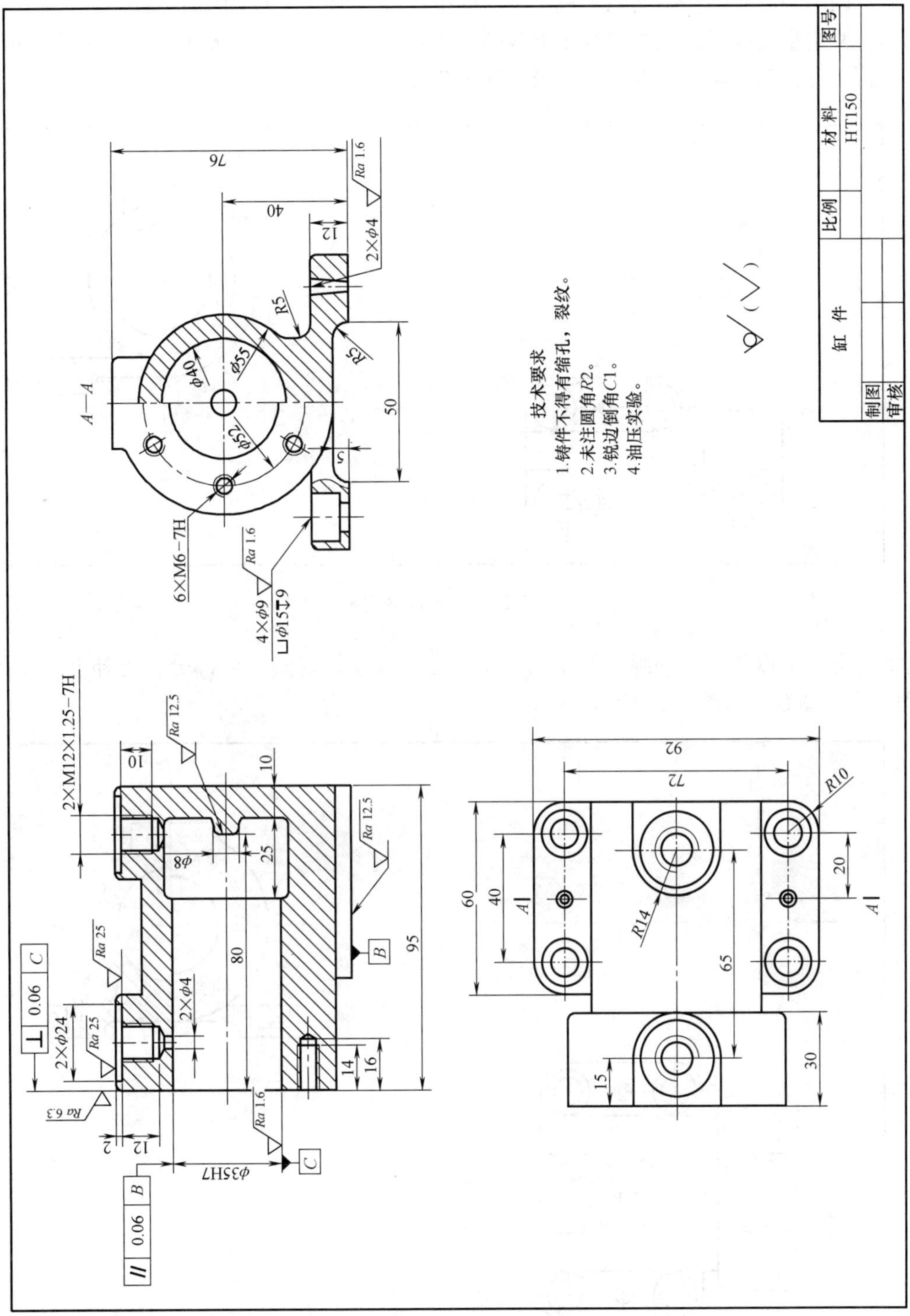
技术要求
1.铸件不得有缩孔，裂纹。
2.未注圆角R2。
3.锐边倒角C1。
4.油压实验。
A—A
6×M6-7H
4×ϕ9
⌴ϕ15↧9
2×M12×1.25-7H
ϕ35H7
缸件
比例
材料
HT150
图号
制图
审核

图 7-27　缸体零件图

1）调用样板文件建立一张新图（A3 图幅，绘图环境已设置完毕）。

2）按下“极轴”、“对象捕捉”、“对象追踪”按钮。

3）调用中心线层，画出三个视图所需的中心线，定位三个视图的位置。

4）调用粗实线层，先画左视图上各圆，再画出俯视图的各圆及上半部分图形（对称图形只画一半），及左视图中右半部分图形，如图 7-28 所示。

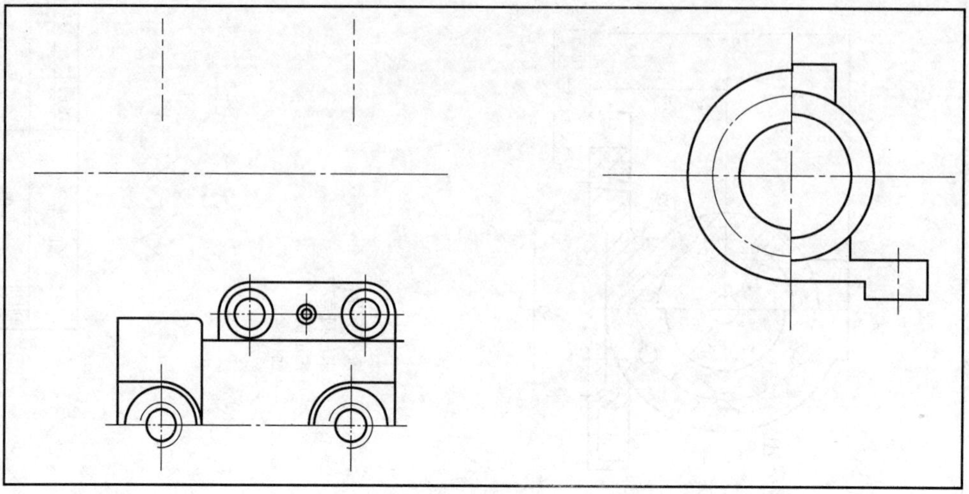

图 7-28　缸体部分图形

5）用“镜像”命令补画出左视图左半部分，以及俯视图下半部分，再补上所需图线，修剪掉多余图线，如图 7-29 所示。

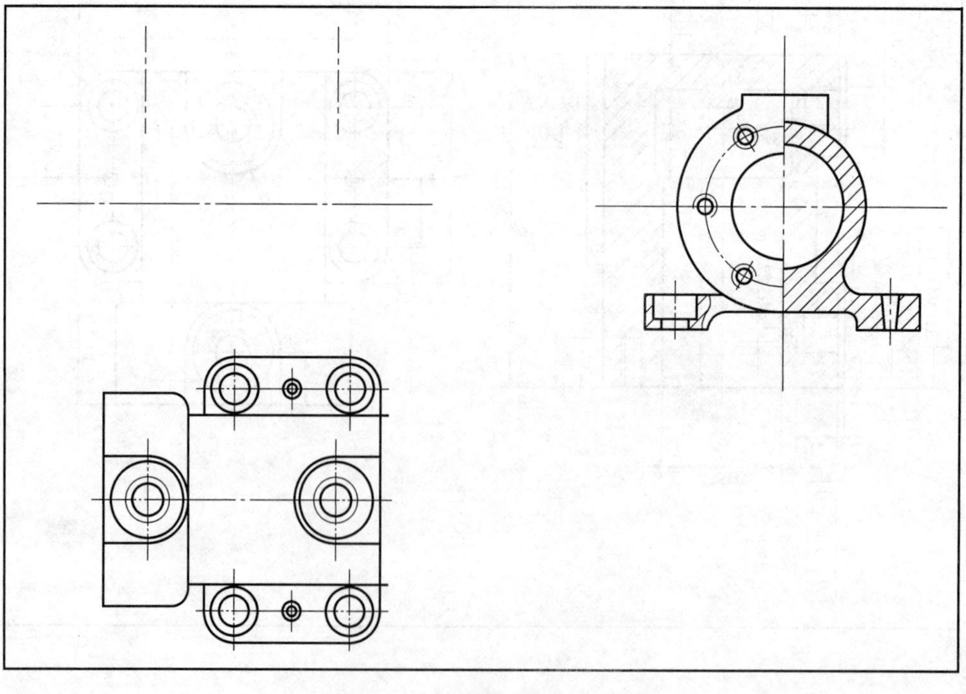

图 7-29　镜像后得到的图形

6）画主视图。利用极轴及对象捕捉与追踪，保持长对正、高平齐关系，画出主视图中各线段（其中，缸体内腔为对称图形，可画出一半，另一半由镜像得到）。完成后的图形如图 7-27 所示。

7）标注尺寸及技术要求。

8）填写标题栏。

9）存盘退出。

思考与上机练习

一、复习与思考

1. 在 AutoCAD 中，为了方便操作，通常把绘图环境设置成样板文件（即样图）。在样图中需要设置哪些项目，怎样完成？试设置一个 A3 图幅的样图，和一个 A4 图幅的样图。

2. 怎样在新建一个 AutoCAD 文件时调用所存的样图文件？

3. 绘制轴套类零件图有哪些规律可循？画一根轴时，各段阶梯轴应采用哪些捕捉方式完成较快？

4. 绘制轮盘类零件图时，应先画出哪个视图？

5. 绘制叉架类零件或箱体类零件时一般应先画什么样的视图？

二、上机练习

练习 1　抄画图 7-30 所示的轴零件图（图幅 A4）。

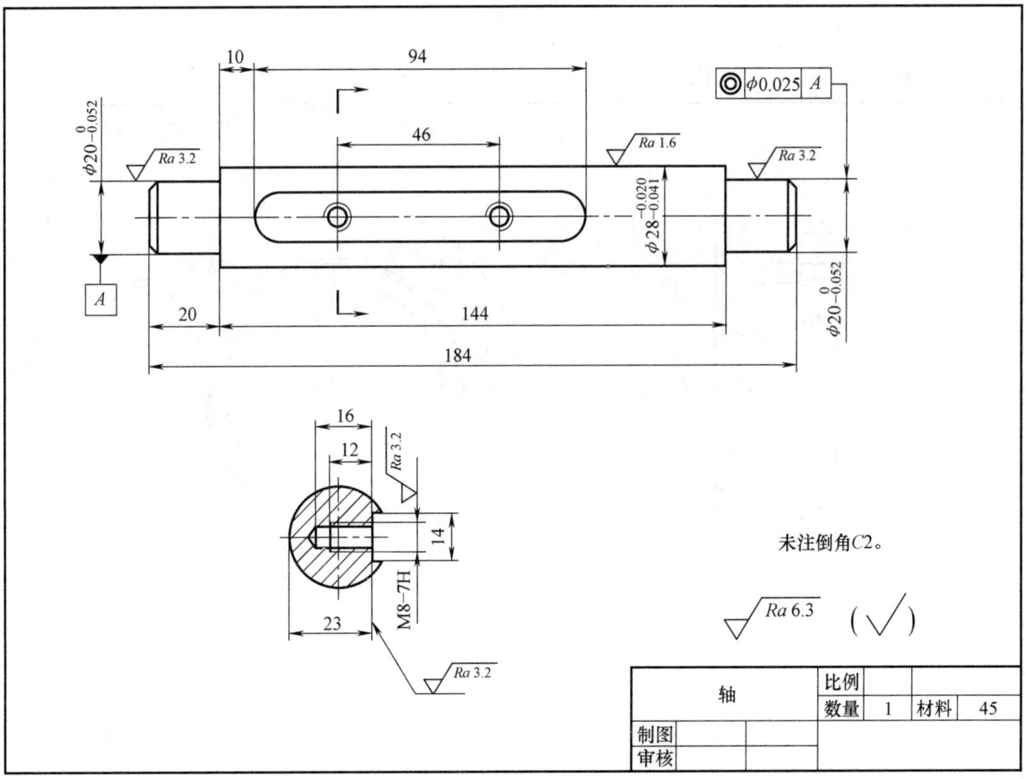

图 7-30　练习 1 图

练习 2　抄画图 7-31 所示的轮盘类零件图（图幅 A3）。

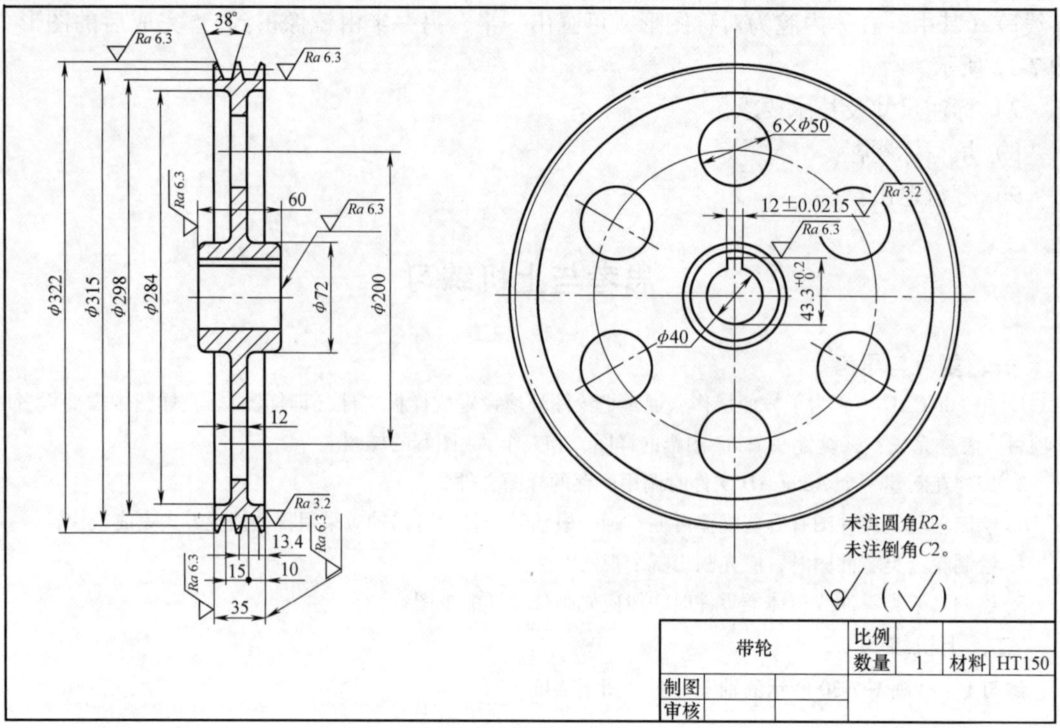

图 7-31　练习 2 图

练习 3　抄画图 7-32 所示的零件图（图幅 A4）。

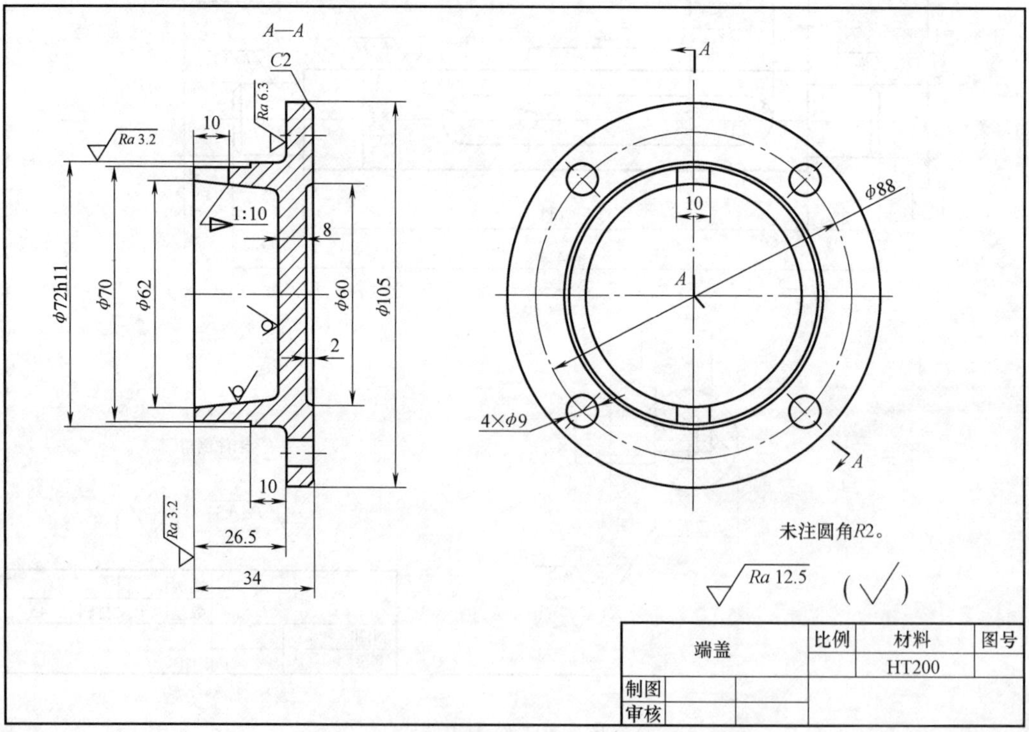

图 7-32　练习 3 图

练习 4　抄画图 7-33 所示的零件图（图幅 A4，竖放）。

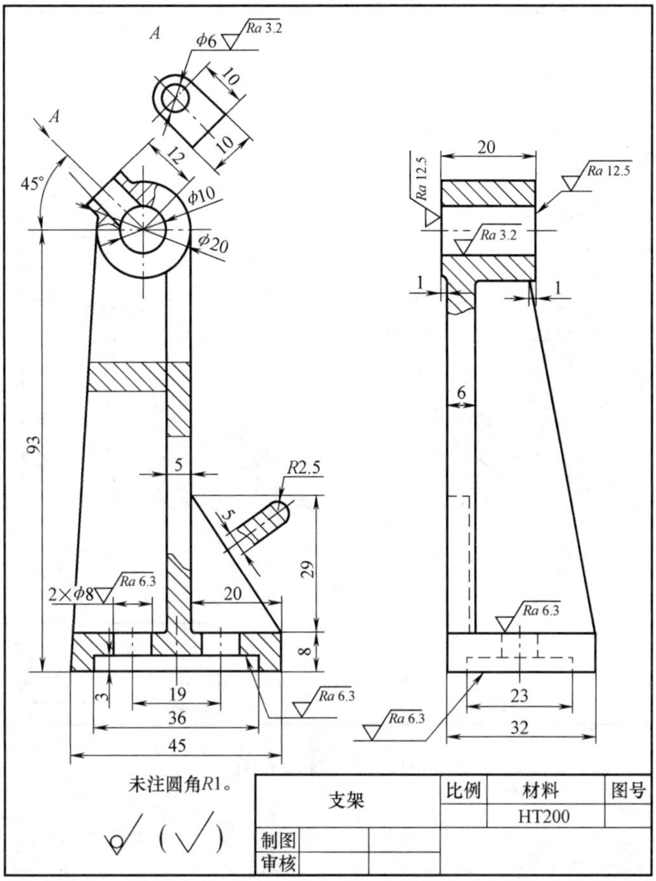

图 7-33　练习 4 图

练习 5　抄画图 7-34 所示的图形（图幅 A4）。

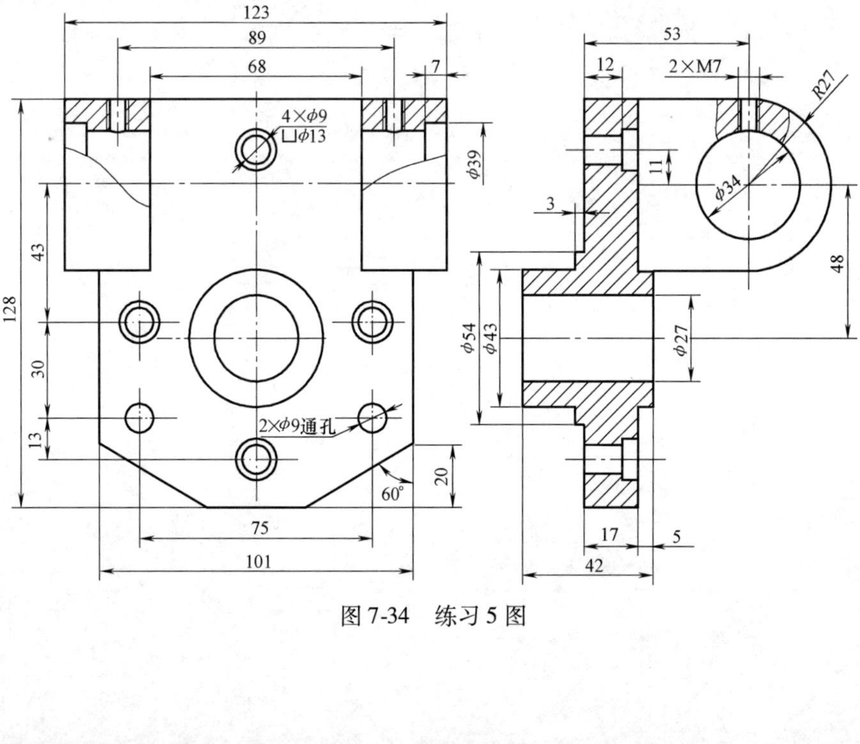

图 7-34　练习 5 图

练习 6　抄画图 7-35 所示的盖板零件图（图幅 A3）。

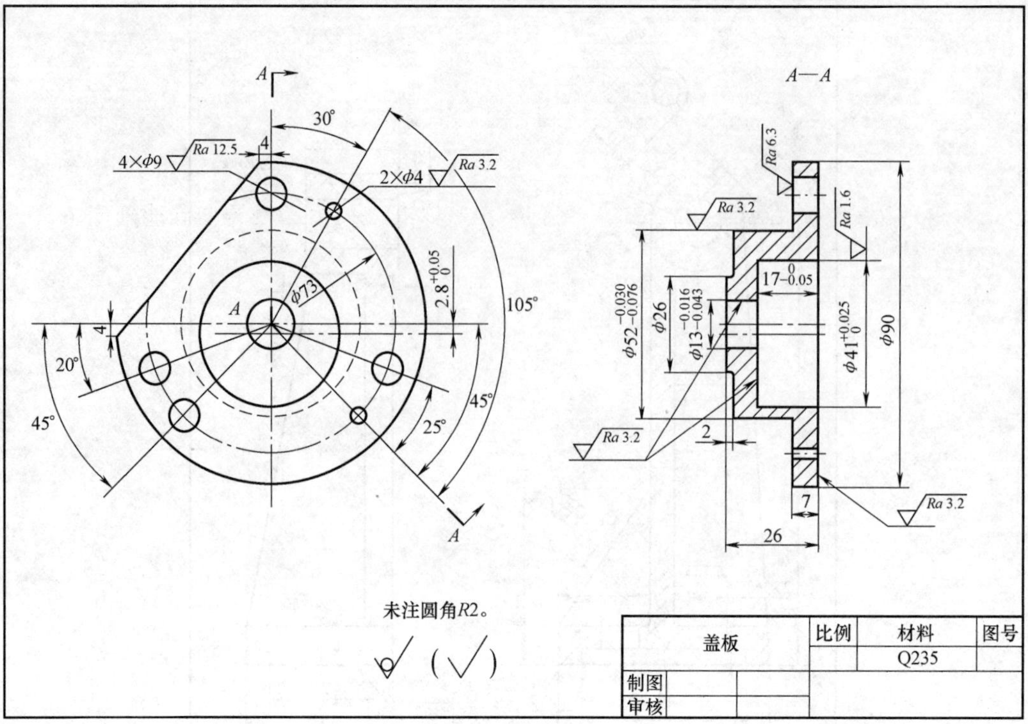

图 7-35　练习 6 图

第八章　装配图绘制

在机械图中，装配图是用来表达机器或部件的图样，主要用来反映机器的工作原理、装配关系等。装配图的绘制在 AutoCAD 中是很容易的，其主要方法是先准确地画出各零件图，然后拼画成装配图。常用的方法有：用插入图块的方法绘制装配图、用剪贴板进行的复制粘贴法绘制装配图、用插入文件的方法绘制装配图以及用外部参照关系绘制装配图。本章主要介绍前三种绘制装配图的方法。

本章主要内容为：

- 绘制装配图的常用方法
- 绘制装配图中的序号和明细栏
- 绘制装配图举例

第一节　绘制装配图的常用方法

一、用复制—粘贴法绘制装配图

通过从剪贴板粘贴的方法来完成装配图的绘制，操作步骤如下：

1）先按尺寸绘制出装配图所需的各个零件图。

2）关闭各零件图的尺寸线层（或不标注尺寸）。

3）设置装配图所需的图幅，画出图框、标题栏及明细栏等，设置其绘图环境或调用样板文件。

4）分别将各零件图中的图形用剪贴板复制，然后粘贴到装配图中。

5）按装配关系修改粘贴后的图形，剪切掉多余线段，补画上所欠缺的线段。

6）标注装配尺寸、填写明细表、标题栏、技术要求等，完成装配图。

7）保存文件。

☞**注：**

此方法的缺点是：由于粘贴时插入点不能自定，所以应先将图形粘贴到图框外，再用“移动”命令或“旋转”命令将其移动或旋转到所需位置上。

二、用插入图块的方法绘制装配图

操作步骤如下：

1）按尺寸绘制出装配图所需的各个零件图形，不标注尺寸，分别定义成块。

2）设置装配图所需的图幅，画出图框、标题栏，明细栏等，设置其绘图环境或调用样板文件。

3）用插入图块的方法分别将各个零件块插入到装配图中。

4）将图块分解，按装配关系修改图形。

5）标注装配尺寸、填写明细表、标题栏及技术要求等，完成装配图。

6）保存文件。

☞注：

此方法的优点是：由于图块都定义有插入基点，所以在插入图块时较容易对准位置。

三、用插入文件的方法绘制装配图

AutoCAD 的图形文件可以插入到不同的图形中，插入的图形文件相当于一个公共图块，因此，在绘制装配图之前，需要将装配图所需的各零件图完整画出，然后关闭尺寸线层、标注层等。为了使插入的图形文件便于插入时控制，组装装配图之前，应将各零件图文件分别定义一个插入基点，然后将其各自存盘。插入时，可参照插入公共图块的方法来装配各零件。

具体的操作步骤如下：

1）按尺寸绘制出装配图所需的各个零件图形，不标尺寸，不要标题栏和图框。

2）为各零件图形定义插入基点（用“绘图”/“块”/“基点”命令），分别保存为文件（最好存于同一个文件夹中）。

3）设置装配图所需的图幅，画出图框、标题栏及明细栏等，设置其绘图环境或调用样板文件。

4）用“插入”/“块”命令，在打开的“插入”对话框中，单击“浏览”按钮，如图 8-1 所示。系统将打开图 8-2 所示的“选择图形文件”对话框。在图 8-2 中选中要插入的零件图，单击“打开”按钮，即可将各零件图形一一插入到装配图中。

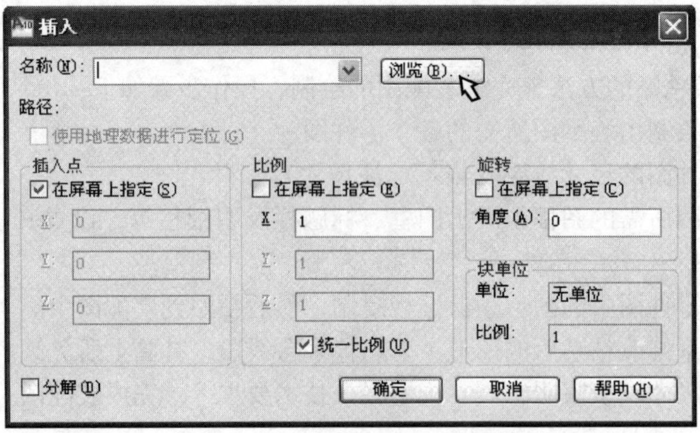

图 8-1　在“插入”对话框中单击“浏览”按钮

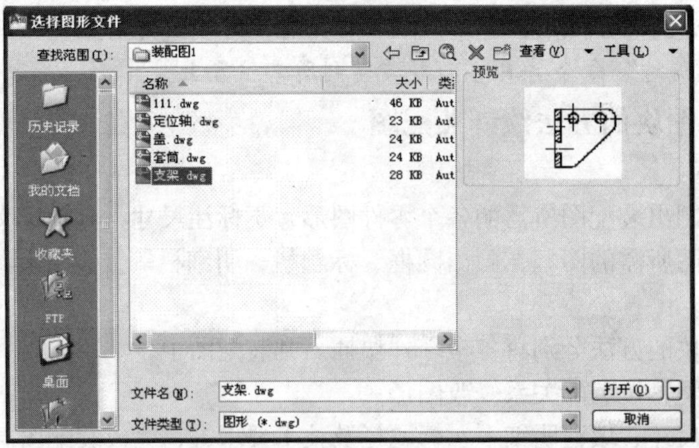

图 8-2　在“选择文件”对话框中选择要插入的图形文件

5）将需要修改的图形文件打散（即每个插入的图形均是一个图块，需用“分解”命令分解后方可修改），按装配关系修改图形。

6）标注装配尺寸、填写明细栏、标题栏和技术要求等完成装配图。

7）保存文件。

☞**注**：

该方法的优点与插入图块法相同。

此外，还可采用直接在装配图中绘制各零件图形的方法，即设置各零件图层，在一个图层上绘制一个零件的全部图形（包括线型），通过关闭或打开各零件层，来修改装配图。此处不再赘述。

第二节　绘制装配图中的序号和明细栏

装配图与零件图不同之处是：装配图中除了有与零件图相同格式的标题栏外，还必须有明细栏，用于记录各个零件的信息。明细栏应紧接在标题栏上方，其中内容有序号、代号、名称、数量、材料、重量和备注等，序号是自下而上的顺序填写，并应与装配图中各零件所编的序号一致，如图 8-3 所示。也允许单独附页明细表，如果单独附页，序号应按自上而下的顺序填写。

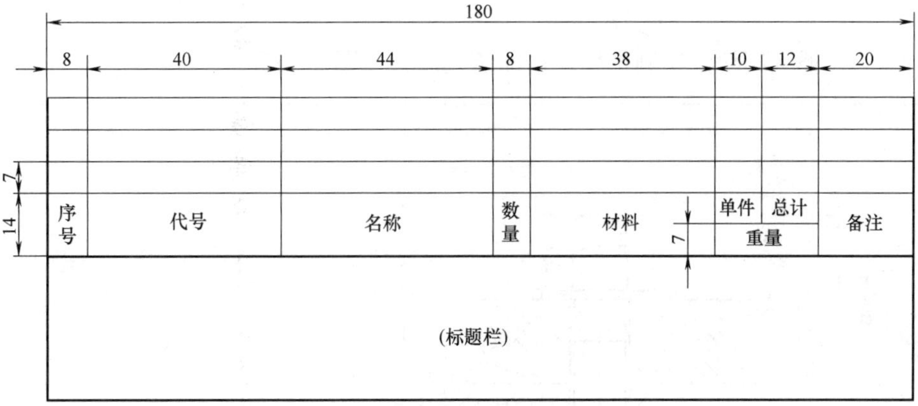

图 8-3　装配图中的明细栏位置与尺寸

应注意以下几点：

1）装配图中所有的零件、部件都必须编写序号（一个部件只编写一个序号，例如滚动轴承），同一装配图中，尺寸规格完全相同的零件、部件，应编写相同的序号，且必须与明细栏中的序号一致。

2）明细栏中的“代号”一格，应填写各零件或部件的代号，如螺钉、螺母、滚动轴承等标准件的标准号。

3）明细栏中的“名称”一格，应填写各零件或部件的名称，对于标准件，还应将其规格尺寸填于其中，例如螺栓可填写“螺栓 M8×45”。

4）“备注”栏中，一般填写该项的附加说明或其他有关内容，如齿轮的模数、齿数，弹簧的内径、外径等。

5）零件序号由指引线（细实线）引出，指引线可由“快速引线”命令或“多重引线”命令绘制，指引线起始端由轮廓内引出，并在起始端画一小圆点（可通过快速引线或多重引线设置完成，参见本书第六章），序号可写在水平线上方或画在圆圈内，序号数字的字高应比装配图中所注尺寸数字的字高大一号，如图 8-4a、b 所示。也允许大两号，如图 8-4c 所示，但如果序号数字不放在水平线上或圆圈内，而是放在指引线附近时，序号字高必须比装配图中所注尺寸数字的字高大两号，如图 8-4d 所示。

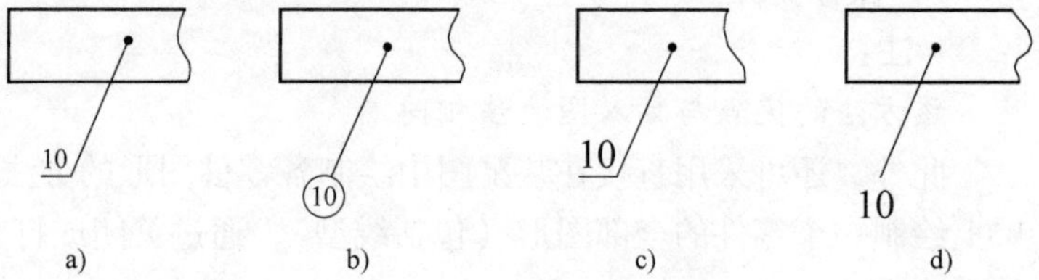

图 8-4　零件序号的样式

6）零件序号应按顺时针（或逆时针）方向整齐地顺次排列在视图外明显的位置处。

绘制明细栏可直接使用“直线”命令，再向其中添加单行文本或多行文本即可。较快捷的方法是只绘制明细栏中的一行（不是标题行），用“复制”命令自下而上地复制，再双击其中的文本，修改内容即可。

第三节　绘制装配图实例

例 8-1　用插入图块法绘制螺栓连接的装配图，如图 8-5 所示。

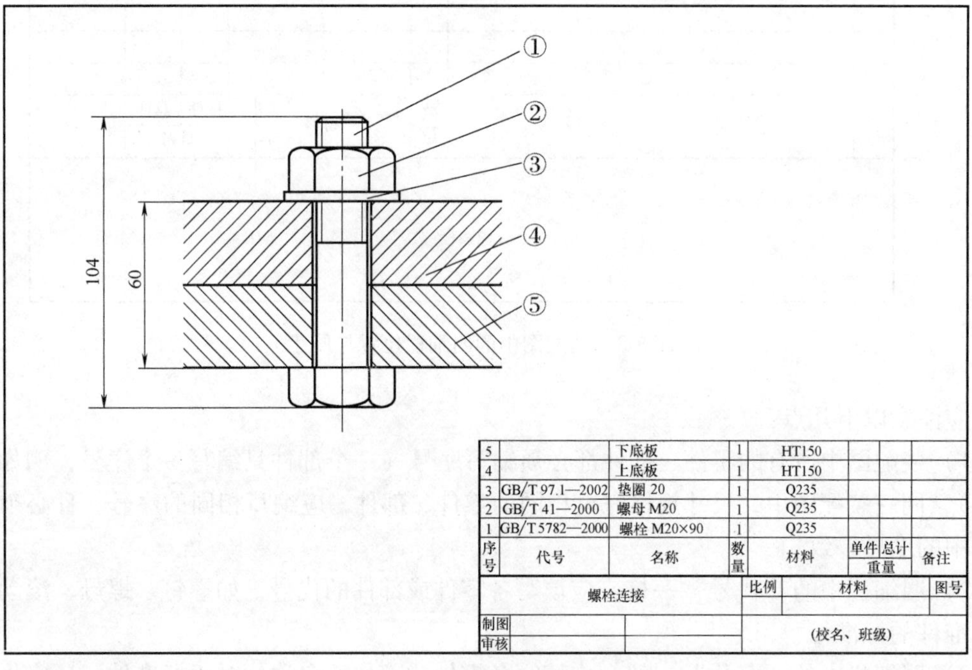

图 8-5　螺栓连接装配图

图 8-5 所示装配图需要的零件图如图 8-6 所示（其中标准件螺栓、螺母、垫圈均采用了机械制图的比例画法）。

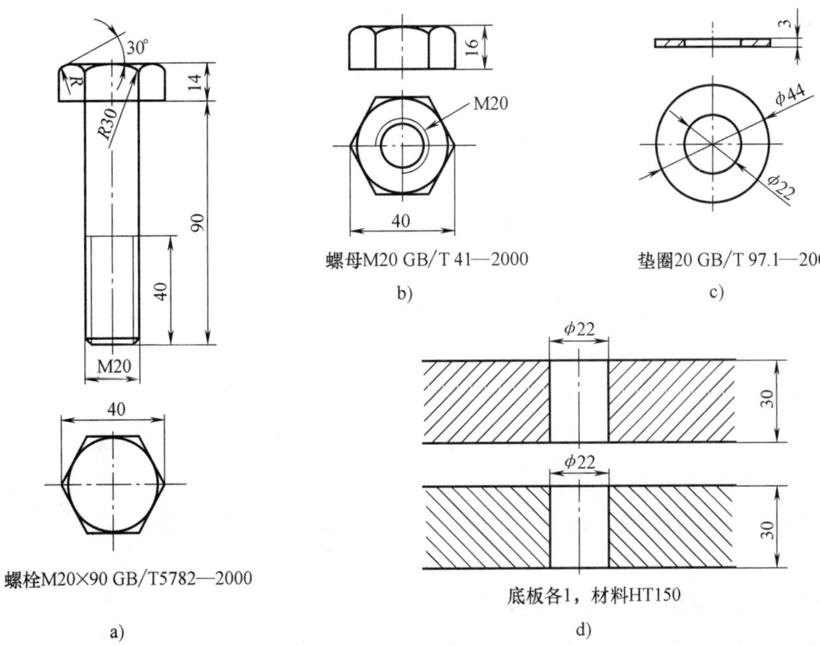

图 8-6　螺栓连接所需的零件图

a）螺栓　b）螺母　c）垫圈　d）底板

绘图步骤如下：

1）调用样板文件建立一张新图。

2）按照图 8-6 所示的尺寸画出螺栓的主视图。注意螺栓头部的比例画法，见图 8-7 所示。关闭尺寸线层（或不标注尺寸），执行“绘图”菜单/“块”/“创建”命令，将螺栓的主视图定义为一个图块，该图块的插入基点如图 8-7 所示。

3）按照图 8-6 所示的尺寸画出螺母的主视图。注意：其主视图的画法与图 8-7 所示的螺栓头部的画法相同，不标注尺寸。执行“绘图”菜单/“块”/“创建”命令，将螺栓的主视图定义为一个图块，该图块的插入基点如图 8-8a 所示。

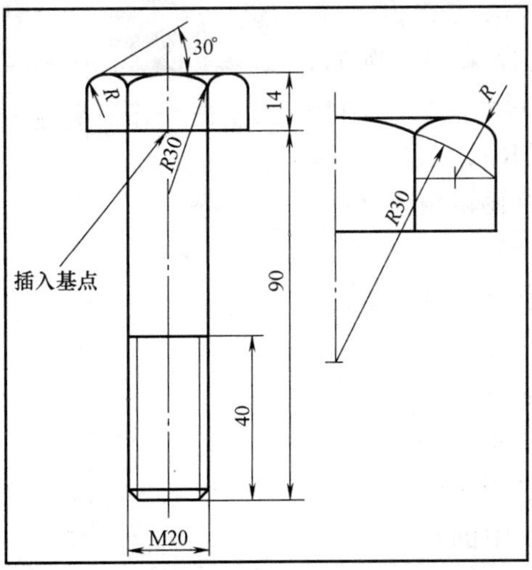

图 8-7　螺栓头部的比例画法及插入基点

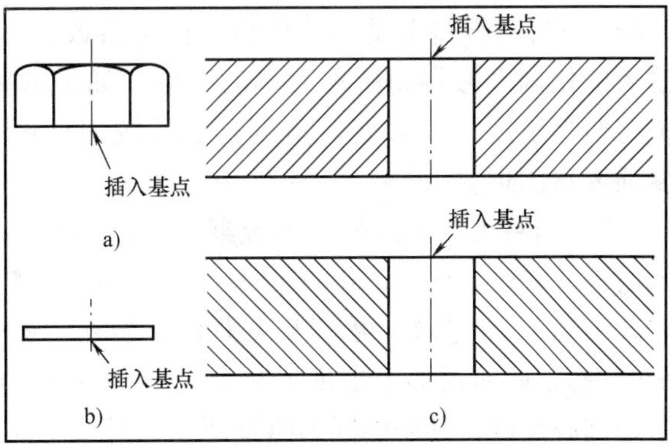

图 8-8　各零件的插入基点

4）按照图 8-6 所示的尺寸画出垫圈的主视图，注意不剖，不标注尺寸。执行“绘图”菜单/“块”/“创建”命令，将垫圈的主视图定义为一个图块，该图块的插入基点如图 8-8b所示。

5）同理，画出图 8-6 所示的两块底板，并分别将其定义成图块，其插入基点如图 8-8c 所示。

6）执行“插入”/“块”命令，分别将各图块调入（按插入基点）装配成图 8-5。注意：螺栓图块在插入时应旋转 180°。

7）将要修改的图块打散（用“分解”命令），按装配关系修改图线，完成图 8-5 的图形。

8）标注装配尺寸。用“标注”工具栏上的“多重引线”命令绘制零件序号。注意：先设置多重引线的样式为带圈字符，参见图 6-48，也可用“快速引线”命令标注。

9）绘制标题栏与明细栏，尺寸如图 8-3 所示，填充文字等，完成装配图。

螺纹连接是一种应用广泛的可拆连接。常用的螺纹紧固件有螺栓、双头螺柱、螺钉、螺母和垫圈等。这些零件都是标准件，在 AutoCAD 2010 的图库中，预置有一些零件块。如果用户想调用系统预置的图库零件，可按 Ctrl + 3 键，打开“工具选项板”窗口，如图 8-9 所示。在图 8-9 所示的“机械”选项卡下，有常用的六角螺母和六角圆柱头螺栓，带肩螺钉、滚动轴承等。系统预置的米制六角螺母是 M8 尺寸的，六角圆柱头螺栓是 M10 的。如要调用，可采用以下方法：

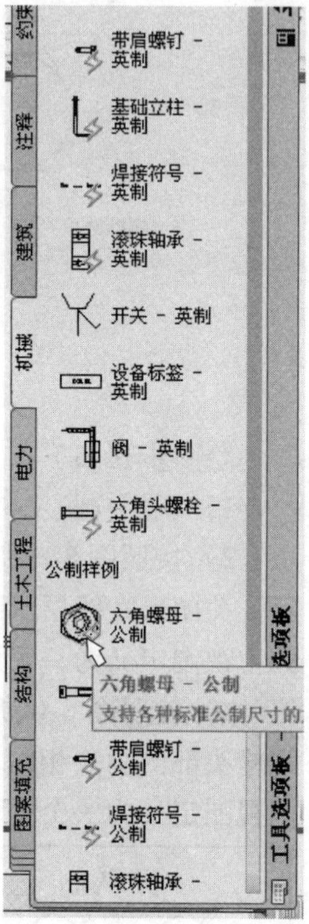

图 8-9　工具选项板窗口

1）用左键单击工具选项板上某图形，然后将鼠标移动到图形中，这时，鼠标指针处就带有图形在移动，此时命令行出现提示：

指定插入点或［基点（B）/比例（S）/X/Y/Z/旋转（R）/］：

此时如果在屏幕上单击一点，该图形便按默认的比例（大小）插入到单击点上，如果在出现上述提示时选择某项，例如，选择“S”,系统将会提示用户输入比例系数，输入后系统将按用户输入的比例系数得到所需大小的图形。如果选择“R”，系统将会提示用户输入旋转角度，然后按用户输入的旋转角度插入该图形。

2）如果用户插入的是系统默认的图形大小，也可在插入后进行修改。例如，用户插入了一个 M8 的螺母，要想把它改为 M10 的螺母，可单击选中它（插入的图形本身是一个图块），此时图形上出现了两个夹点，如图 8-10 所示。一个是圆心夹点，其功能同第四章所述，另一个夹点是用来改变尺寸大小的三角形夹点，单击它便出现了图 8-10 中的尺寸，选择某项便可使图形的尺寸改变。

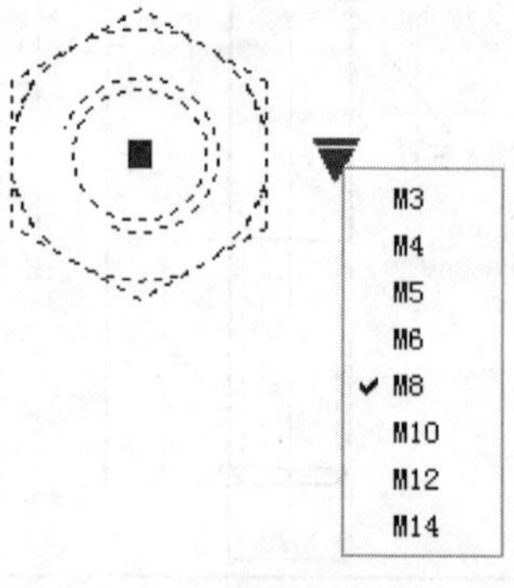

图 8-10　改变插入的图形大小

☞**注**：

1）从“工具选项板”上插入的图形是一个图块，如果要对其中的某一条线段进行编辑（如修剪、移动等），必须先用“分解”命令将图块打散。

2）从“工具选项板”上插入的图形一般是插入到当前层上，且具有当前层的特性。例如，将螺母插入到 0 层上，它将属于 0 层，并具有 0 层的特性；如果将其插入到粗实线层上，它将具有粗实线层的特性。例如，将螺母插入到粗实线层上，则该螺母中所有的线条都是粗实线，如要表现出螺纹的细实线部分，须将螺母打散后，再将螺纹的大径线改变到细实线层上。

3）用户还可通过“AutoCAD 设计中心”调用其他图库零件创建到工具选项板上，此处不再赘述。

例 8-2　用插入图块法绘制键连接的装配图，如图 8-11 所示。

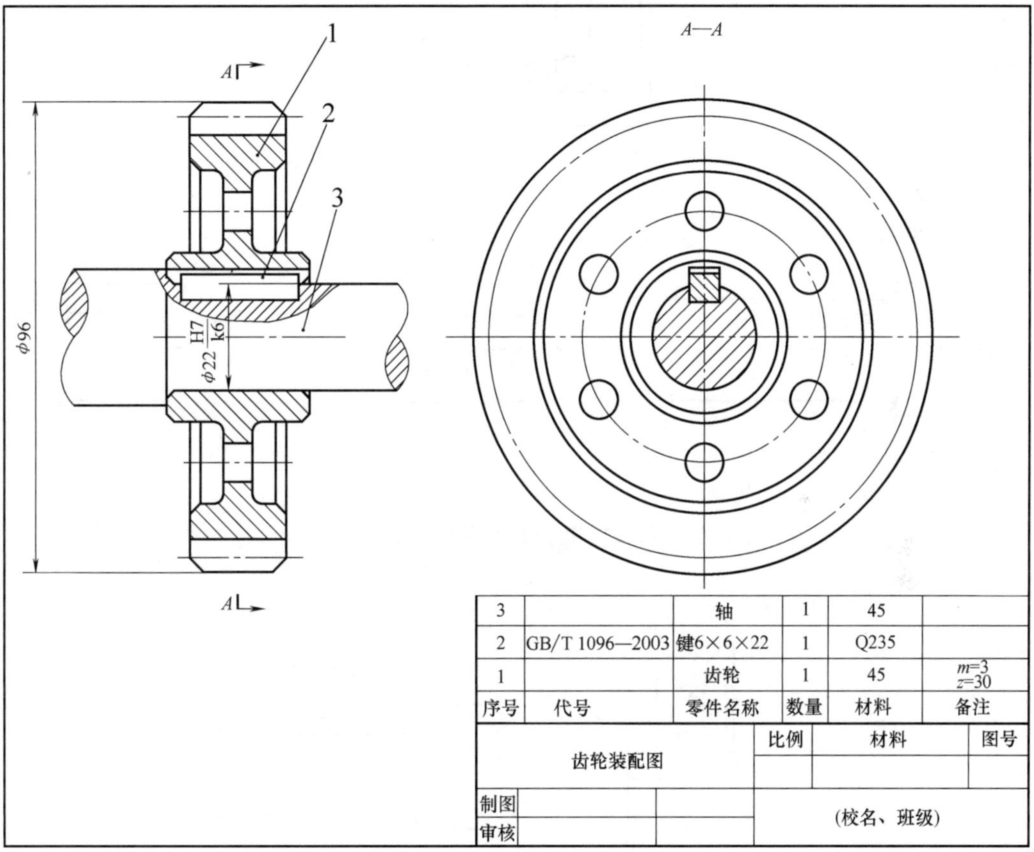

图 8-11　键连接（齿轮）装配图

本例所需的零件图如图 8-12 所示。

操作步骤如下：

1）调用样板文件建立一张新图（A4 图幅，绘图环境已设置完毕）。

2）按照图 8-12 所示的尺寸画出齿轮 1 的主视图。关闭尺寸线层（或不标注尺寸），执行“绘图”菜单/“块”/“创建”命令，将齿轮的主视图定义为一个图块，该图块的插入基点如图 8-13a 所示。

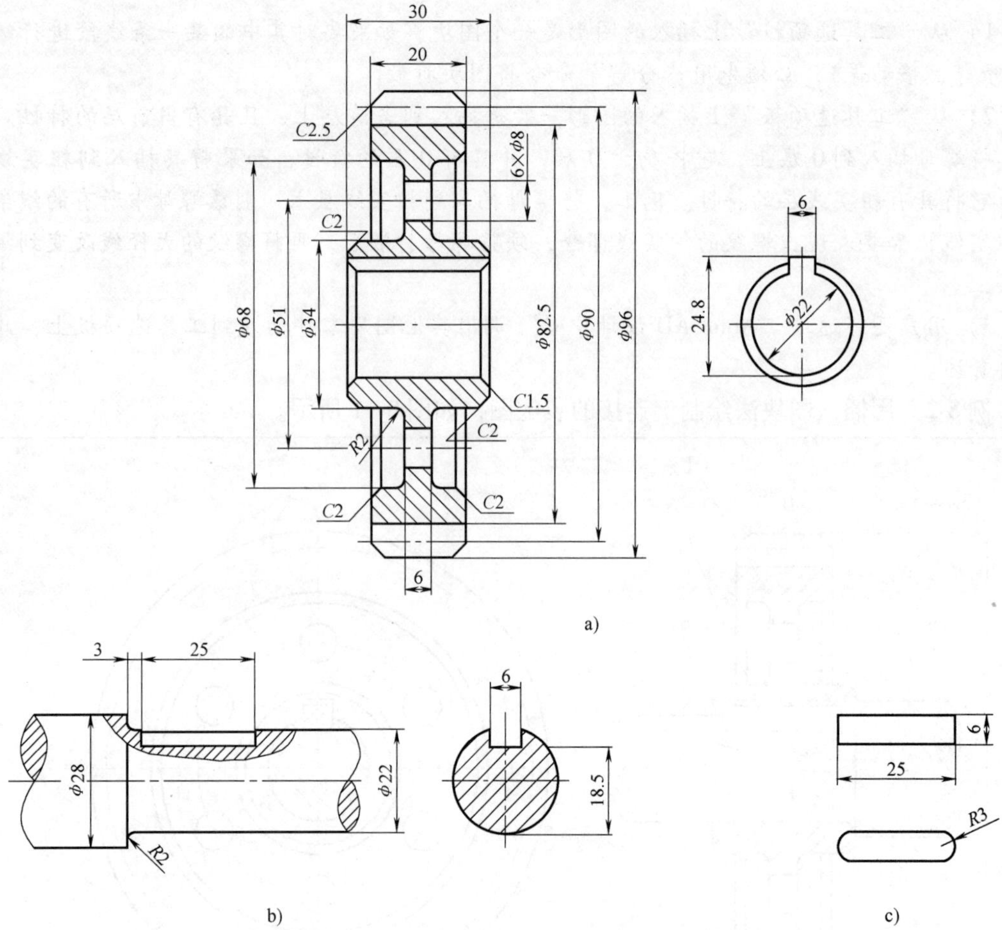

图 8-12　键连接所需的零件图

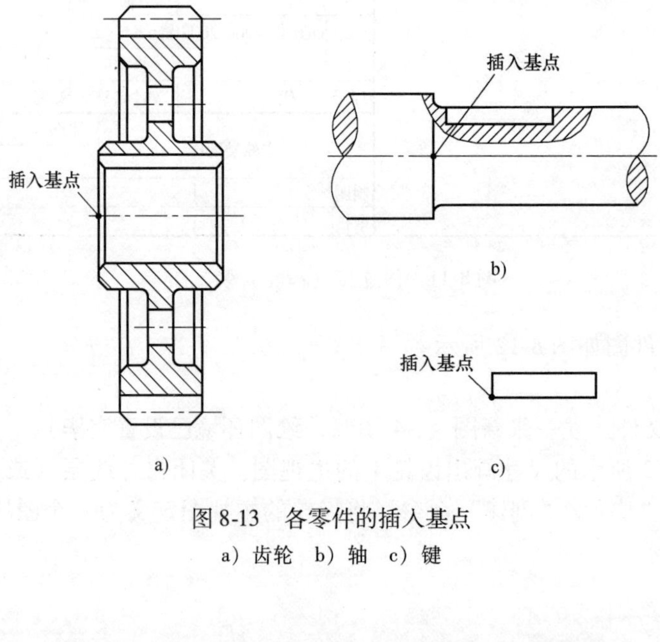

图 8-13　各零件的插入基点
a）齿轮　b）轴　c）键

3）按照图 8-12 所示的尺寸画出轴 3 的主视图。关闭尺寸线层（或不标注尺寸），执行“绘图”菜单/“块”/“创建”命令，将轴的主视图定义为一个图块，该图块的插入基点如图 8-13b 所示。

4）按照图 8-12 所示的尺寸画出键 2 的主视图。关闭尺寸线层（或不标注尺寸），执行“绘图”菜单/“块”/“创建”命令，将键的主视图定义为一个图块，该图块的插入基点如图 8-13c 所示。

5）执行“插入”/“块”命令，分别将各图块调入（按插入基点）装配成图 8-11 中的主视图。先调入轴 3，再调入齿轮 1，再调入键 2。

6）将所需修改的图块打散，按装配关系修改主视图。

7）补画出图 8-11 中的 *A*—*A* 剖视图。

8）标注装配尺寸。用“标注”工具栏上的“快速引线”命令绘制零件序号。

9）绘制标题栏与明细栏，填充文字等，完成装配图。

思考与上机练习

一、复习与思考

1. 绘制装配图有哪几种方法？各有什么优点或缺点？

2. 如果用图块插入法绘制装配图，插入基点应该怎样选择？

3. 如果用插入文件法绘制装配图，为什么需要在文件插入前定义基点？基点在绘制装配图时起什么作用？

二、上机练习

练习 1　参照图 8-14、图 8-15 所示的零件图，按 2∶1 比例绘制图 8-16 所示的装配图，并补全重要尺寸。标题栏尺寸如图 2-21 所示，明细栏尺寸如图 8-3 所示。

练习 2　用“Wblock”命令将图 8-3 所示的明细栏制作成公用图块。

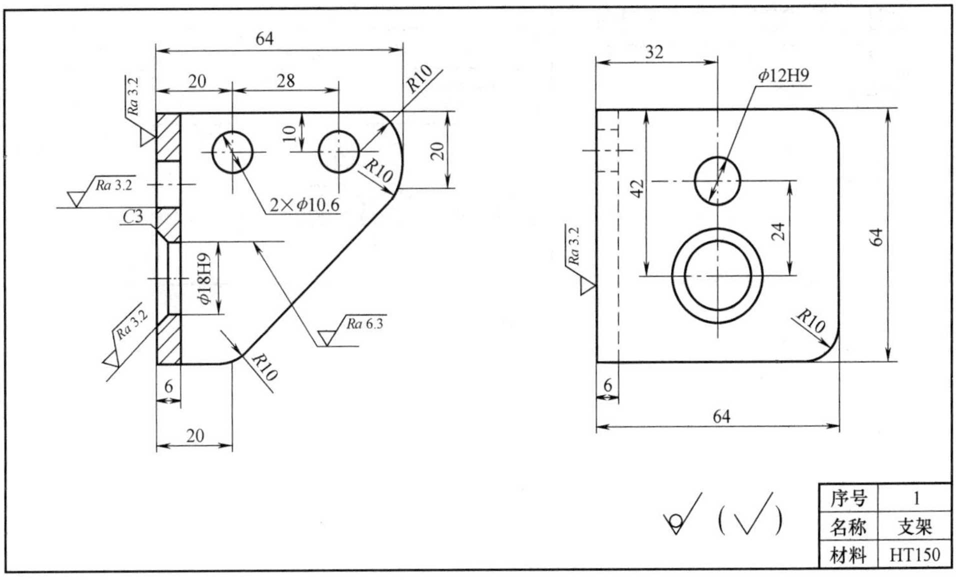

图 8-14　支架零件图

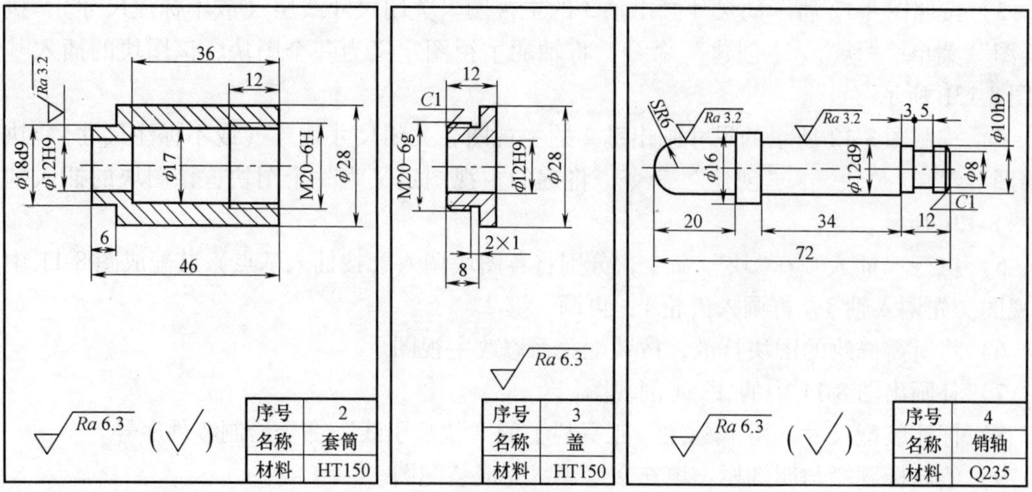

图 8-15　零件图

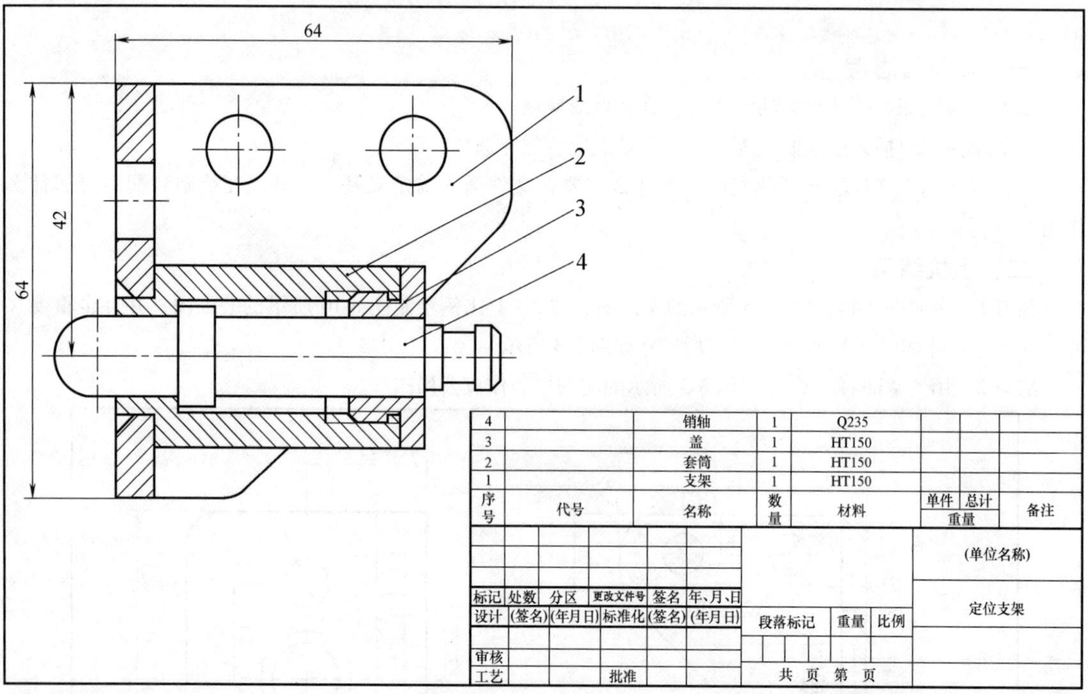

图 8-16　装配图

第九章　AutoCAD 的三维实体绘制基础

在 AutoCAD 中，绘制三维图形的方法有多种，例如有线结构、面结构、实体结构等，同一个三维实体也可用不同的方法绘制。本章简要介绍三维图形绘制的工作空间，以及简单的三维图形实体绘制的方法。

本章主要介绍以下内容：

- AutoCAD 的三维建模工作空间
- 基本三维实体的绘制方法
- 简单三维实体的绘制方法
- 三维实体绘制举例

第一节　AutoCAD 的三维建模工作空间

从状态栏右侧的工作空间切换下拉列表中选择“三维建模”，可切换至三维建模工作空间，如图 9-1 所示。

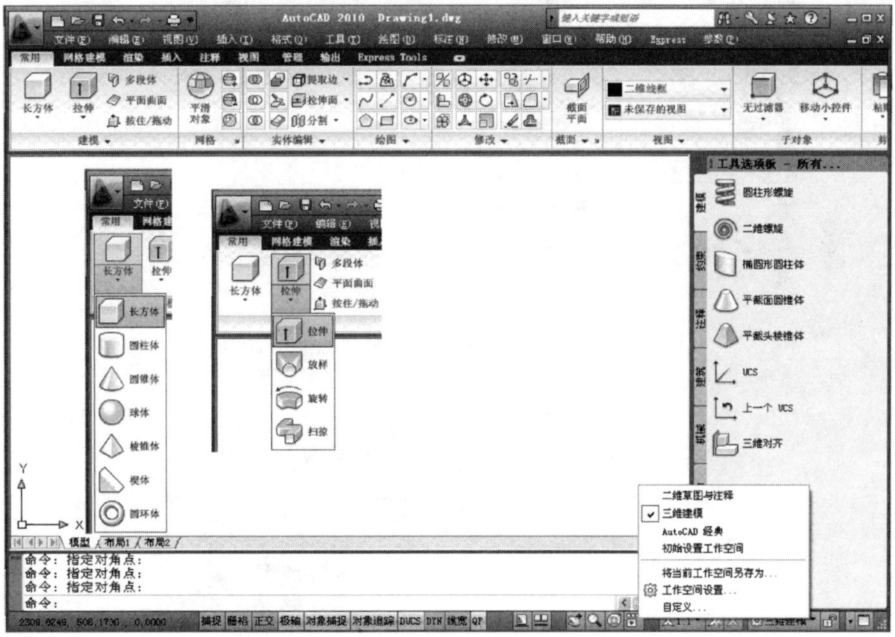

图 9-1　三维建模工作空间

从图 9-1 所示的三维工作空间中可见，“常用”选项卡下的各种面板上积聚着的命令已变成了三维图形绘制操作与编辑命令。例如，“建模”面板上的长方体绘制命令下拉列表中含有长方体、圆柱体、圆锥体、球体等命令，“拉伸”命令下拉列表中就含有拉伸、放样、旋转等命令。此时，状态栏上的 DUCS 按钮可用于控制动态 UCS（用户坐标系）随着三维图形的绘制而动态移动。

第二节　基本三维实体的绘制方法

下面以绘制长方体为例，用两种方法介绍基本实体的绘制方法。

（1）建立 A3 图幅，线型为细实线或粗实线或直接使用 0 层线型。

1）单击“建模”面板上的“长方体”命令，如图 9-1 所示。

2）在绘图区单击左键，选定长方体底面的第一角点。

3）再输入长方体的第二角点。例如，底面为 100mm × 60mm 的长方体，第二角点相对于第一角点可为（@100，−60）。

4）输入长方体的高度“70”并按回车键，即完成长方体的绘制。

5）选择“视图”面板/“未保存的视图”/“西南等轴测”命令，如图 9-2 所示，便可见到图 9-3a 所示的长方体轮廓。

6）再选择“视图”面板/“二维线框”/“概念”或“真实”命令，如图 9-2 所示，可得到图 9-3b 所示的实体。

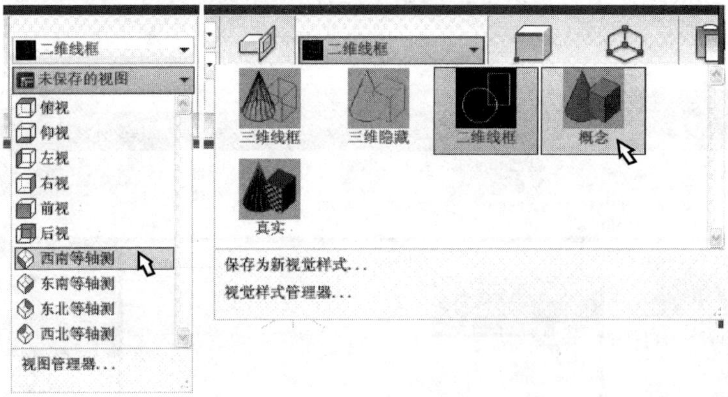

图 9-2　选择“西南等轴测”和“概念”命令

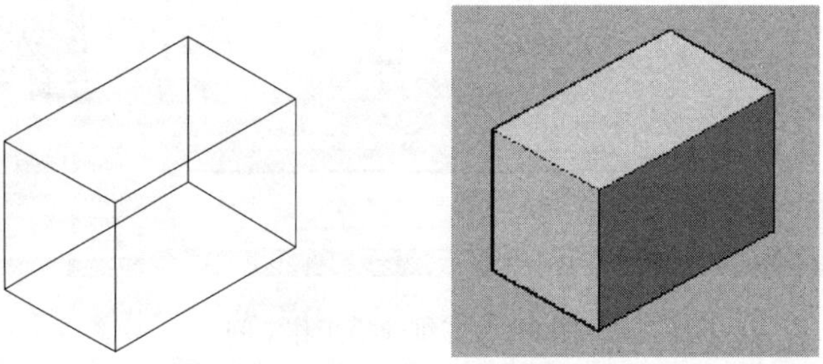

a)　　b)

图 9-3　绘制长方体

a）长方体的西南等轴测图　b）长方体实体造型

☞注：

其他基本实体的绘制方法大致相同，应注意以下几点：

1）圆柱体：依次输入圆柱体底面的中心点、半径及高度（如选择椭圆形（E），依次输入一轴线的第 1、2 端点，另一轴的半长及椭圆柱的高度）。

2）圆球：依次输入球心、半径。

3）圆锥体：依次输入圆锥体底面的圆心、半径及圆锥体高度。

4）楔体：依次输入底面四边形的两个对角点及楔体高度（或输入第一角点后，选择立方体（C），再输入边长，可得正立方体）。

5）圆环：依次输入大圆环的中心点、圆环半径及圆管半径。

6）可用鼠标单击某实体，从弹出的“快捷特性”框中更换颜色等。

图 9-4 所示为绘制的圆锥体、球体、楔体、圆环实体等。

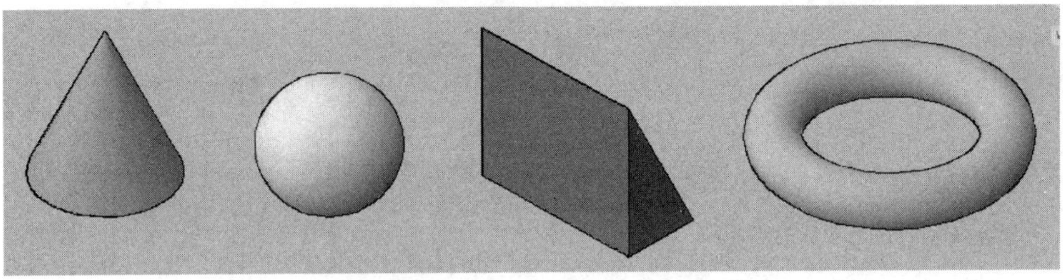

图 9-4　用“基本实体”命令绘制的几种基本实体

（2）新建调用 acadiso3d. dwt（或 acad3d. dwt）图形样板，进入图 9-5 所示的 3D 空间绘图。

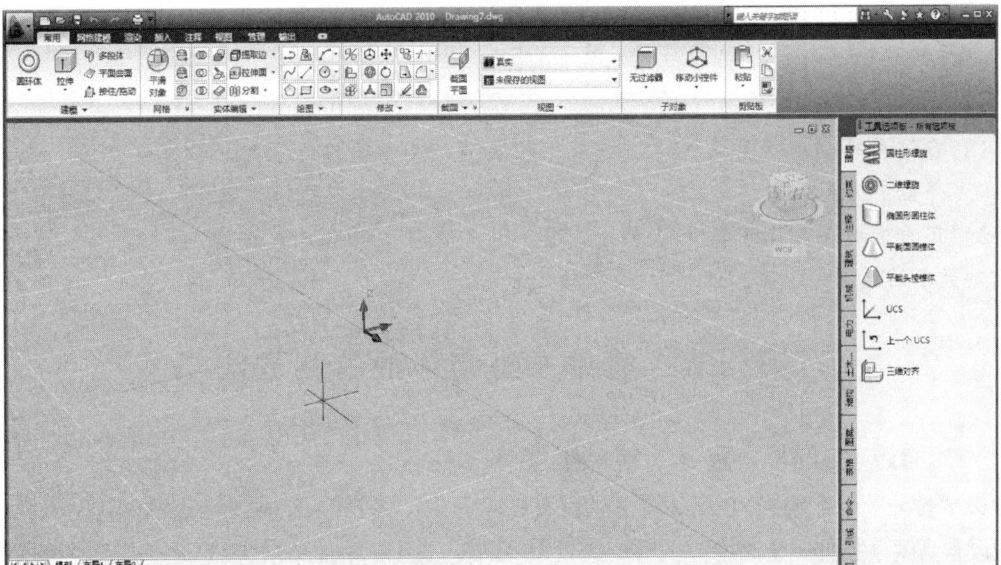

图 9-5　调用 acadiso3d. dwt 模板后进入的 3D 绘图空间

1）单击“建模”面板上的“长方体”命令，如图 9-1 所示。

2）在绘图区单击左键，选定长方体底面的第一角点。

3）再输入长方体的第二角点（例如，底面为 100mm × 60mm 的长方体，第二角点相对于第一角点可为（@100，-60）。

4）输入长方体的高度“70”并按回车键，即完成长方体的绘制，如图 9-6 所示。

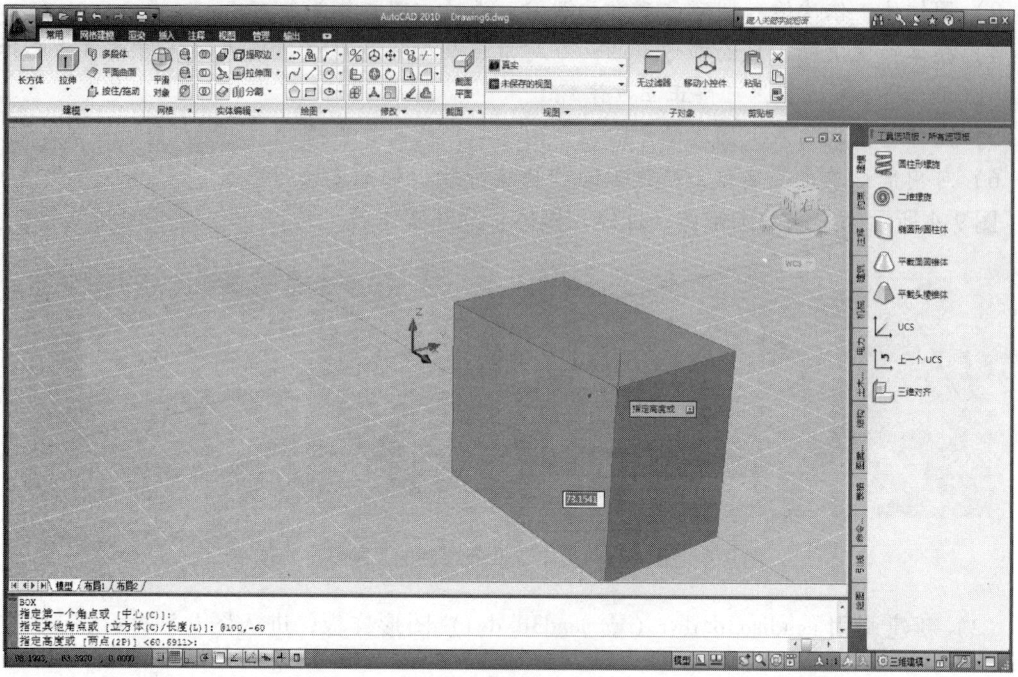

图 9-6　直观地绘制长方体

☞**注：**

该方法的特点如下：

1）直接在等轴测视图状态的“概念”模式下绘制 3D 图形，初始状态默认底面为水平面（XY 平面），很直观。

2）用户坐标系指出了各坐标方向，便于用户使用，但用户最好先设置图幅大小，以便于控制显示的效果。

第三节　简单三维实体的绘制方法

一、通过“拉伸”命令绘制三维实体

以“拉伸”命令绘制 3D 实体的方法，是先建立 2D 多段线、圆或椭圆等整体封闭对象，再利用设置高度（拉伸一个高度）的方式建立 3D 实体。在拉伸的方法上有按给定高度拉伸或按指定路径拉伸等。例如要绘制立方体，可先画出一个矩形，再选择“拉伸”命令将其拉伸一个高度而得到；要绘制一个圆柱体，可先画出一个圆，再用“拉伸”命令拉伸一个高度得到。

下面以图 9-7 所示的平面图形尺寸为例，绘制其三维实体造型。

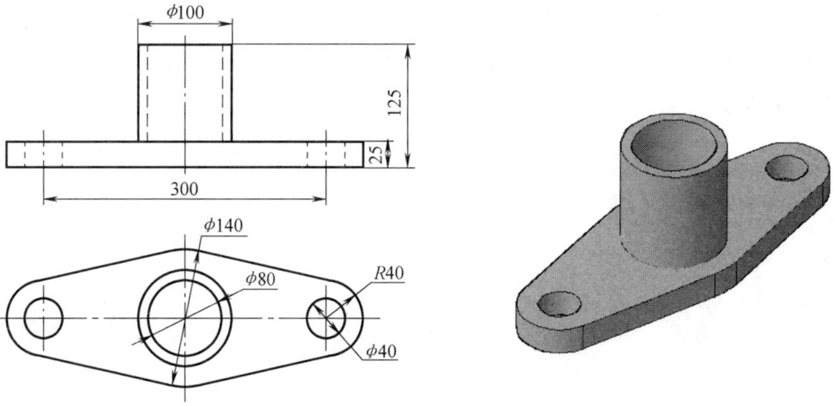

a) b)

图 9-7 根据平面图形绘制三维实体

操作步骤如下：

1）设置图幅 A3，当前线型为细实线，颜色为绿色，视觉效果为“概念”。

2）切换到俯视图（见图 9-8），画出图 9-7a 中俯视图中的图形（先不画 ϕ80 与 ϕ100），如图 9-9 所示。

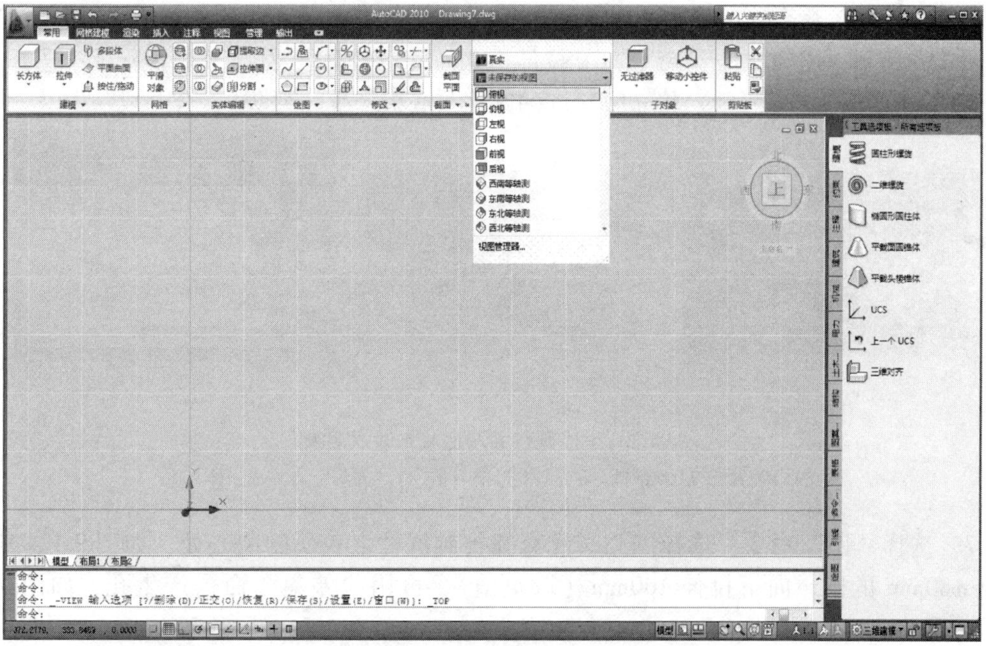

图 9-8 从视图面板中切换到俯视图状态

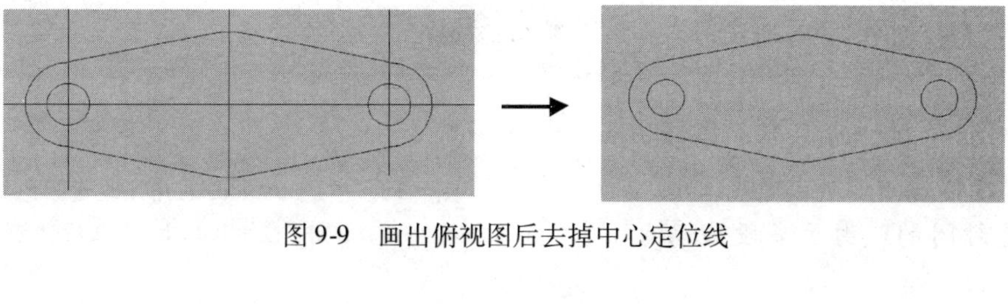

图 9-9 画出俯视图后去掉中心定位线

3）用“pedit”命令将外围线组合成一条线（其操作过程见后注）。

4）选择“拉伸”命令，选中全部图形，将其拉伸 25mm，并切换到“西南等轴测”图，如图 9-10a 所示。

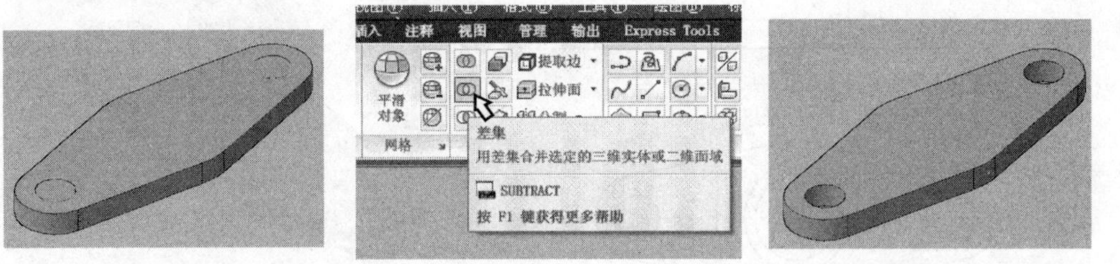

a)　b)　c)

图 9-10　用“差集”命令减去两个小圆柱，生成孔

a）拉伸后　b）选择“差集”命令　c）“差集”计算生成孔

5）选择“实体编辑”面板上的“差集”命令，如图 9-10b 所示，按系统操作提示先选择大底板，按回车键结束后，再选择两个要减去的小圆柱 ϕ40mm，按回车键结束选择，生成两孔，如图 9-10c 所示。

6）按下状态栏上的“DUCS”按钮，使其处于按下的状态（即启用动态 UCS 用户坐标系）。选择“圆”命令，选择圆心时注意捕捉到底板上表面的圆心处，画出 ϕ100mm 的圆，如图 9-11a 所示；用“拉伸”命令向上拉伸 100mm 得到圆柱，如图 9-11b 所示；选择“并集”命令（如图 9-11c 所示）将 ϕ100mm 的圆柱与底板产生“并集”，合并成一体。

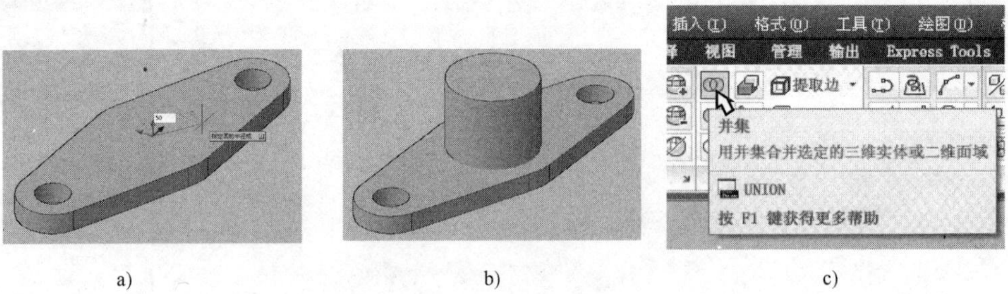

a)　b)　c)

图 9-11　生成圆柱并与底板产生“并集”

a）画出 ϕ100 的圆　b）向上拉伸 100　c）“并集”合并成一体

7）选择“圆”命令，选择圆心时注意捕捉到圆柱上表面的圆心处，如图 9-12a 所示，画出 ϕ80mm 的圆，向下拉伸 100mm（取负值），再用“差集”命令产生孔，如图 9-12b 所示。

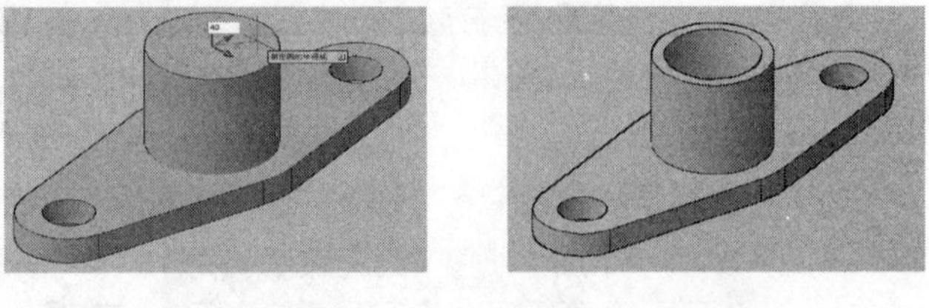

a)　b)

图 9-12　生成 ϕ80mm 的孔并改变颜色

a）画 ϕ80 的圆，并向下拉伸 100　b）差集后改变颜色

8）选中该实体，从“快捷特性”对话框中改变颜色为“青色”，得到所需的三维造型，如图 9-12b 所示。

☞**注：**

1）对于要拉伸的图形，其形状可以是任意的（如图 9-9 中的图形），但必须是封闭的。由于多段线易于编辑，故最好用“多段线”命令画线。如果图形不是一段线画完的（或通过修剪等产生多个接头点），拉伸前须用“Pedit”命令将其整合成一条线。

用“Pedit”命令整合的方法如下：

命令：pedit

选择多段线或［多条（M）］：m

选择对象：用鼠标拖框选择或一个一个地选择

选择对象：单击右键或回车确认

是否将直线和圆弧转换为多段线？［是（Y）/否（N）］？<Y>：y

输入选项

［闭合（C）/打开（O）/合并（J）/宽度（W）/拟合（F）/样条曲线（S）/非曲线化（D）/线型生成（L）/放弃（U）］：j

合并类型＝延伸

输入模糊距离或［合并类型（J）］<0.0000>：按回车确认

按回车键结束。

2）实体模型的布尔运算（即并集、差集、交集3种运算）。“并集”命令可将两个或两个以上实体，组合成一个复合实体，用于将单个图形组合为组合图形。“差集”命令可将两个或两个以上实体共有的部分减去，常用于开孔、开槽等。“交集”命令可将两个或两个以上的实体保留其共有的部分，而其他部分删除（用于求两个实体的相交部分）。

3）在拉伸实体时，若指定拉伸的倾斜角度，可得到有倾斜角度的图形实体，如图9-13c所示的棱锥台，是在出现以下提示：

“指定拉伸的高度或［方向（D）/路径（P）/倾斜角（T）］：t（选择t）

指定拉伸的倾斜角度<0>：10（指定角度10°）

再按下一步提示指定拉伸高度后得到图9-13c示的图形实体。

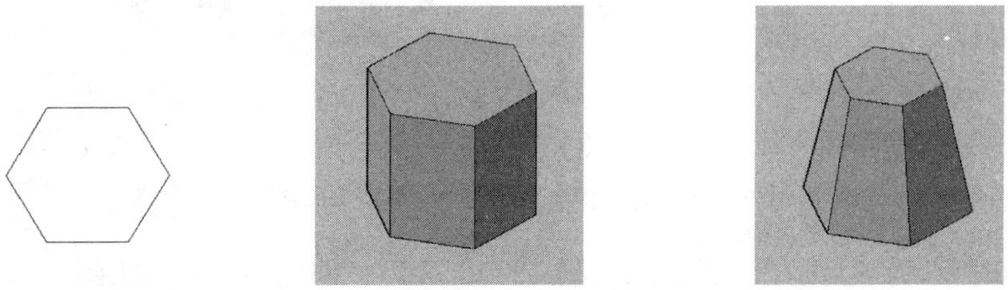

a)　　b)　　c)

图9-13　拉伸实体

a）画出2D图形　b）拉伸一定高度得六棱柱　c）拉伸角度为10°得六棱锥台

4）也可按指定路径拉伸得3D实体。拉伸沿指定路径拉伸的3D实体，路径可以是圆、椭圆，也可以是由圆弧、椭圆弧、多段线、样条等组合的曲线。路径可以封闭，也可以不封闭。操作方法与上述的方法基本相同，不同之处是：绘制的图形除了原图形外，还需再绘制一条路径线（注意拉伸对象与路径线不能共面）。在执行“拉伸”命令时，系统提示：

指定拉伸的高度或［方向（D）/路径（P）/倾斜角（T）］：p（选择 p，按回车）

选择拉伸路径或［倾斜角（T）］：（用鼠标去选择路径曲线）

图 9-14 所示为沿曲线路径拉伸的实体示例。

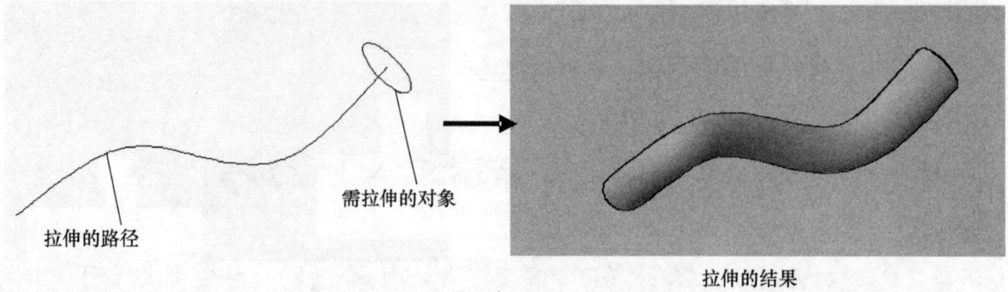

图 9-14　沿曲线路径拉伸生成 3D 实体

二、通过“旋转”命令绘制三维实体

以“旋转”命令绘制回转实体的方法是：先建立 2D 多段线、圆、椭圆或样条曲线等整体封闭对象，再以指定旋转轴的方式建立 3D 实体。如果用“直线”或“圆弧”命令绘制旋转用的 2D 图形，在旋转前必须用“Pedit”（编辑多段线）命令将它们转换为多段线，并合并为单条封闭线，然后再旋转。作为旋转轴的轴线，可以是直线、多段线，也可以是通过指定两点所决定的直线。

例如，要绘制一根轴，可画出轴的一半图形（必须是封闭的），如图 9-15a 所示，再选择“旋转”命令（图 9-1），按系统提示选择要旋转的对象，再选择两点（轴中间那条线上两点），输入旋转角度 360°后，便得到所绘制的轴，如图 9-15b 所示。

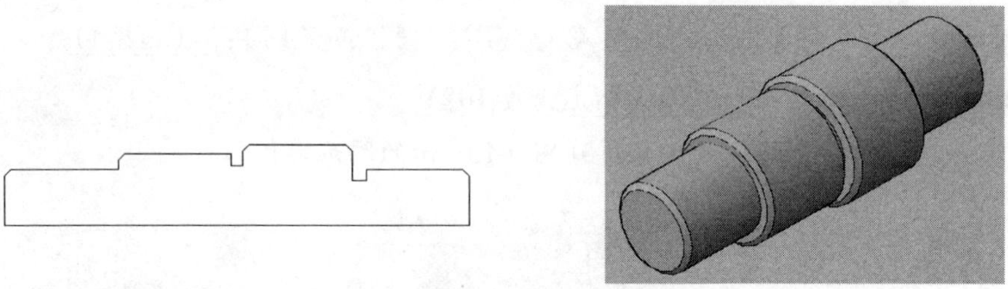

a)　　b)

图 9-15　旋转生成轴

a）画出封闭的一半轴　b）旋转生成轴

图 9-16 所示为一封闭图形绕直线旋转 180°、270°、360°后得到的图形。

a)　　b)　　c)　　d)

图 9-16　旋转生成实体回转体

a）封闭图形　b）旋转角 180°　c）旋转角 270°　d）旋转角 360°

图 9-17 所示为旋转生成酒杯造型。

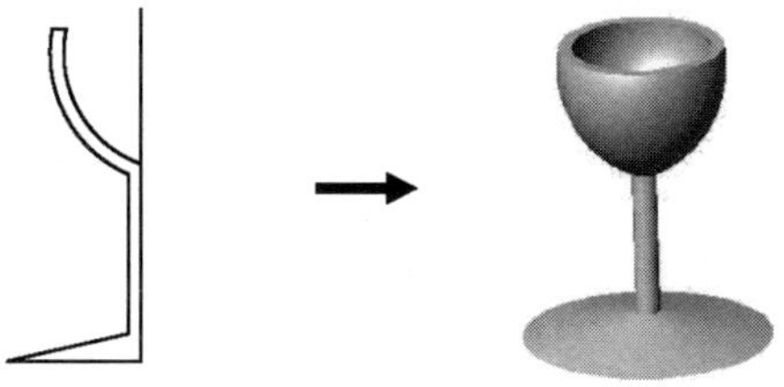

图 9-17　旋转生成酒杯造型

三、通过“扫掠”命令绘制三维实体

“扫掠”命令如图 9-18 所示，其功能是沿指定的路径以指定轮廓的形状绘制实体或曲面，路径可以是开放或闭合的二维或三维路径，轮廓可以是开放或闭合的平面曲线。一次操作可以扫掠多个对象，但是这些对象必须位于同一平面中，当选择要扫掠的对象时，该对象将自动与用作路径的对象对齐。

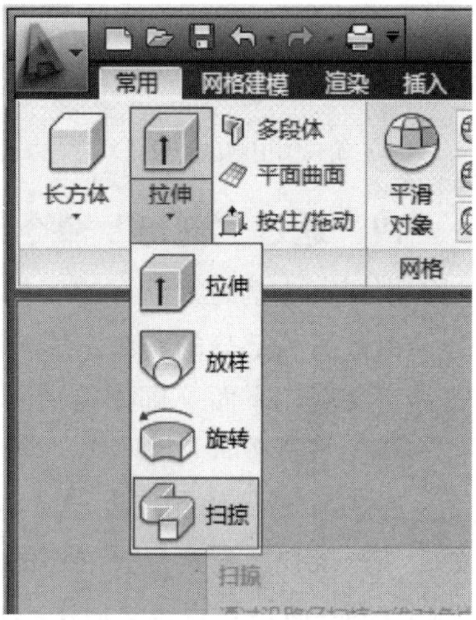

图 9-18　“建模”面板上的“扫掠”命令

例如，要绘制图 9-19c 所示的圆柱形螺旋图形，其操作步骤如下：

1）切换到“俯视图”（图 9-8），执行“工具”选项板上的“圆柱形螺旋”命令（图 9-1）。按操作提示画出一个底面半径为 R80mm，圈数 3，高度 150mm 的圆柱形螺旋线，以及一个半径为 R8mm 的圆，如图 9-19a所示。

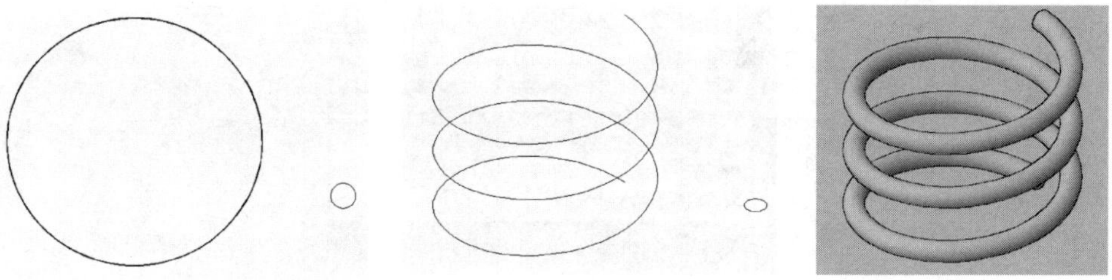

a)　b)　c)

图 9-19　扫掠生成圆柱形螺旋

a）俯视图　b）西南等轴测视图　c）圆柱形螺旋

2）切换到“西南等轴测图”，如图 9-19b 所示，可见到圆以及螺旋线。

3）执行图 9-18 所示的“扫掠”命令，选择圆为扫掠对象，螺旋线为扫掠路径，生成圆柱形螺旋，从“视图”面板上选择“概念”或“真实”，再单击该螺旋，从弹出的快捷特性对话框中修改颜色为青色，即得到图 9-19c 所示的图形实体。

☞**注**：

图 9-19 的操作步骤 1）中切换到俯视图步骤可以省略，直接在西南等轴测视图状态中画图即可。

图 9-20 所示为一段圆弧沿一条直线扫掠得到的一个曲面示例。

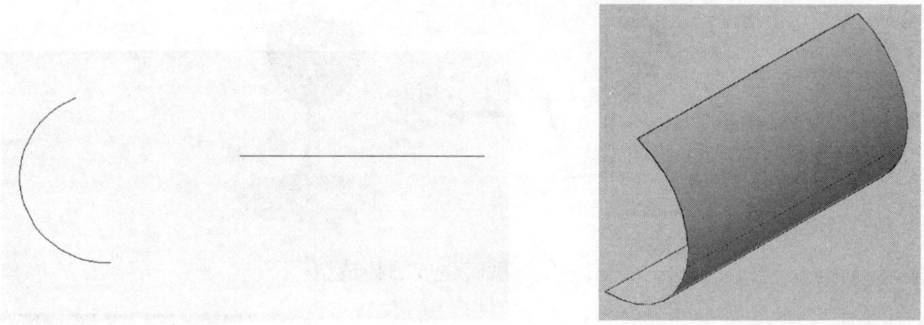

a) b)

图 9-20 扫掠生成曲面

a）俯视图中画出一段圆弧与一条直线 b）西南等轴测图中扫掠对象为圆弧，扫掠路径为直线，生成曲面

四、通过“剖切”命令剖切三维实体

剖切实体就是将已有的实体沿指定的平面切开，分割成不同的实体，或移去指定的部分，保留另一部分的实体图形。剖切时常需要确定剖切平面。确定剖切平面常用的方法有：三点定义剖切平面（即指定平面上的 3 点）、以选择对象方式定义剖切面、*Z* 轴、*XY* 平面、*YZ* 平面、*XZ* 平面、视图等。

图 9-21 所示为用三点定义剖切面来剖切实体的过程。图 9-21a 所示为选取“剖切”命令，按系统提示先选择要剖切的实体对象，再选取三点（三个圆心）来定义一个剖切平面，如图 9-21b 所示三点，然后按提示选取保留的一侧后，得到图 9-21c 所示的结果。

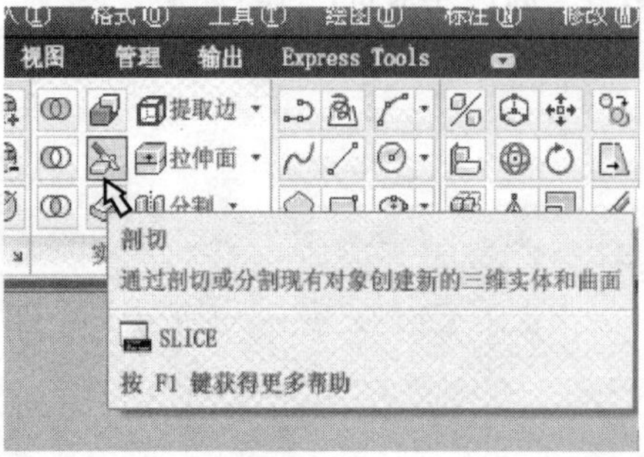

a)

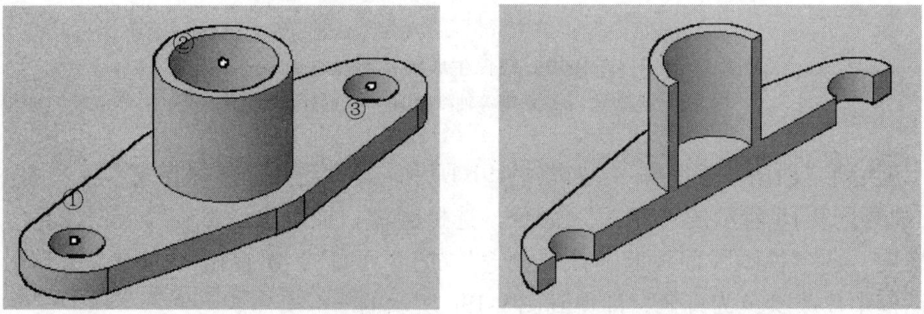

b) c)

图 9-21 用三点定义剖切面剖切实体

a）剖切命令按钮 b）选取三点定义剖切面 c）剖切结果

第四节　三维实体绘制举例

一、视图切换与视觉样式切换

在绘制三维实体的过程中，常常会在各种视图间切换，常用的视图切换命令如图 9-22a 所示，为观察三维实体的效果，常需要切换不同的视觉样式，如三维线框、三维隐藏、二维线框、概念、真实等，视觉样式切换命令如图 9-22b 所示。同一实体的不同视觉样式如图 9-23所示。

a)　　b)

图 9-22　视图面板上的切换命令

a）视图切换命令　b）视觉样式切换命令

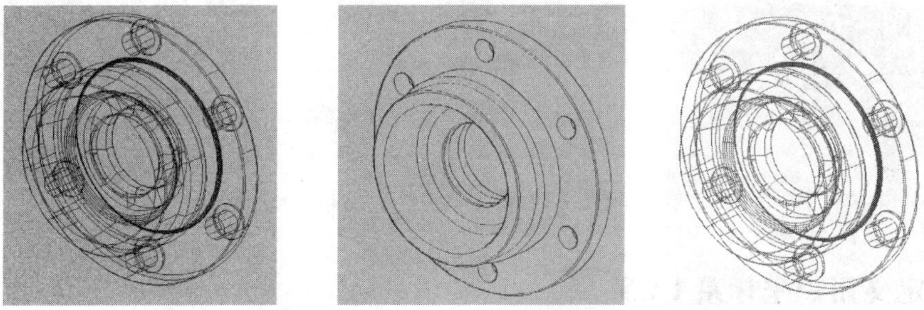

a)　　b)　　c)

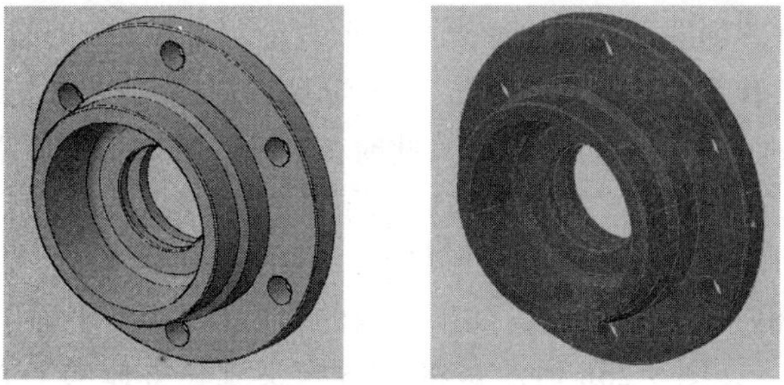

d)　　e)

图 9-23　五种不同的视觉样式

a）三维线框　b）三维隐藏　c）二维线框　d）概念　e）真实

二、三维动态观察

在“视图”选项卡下的“导航”面板上，可打开三维动态观察命令，如图 9-24 所示。在“自由动态观察”命令下，可拖动实体自由旋转，如图 9-25 所示，如打开“连续动态观察”命令，实体可按拖动的方向自动旋转。

图 9-24　“导航”面板上的“动态观察”命令

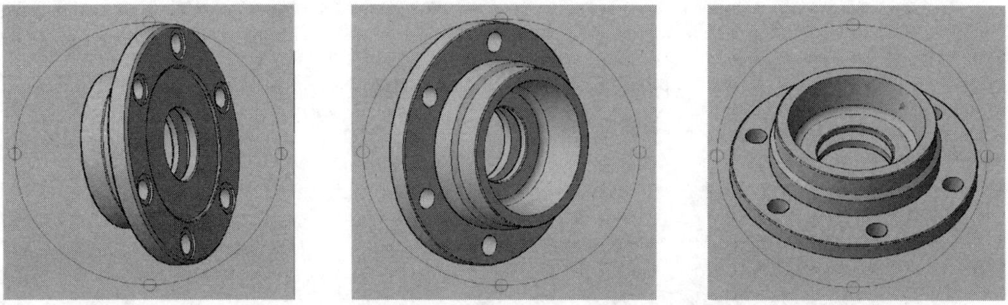

a)　　b)　　c)

图 9-25　自由动态观察效果

三、定义用户坐标系 UCS

在一个视口中绘制 3D 图形，必须要学会定义用户坐标系 UCS，才能正确绘图。其特点是：通过切换或定义 UCS 到图形的某个面上或某个点上，将 3D 图形简化成 2D 的方式来绘制。每一个 UCS 都可以有不同的原点，可将 UCS 定义到不同的位置。默认情况下，坐标系统的原点位于绝对坐标原点（0，0，0）处，此时，UCS = WCS（世界坐标系），如图 9-26a 所示。当按下状态栏上的 DUCS 按钮时，即启动了动态 UCS，此时在三维图形的绘制过程中，用户坐标系 UCS 将随着用户绘制的图形移动，但用户绘图都只能是在既定坐标系的 *XY* 平面上或在与 *XY* 平面相平行的平面上，如果要画的图形不在 *XY* 平面上，就需将 UCS 移动（自定义）到那个平面上，图 9-26b 所示是将 UCS 定义到长方体的上表面上画图，或是将 UCS 定义到长方体的正前面，如图 9-26c 所示，以便于在该平面上绘图。

定义用户坐标系 UCS 最简单的方法是单击“工具”选项板上的“UCS”按钮，如图 9-27 所示，或在命令行输入“UCS”。此时命令行将出现提示：

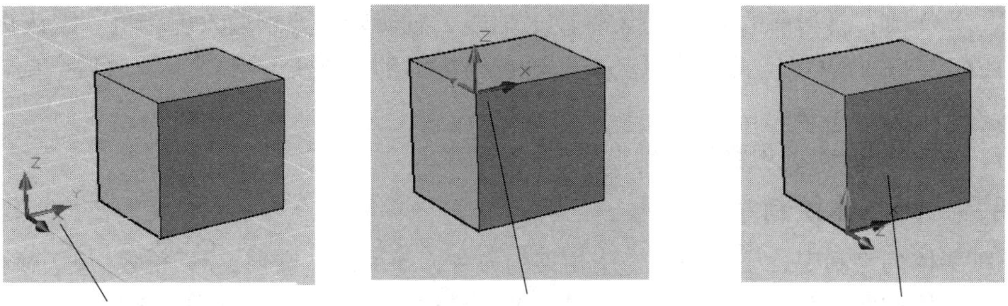

a)　　b)　　c)

图 9-26　定义用户坐标系 UCS

a）世界坐标系 WCS　b）用户坐标系 UCS 定义到上表面　c）用户坐标系 UCS 定义到正前面

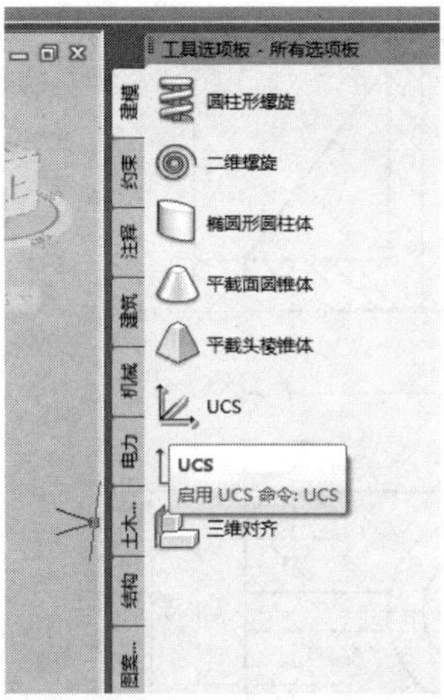

图 9-27　“工具”选项板上的“UCS”命令

命令：_ UCS

当前 UCS 名称：＊没有名称＊

指定 UCS 的原点或［面（F）/命名（NA）/对象（OB）/上一个（P）/视图（V）/世界（W）/X/Y/Z/Z 轴（ZA）］<世界>：

其中：

1）指定 UCS 的原点：要求输入一个新的原点，并进一步提示指定 *X* 轴上的点或指定 *XY* 平面上的点等。

2）面（F）：将新的 UCS 定义到选取的面上，方法是在面的边界内或面的边界上单击左键。*X* 轴会对齐于选择点最接近的边界（或继续选择“下一个”，可切换到要选择的另一个面，直至“接受”）。

3）命名（NA）：指对已原有的 UCS 进行恢复、保存、删除等。

4）对象（OB）：以选择对象的方式定义 UCS，坐标系将在平行于该对象的平面上。

5）上一个（P）：恢复到前一次的 UCS。

6）视图（V）：设置当前的 UCS 为平行于视图平面，而原点不变的 UCS。

7）/X/Y/Z：将当前的 UCS 绕 X 轴或 Y 轴或 Z 轴旋转，要求输入旋转角（默认 90°）。

8）Z 轴（ZA）：以定义新的原点及 Z 轴的正方向的方式变更 UCS，选取后会要求指定原点及 Z 轴正方向的点。

9） <世界>：选此项将返回到世界坐标系 WCS。

四、三维实体绘制举例

三维实体的绘制中，还常用到一些相关的命令，如倒角、圆角、3D 镜像、3D 旋转以及编辑三维实体的面命令等，由于篇幅所限，本书只对在三维实体绘制举例中用到的命令进行描述。

例 9-1　参照图 9-28 所示的底座三视图，完成底座的实体造型。

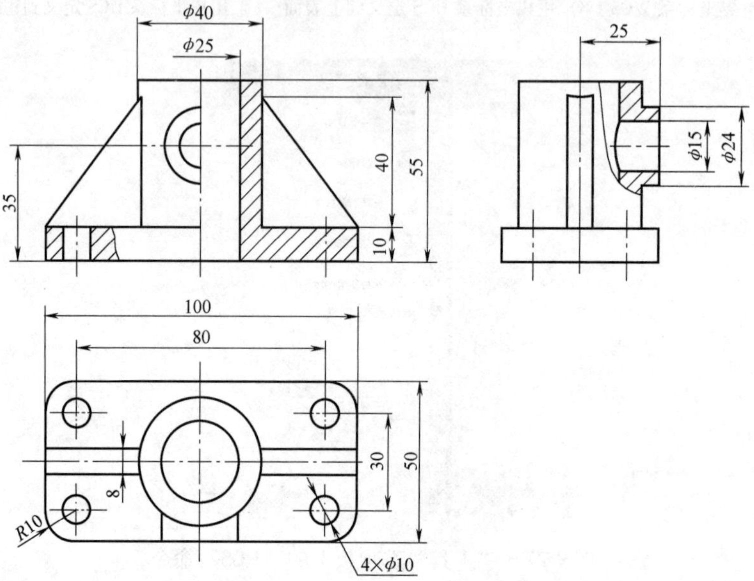

图 9-28　底座的三视图

1. 生成底板

1）由图 9-8 中所示的命令，切换到“俯视图”，画出图 9-29a 所示的 2D 图形，并切换到西南等轴测视图，如图 9-29b 所示。

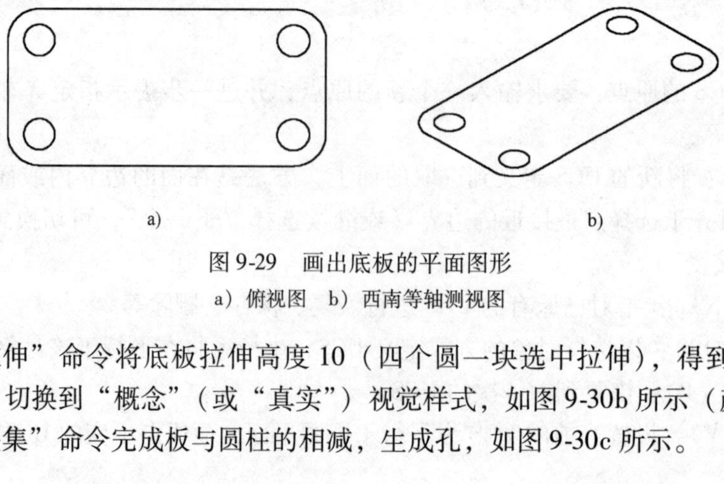

图 9-29　画出底板的平面图形

a）俯视图　b）西南等轴测视图

2）用“拉伸”命令将底板拉伸高度 10（四个圆一块选中拉伸），得到二维线框图如图 9-30a 所示，切换到“概念”（或“真实”）视觉样式，如图 9-30b 所示（颜色自定）。

3）用“差集”命令完成板与圆柱的相减，生成孔，如图 9-30c 所示。

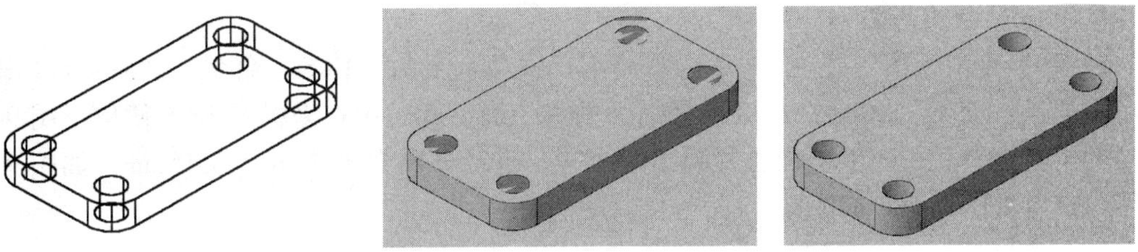

a)　　b)　　c)

图 9-30　拉伸底板及 4 个圆柱

a）“二维线框”视觉样式　b）“概念”视觉样式　c）“差集”命令生成孔

2. 完成圆筒的造型

1）在底板的上表面画出直径为 ϕ40mm 的圆，如图 9-31a 所示，用“拉伸”命令将该圆向上拉伸 45mm 生成圆柱，并与底板求“并集”，如图 9-31b 所示。

2）在圆柱的上表面画出直径为 ϕ25mm 的圆，用“拉伸”命令向下拉伸 55mm，再与外圆柱求“差集”生成圆筒，如图 9-31c 所示。

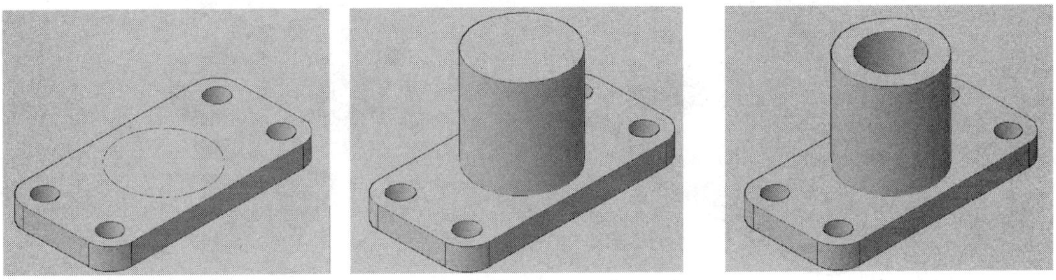

a)　　b)　　c)

图 9-31　完成圆筒造型

a）在底板的上表面画圆　b）向上拉伸成圆柱　c）大圆柱减去小圆柱生成圆筒

3. 完成两块肋板的造型

1）切换到“前视”（主视图），在主视图中用“多段线”命令画出一个封闭的三角形（三角形高 40mm，底边的长应大于 30mm，以便与圆柱相交，例如取 33mm），如图 9-32a 所示，再切换到“西南等轴测”图，将其拉伸 8mm，如图 9-32b 所示。

2）将三角板移动到底板左边的中点（正确位置），改变三角板的颜色与底板一致，再用“镜像”命令将肋板镜像复制出一份（以底板对称中心线为镜像线），然后与底板求“并集”，完成肋板的造型，如图 9-32c 所示。

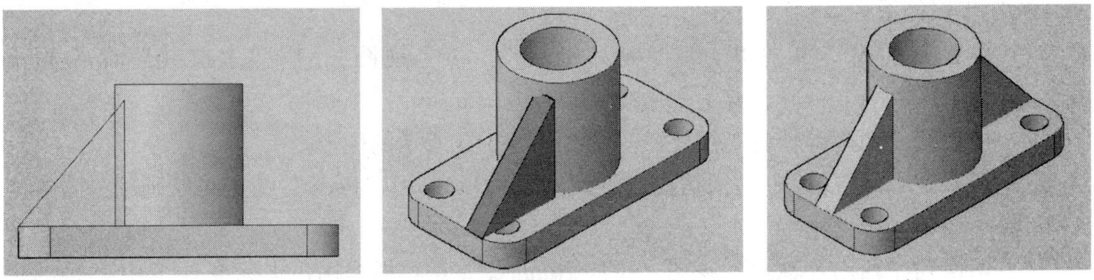

a)　　b)　　c)

图 9-32　肋板造型过程

a）前视图　b）拉伸三角板　c）生成肋板

4. 完成凸台的造型

1）切换到前视图（主视），单击右侧工具选项板上的“UCS”命令，在命令行出现的提示中选择“面 F”，然后选择底板最前面的一个面，此时用户坐标系 UCS 便位于图 9-33a 所示的位置。然后在图中正确位置画出两个圆，直径分别为 ϕ24mm 与 ϕ15mm，如图 9-33a 所示，其左视图如图 9-33b 所示。

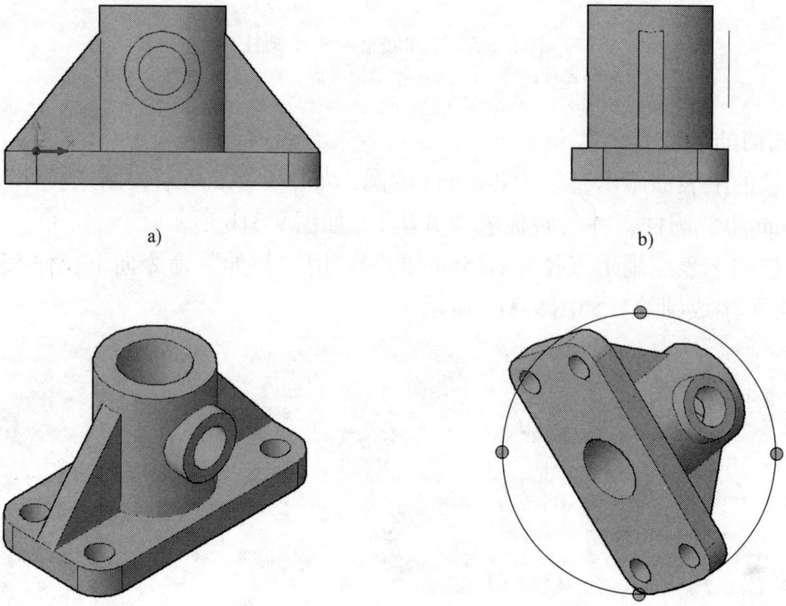

a)　b)　c)　d)

图 9-33　生成凸台

a）主视图画圆　b）左视图看圆　c）生成的实体造型　d）三维动态观察效果

2）拉伸 ϕ24mm 的圆，拉伸长度为 12mm（在满足尺寸要求下，长度可自定，应注意能与圆筒产生相贯，取负值），并与圆柱求“并集”。再拉伸 ϕ15mm 的小圆，拉伸长度为 15mm（负值），并与圆柱求“差集”，即得到该实体的全部造型，如图 9-33c 所示。图 9-33d所示为三维动态观察效果图。

例 9-2　按图 9-34a 所示的三视图，生成图 9-34b 所示的实体造型。

操作步骤如下：

1）设置图幅 A4，颜色 8，切换到“前视”（主视图），用“多段线”命令画出图 9-35a，用“Pedit”命令合并为一条线，拉伸 80mm。

2）切换到“西南等轴测”视图，可见到图 9-35b 所示的图形。

3）切换到“后视图”，利用捕捉定位画出图 9-35c，用“Pedit”命令将所画部分合并为一条线。

4）切换到“西南等轴测”视图，拉伸 20mm（注意：根据用户坐标系 UCS 中 Z 轴的正方向来决定拉伸是正值还是负值），可见到图 9-35d 所示的图形；求 ϕ30mm 孔与 U 形板的差集；再求 U 形板与底座的并集。

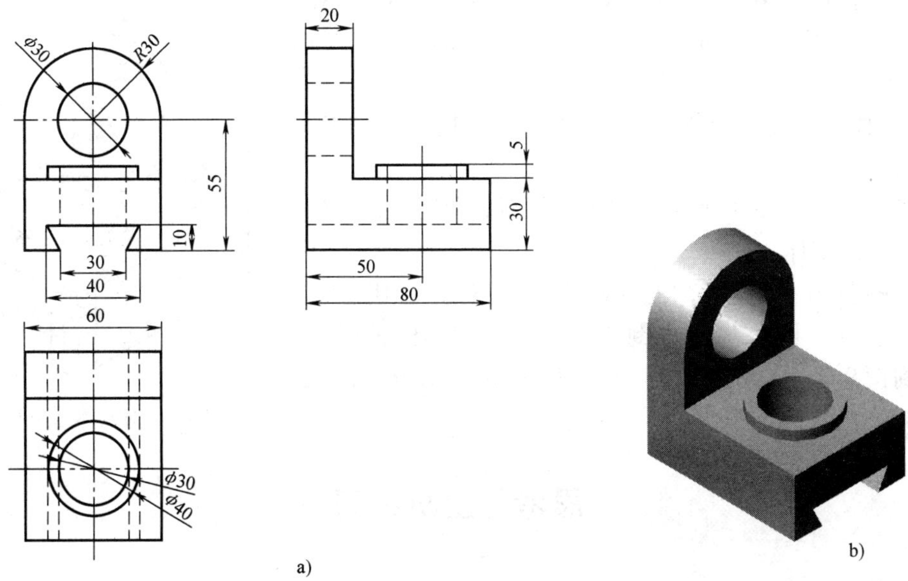

图 9-34　按三视图生成实体造型

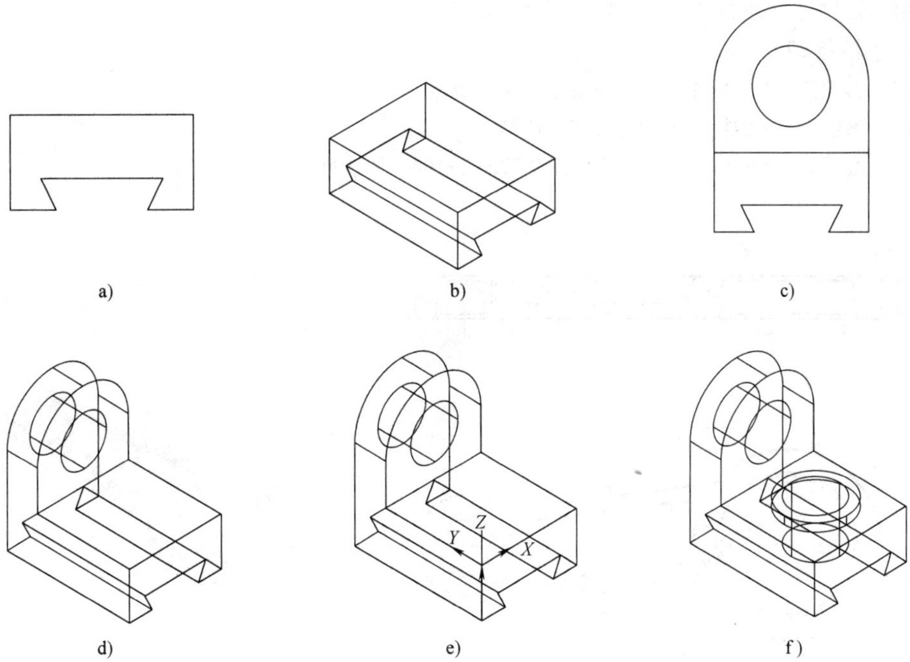

图 9-35　例 9-2 的绘制过程

5）单击右侧“工具”选项板上的“UCS”命令，在命令行出现的提示中选择“za”，然后选择底座上表面角点处指定新原点，再指定 Z 轴的正方向，此时用户坐标系 UCS 便位于图 9-35e 所示的位置，然后在图中正确位置画出圆 ϕ40mm，拉伸 5mm；得到圆凸台，再求该圆凸台 ϕ40mm 与底座的并集。

6）平移 UCS 到圆凸台 ϕ40mm 的上表面，画圆孔 ϕ30mm，向下拉伸 25mm，求该孔与底座的差集，得到图 9-35f。

7）选择“真实”命令，可得到图 9-34b 所示的图形，绘制完成。

例 9-3　对图 9-34b 所示的实体进行圆角和倒角，得到图 9-36所示的实体。

改变颜色为“青色”，视觉样式为“概念”，用“修改”面板上的“圆角”和“倒角”命令，对实体进行操作，得到图 9-36 所示的实体，其中圆角半径 *R*10mm，倒角 *C*2mm。

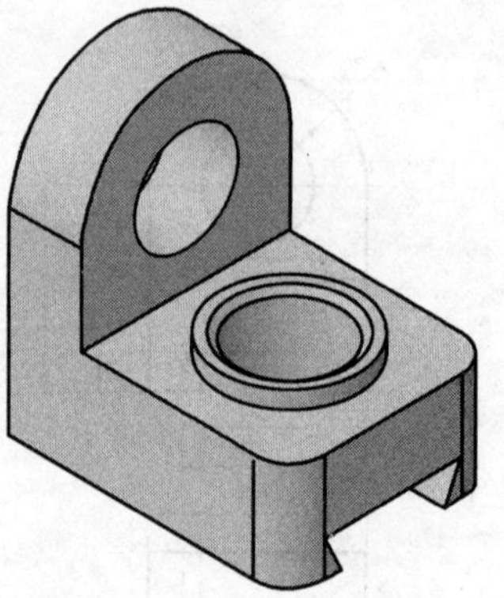

图 9-36　对实体圆角和倒角

思考与上机练习

一、复习与思考

1. 什么是 UCS？如何定义 UCS？
2. 如何切换视觉样式与切换视图？
3. 如何对三维实体进行“圆角”与“倒角”处理？

二、上机练习

练习 1　参照例 9-1 的操作步骤完成底座的实体造型。

练习 2　参照例 9-2 的操作步骤完成实体造型。

练习 3　按图 9-37a 所示的尺寸，完成图 9-37b 所示的实体造型。

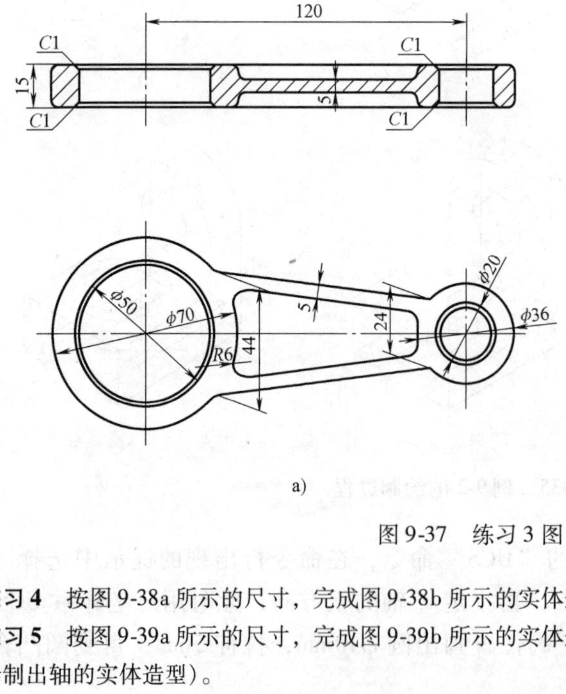

a)

b)

图 9-37　练习 3 图

练习 4　按图 9-38a 所示的尺寸，完成图 9-38b 所示的实体造型。

练习 5　按图 9-39a 所示的尺寸，完成图 9-39b 所示的实体造型（提示：先画出轴的上半图形，用旋转方法绘制出轴的实体造型）。

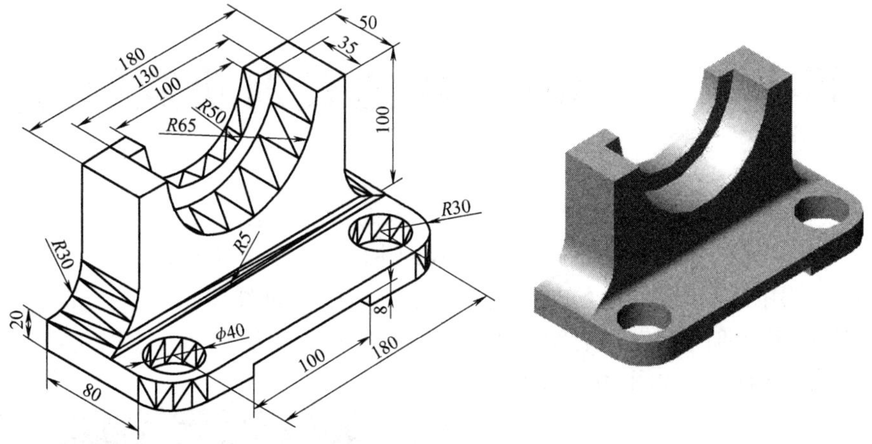

a)　　b)

图 9-38　练习 4 图

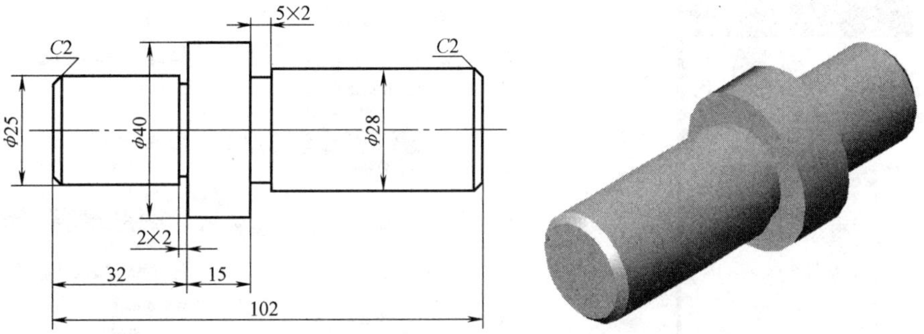

a)　　b)

图 9-39　练习 5 图

第十章　AutoCAD 的查询功能简介

在绘图或机械设计中，有时需要查询图形对象的数据信息，例如两点间距离、封闭图形的面积，某三维实体的体积及质量特性等，AutoCAD 查询命令可以解决这方面的问题。查询命令位于“实用工具”面板上的“测量”下拉列表中，如图 10-1 所示；或在“工具”菜单下的“查询”菜单项中，其中有距离查询、半径查询、角度查询、面积查询、体积查询、面域或质量特性查询等，如图 10-2 所示。

图 10-1　“实用工具”面板上的“测量”命令按钮

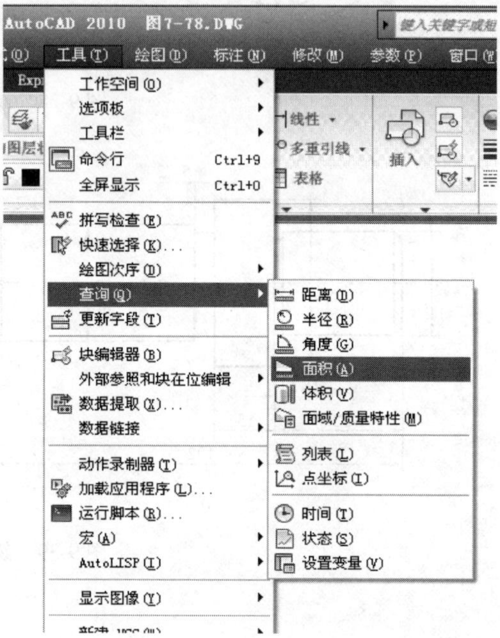

图 10-2　“工具”菜单下的“查询”命令选项

第一节　查询两点间距离

执行“实用工具”面板上的“测量距离”命令（或“工具”菜单/“查询”/“距离”命令），系统会提示用户在屏幕上指定两点，测量所得的距离值屏幕显示以及命令行显示结果如图 10-3 所示。

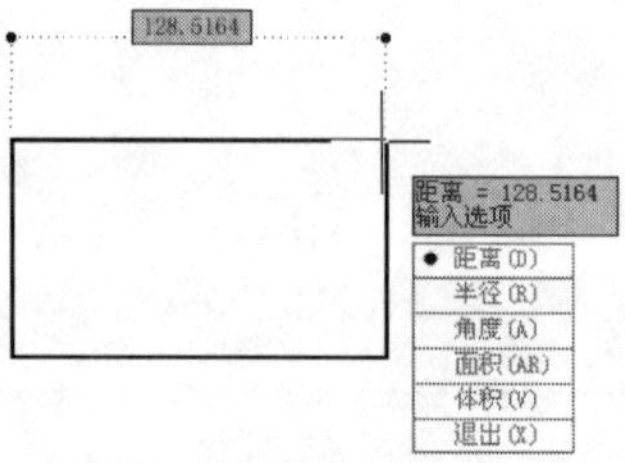

命令: _MEASUREGEOM
输入选项 [距离(D)/ 半径(R)/ 角度(A)/ 面积(AR)/体积(V)] < 距离>: _distance
指定第一点:
指定第二个点或 [多个点(M)]:
距离 = 128.5164，XY 平面中的倾角 = 0，与 XY 平面的夹角 = 0
X 增量 = 128.5164，Y 增量 = 0.0000，Z 增量 = 0.0000

图 10-3　两点间距离查询结果及命令行提示

第二节　查询面积与周长

执行“实用工具”面板上的“测量面积”命令（或“工具”菜单/“查询”/“面积”命令），系统会提示用户选择图形对象或用鼠标指定出一个封闭区域，图 10-4 所示为选择“对象”（选择了矩形）后得到的面积查询值。用户也可以指定一系列点来画出一个区域，但此时得到的查询结果会是用户画定的区域面积。

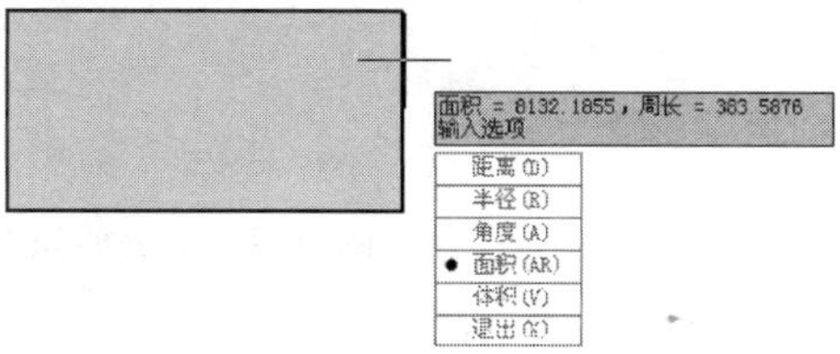


```
命令: _MEASUREGEOM
输入选项 [ 距离(D)/ 半径(R)/ 角度(A)/ 面积(AR)/体积(V)] < 距离>: _area
指定第一个角点或 [ 对象(O)/ 增加面积(A)/ 减少面积(S)/ 退出(X)] < 对象(O)>: o
选择对象:
面积 = 8132.1855 ，周长 = 383.5876
```

图 10-4　矩形面积查询结果及命令行提示

在机械设计中，有时需要知道零件实体所需的表面积大小，以便于下料加工。在图 10-5 所示的零件三维造型中，如果要查询整个零件的全部表面积，在 AutoCAD 中，可用“工具”/“查询”/“面积”命令，在出现的提示中选择“对象（O）”，然后用鼠标选择该零件实体模型，可得到：面积 = 164549. 4051mm²，周长 = 0. 0000mm。

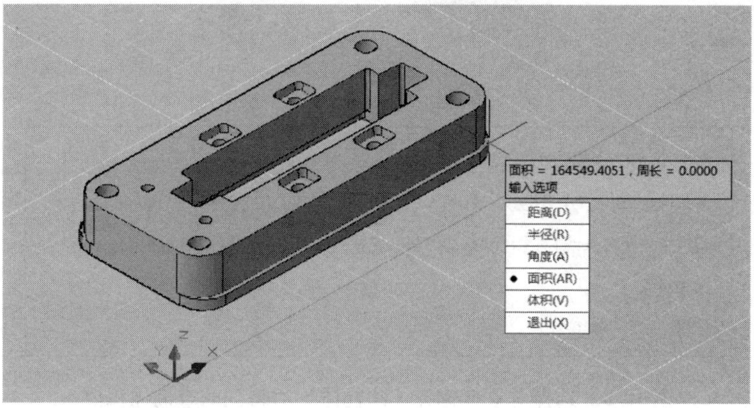

图 10-5　三维实体表面积查询结果

如果要查询零件某个面的面积，例如要查询图 10-5 所示零件的上表面面积，可用“实体编辑”面板上的“复制面”命令，如图 10-6 所示，将上表面复制出来，再计算其面积。执行“工具”/“查询”/“面积”命令后，选择“对象（O）”，再用鼠标选择这块表面，可得到其值为：面积 = 28159. 3918mm²，周长 = 2165. 6690mm，如图 10-7 所示。

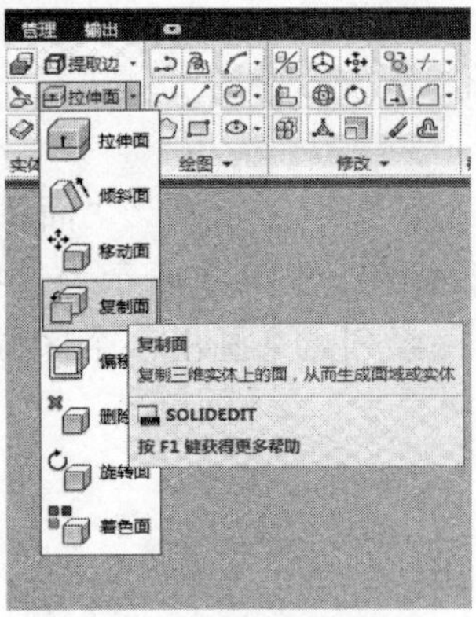

图 10-6　“实体编辑”面板上的“复制面”命令

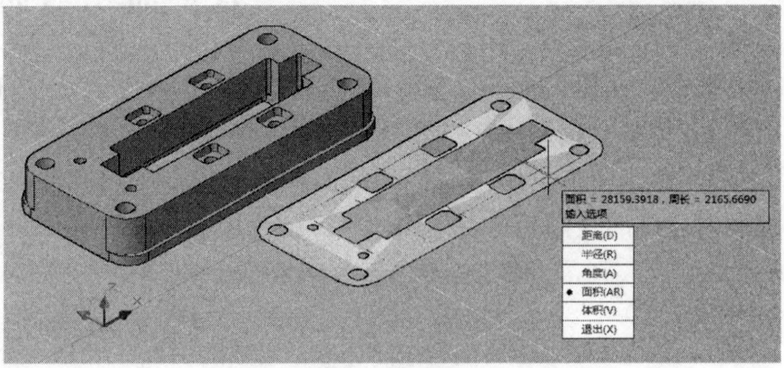

图 10-7　上表面积查询结果

第三节　查 询 体 积

执行“实用工具”面板上的“测量体积”命令（或“工具”菜单/“查询”/“体积”命令），系统会提示用户选择图形对象或用鼠标指定出一个封闭的立体区域，图 10-8 所示为选择对象（选择了圆柱体）后得到的查询体积值。

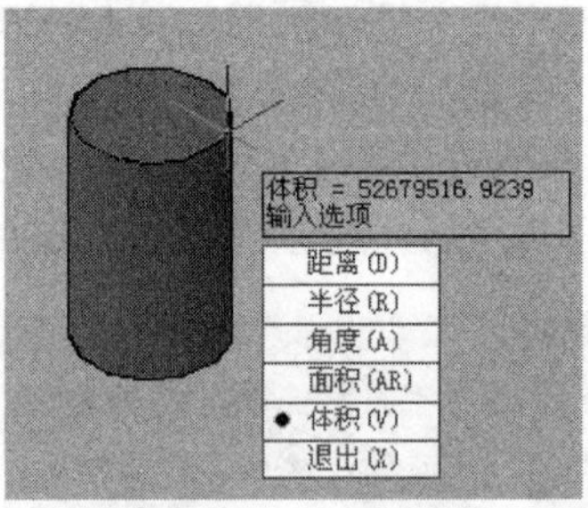


```
命令：_MEASUREGEOM
输入选项 [距离(D)/半径(R)/角度(A)/面积(AR)/体积(V)] <距离>: _volume
指定第一个角点或 [对象(O)/增加体积(A)/减去体积(S)/退出(X)] <对象(O)>: o
选择对象 :
体积 = 52679516.9239
```

图 10-8　选择对象（选择了圆柱体）后得到的查询体积值

第四节　查询质量特性

“工具”菜单/“查询”/“面域/质量特性”命令可用于查询机械设计中某实体造型的质量特性参数，主要有质量、体积、质心坐标、惯性矩、惯性积及旋转半径等。

机械零件的工程参数对于机械设计过程是很重要的，因为在设计中经常需要知道零件的质心位置、对质心轴或某坐标轴的惯性矩大小及惯性积大小等，以便于对零件进行强度计算或力学计算。在 AutoCAD 中，对图 10-5 所示零件的三维造型进行质量特性计算查询，可得到质量特性报告，如图 10-9 所示的文本窗口显示，并提示是否写入文件保存。该文本窗口中显示出该零件的质量、体积、边界框的三维点坐标（两点相减便是长度）、质心坐标、惯性矩、惯性积、旋转半径等。如果用户要保存以上参数计算的结果，可选择“Y”保存为文件，以便于随时调用。

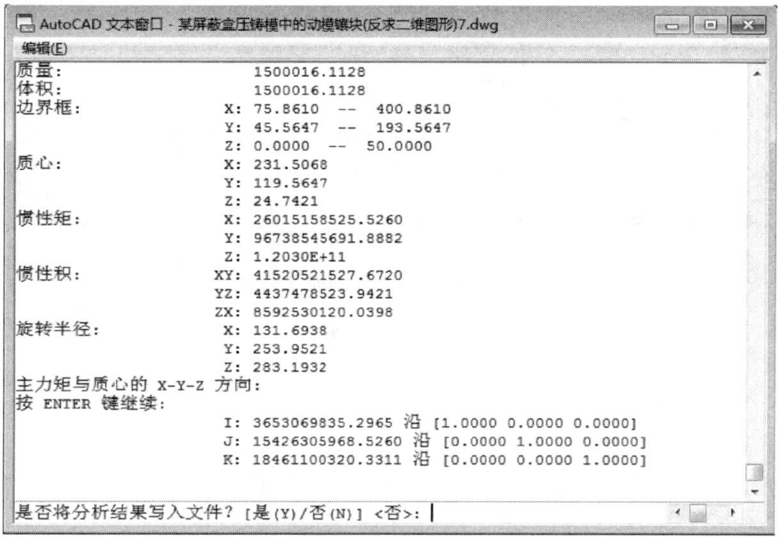

图 10-9　相对于当前坐标系的质量特性参数

注意：上述计算结果是相对于当前坐标系得到的参数，如果用户要求该零件实体对质心轴的参数，可将当前坐标系的原点移动到图 10-9 所示的质心坐标处，再重新进行查询即可。操作方法是：单击右侧工具选项板上的“UCS”命令，在出现的提示中直接输入新原点的坐标值如（231. 5068，119. 5647，24. 7421），结束操作后当前坐标系的原点便移动到了质心处，因而成为质心坐标轴，如图 10-10 所示，再进行查询操作后得到的便是相对于质心轴的参数，如图 10-11 所示。

另外，对于有些二维图形的质量特性参数查询，只要图形完全封闭且没有重合线，可用面域命令先生成面域后，再用上述方法进行质量特性查询，不同之处是查询结果是二维参数。

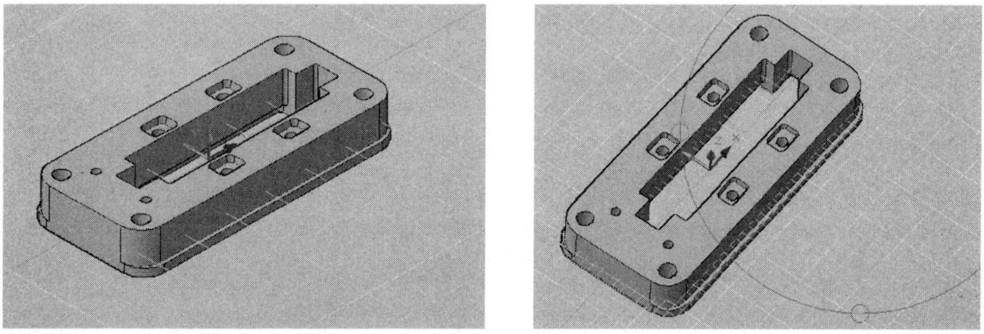

图 10-10　坐标系移动到了质心处

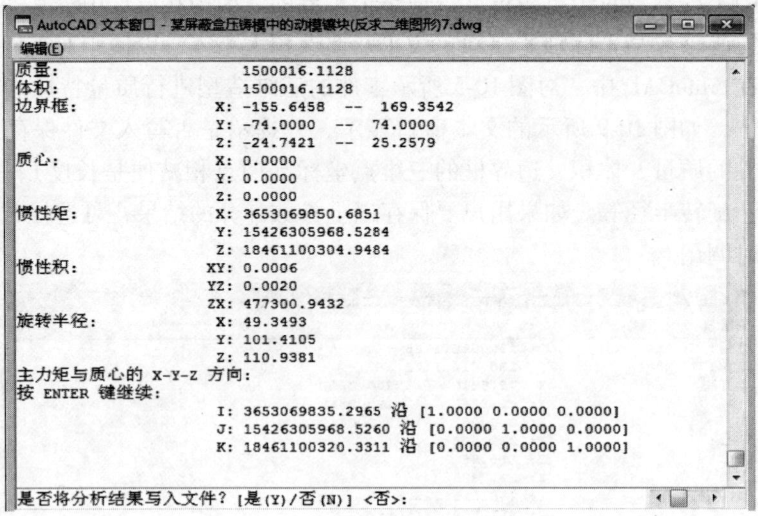

图 10-11　相对于质心轴的质量特性参数

第十一章　打 印 出 图

打印出图是计算机绘图的最后环节。在 AutoCAD 中，可从模型空间直接输出图形，也可以在图纸空间中设置打印布局输出图形。

本章主要介绍以下内容：

- 从模型空间输出图形
- 从图纸空间输出图形

第一节　从模型空间输出图形

下面通过在模型空间打印一张 A4 图纸来说明从模型空间输出图形的操作过程。图 11-1 所示为用 A3 图幅绘制的图形，用 A4 纸和普通打印机打印。

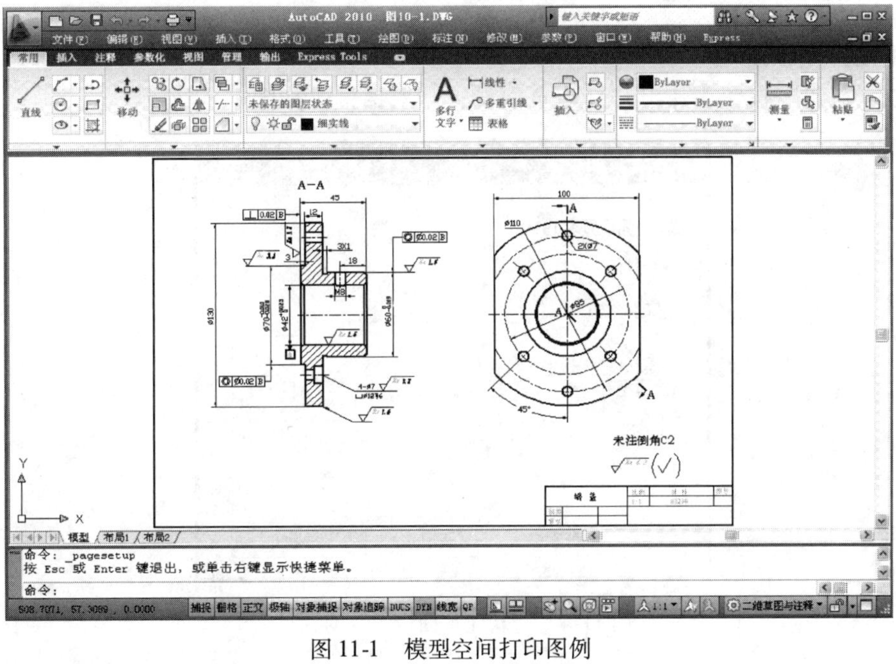

图 11-1　模型空间打印图例

一、通过“页面设置管理器”对话框进行页面设置

输入命令的方式：

➢“输出”选项卡/“打印”面板上的“页面设置管理器”按钮（图 11-2）

➢ 菜单“文件”/“页面设置管理器”

➢ 应用程序菜单按钮/“打印”/“页面设置”

➢ 鼠标右键单击“模型”选项卡/“页面设置管理器”

➢ 命令：Pagesetup ↙

打开“页面设置管理器”对话框如图 11-3 所示。

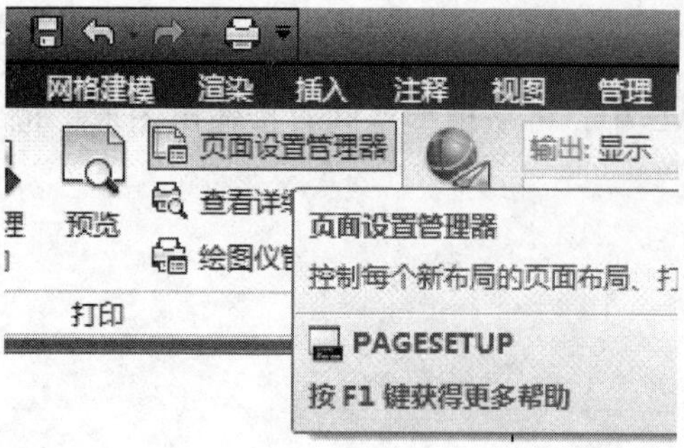

图 11-2 “打印”面板上的“页面设置管理器”按钮

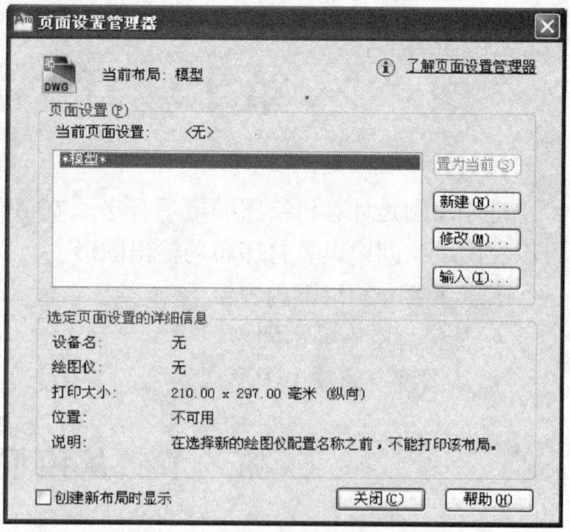

图 11-3 “页面设置管理器”对话框

1. 新建打印样式

单击“新建”按钮，弹出“新建页面设置”对话框。如图 11-4 所示。

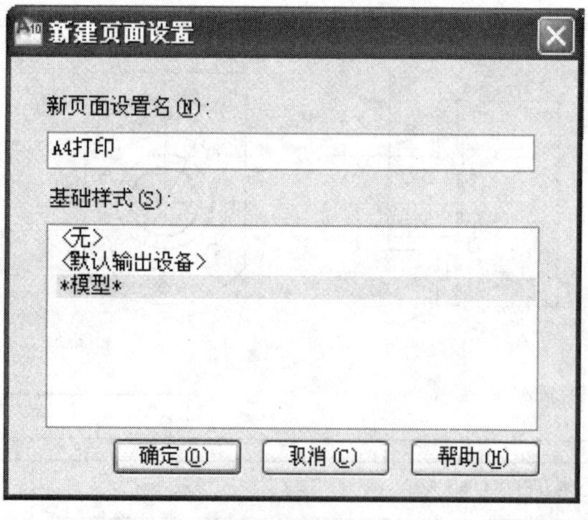

图 11-4 “新建页面设置”对话框

在“新建页面设置”对话框中的“新页面设置名”框中输入打印样式名称（默认为“设置 1”，在此输入“A4 打印”），在“基础样式”框中选择一个已有的基础样式（在此样式基础上修改时用）或选择“无”，单击“确定”按钮，弹出“页面设置—模型”对话框，如图 11-5 所示。

（1）选择打印机或绘图仪型号 从“名称”下拉列表中选择打印机或绘图仪的型号（已安装驱动程序的打印机或绘图仪）。如果用户是用绘图仪输出图形，当选择绘图仪型号后，可单击右侧的“特性”按钮，打开“绘图仪配置编辑器”对话框，可根据需要进行其他的设置（如用打印机输出，此处可不用再设置）。

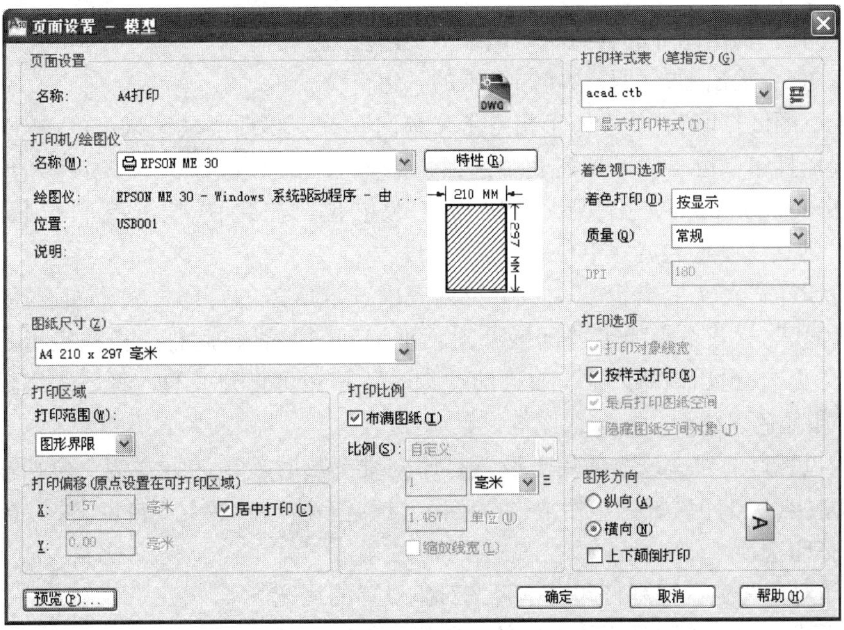

图 11-5　“页面设置—模型”对话框

（2）选择图纸尺寸　从“图纸尺寸”下拉列表中选择要打印图纸的尺寸，如“A4 210 × 297 毫米”。此时，在该对话框中的图形区将自动显示出打印图纸的尺寸和单位，如图 11-5 所示。

（3）确定打印区域　从“打印范围”下拉列表中选择打印范围（有窗口、范围、图形界限、显示四种选择，默认为“显示”）。

1）“图形界限”：选择此项，将按“Limits”命令所建立的图形界限打印。

2）“范围”：选择此项，将打印当前作图空间内所有的图形实体。

3）“显示”：选择此项，将打印当前视窗内显示的图形。

4）“窗口”：选择此项，将返回绘图区用鼠标拖出一个窗口范围，返回对话框后，可按此窗口范围打印。

此处选择“图形界限”。

（4）打印偏移　可用于设置所打印图形在图纸上的原点位置。

1）X 文本框：用于设置图形左下角起始点的 X 坐标。

2）Y 文本框：用于设置图形左下角起始点的 Y 坐标。

X、Y 为正值，图形的左下角起始点将向右上角移动；X、Y 为负值，将向左下角移动，所输入的左下角点值将显示在 X、Y 输入框中。在模型空间中，一般选择“居中打印”，如图 11-5 所示。

（5）打印比例　可从“比例”下拉列表中选择打印的比例。如选择标准比例，则打印单位与图形单位之间的比例自动显示在文字输入框中；如选择“自定义”，则打印单位与图形单位之间的比例需用户自行输入。如果选中“布满图纸”选项，打印图形时会自动把图形缩放比例调整到充满所选择的图纸上。本例选用“布满图纸”，如图 11-5 所示。

（6）图形方向

1）“纵向”：输出图样的长边将与图纸的长边垂直。

2）“横向”：输出图样的长边将与图纸的长边平行。

3）“上下颠倒打印”：将在图形指定了“纵向”或“横向”的基础上旋转180°打印。

（7）选择打印单位　从下拉列表中选择“毫米”，如图 11-5 所示。如果图形由米制模板建立（如 acadiso. dwt），则默认设置为毫米单位；如果图形由英制模板建立（如 acad. dwt），则默认设置为英寸单位。

（8）打印样式表（笔指定）　从下拉列表中选定所需的打印样式，如选择某样式后，例如“acad. ctb”样式，会弹出“问题”对话框询问“是否将此打印样式表指定给所有布局”，单击“否”，退出该对话框。右边的“编辑”按钮可打开“打印样式表编辑器”对话框，进行打印颜色、线型、打印线宽等设置。

（9）着色视口选项　该选项用于设置打印三维图形时着色的方式等，包括按显示、线框、消隐及渲染，打印质量，包括常规、草稿、预览、演示、最大及自定义。

（10）打印选项

1）打印对象线宽：控制打印时是否按对象设置的线宽。

2）按样式打印：控制是否按选定的打印样式打印。

3）最后打印图纸空间：控制打印模型空间和图纸空间中实体的顺序。

4）隐藏图纸空间对象：控制打印三维图形时是否消除隐藏线。

以上设置的“A4 打印”样式的设置结果如图 11-5 所示。

（11）预览　单击图 11-5 左下角的“预览”按钮，可见到预览的打印效果，如图 11-6 所示。单击鼠标右键，从右键菜单中选择“退出”可返回图 11-5。

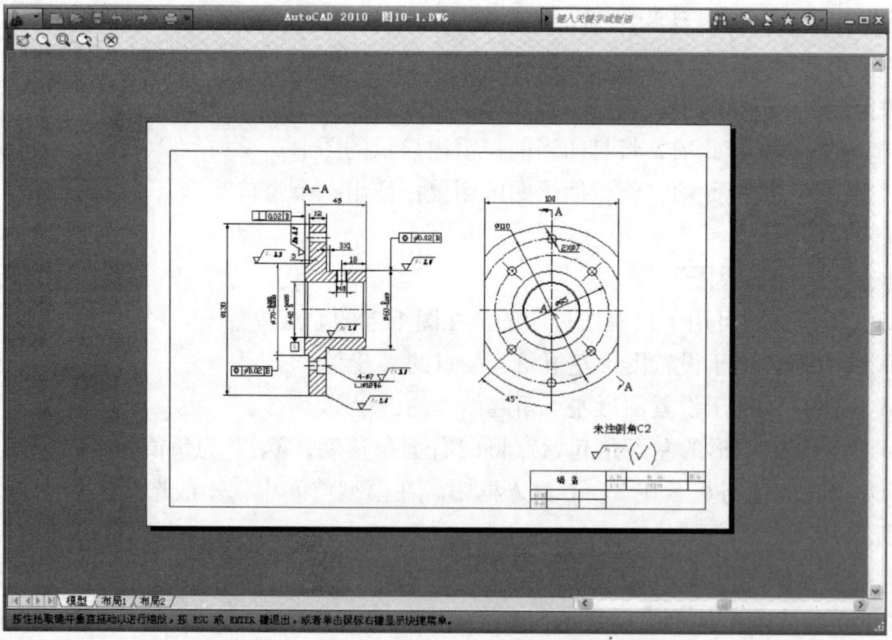

图 11-6　预览效果

设置完成后，单击“确定”按钮，即完成该图的页面设置。返回到图 11-3 所示的“页面设置管理器”对话框。此时，该对话框中将出现所设置的“A4 打印”样式名称，如图 11-7所示。单击“关闭”按钮即退出设置。

此时，如果要打印该图，可从“文件”菜单中选择“打印”命令，在打开的“打印”对话框中，选择页面设置名称“A4 打印”，选定打印份数，再单击“确定”按钮，即可将图形按所设置的“A4 打印”样式进行打印。

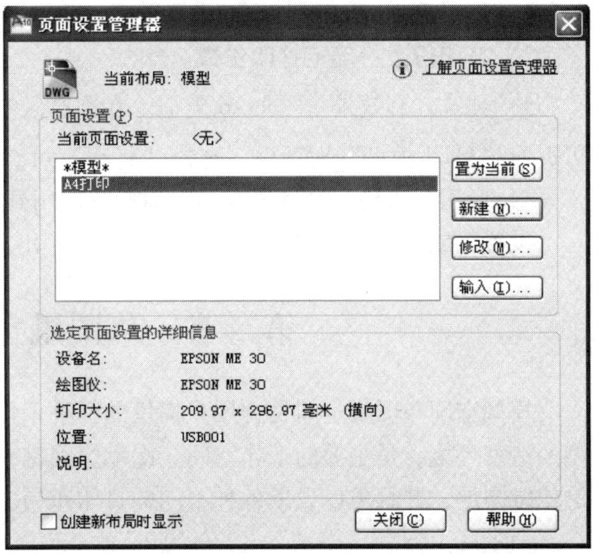

图 11-7　“A4 打印”样式名出现在“页面设置管理器”对话框中

2. 修改已有的打印样式

如果要对已有打印样式进行修改，可从图 11-7 中选择某样式名称，再单击“修改”按钮，可对所选的打印样式进行修改（例如，选中“A4 打印”，单击“修改”按钮，直接进入图 11-5，修改的方法与新建样式所述的方法相同）。

3. 将某打印样式置为当前样式

如果要将某打印样式置为当前打印样式，可从图 11-7 中选中，再单击“置为当前”按钮即可。

二、用“打印-模型”对话框进行页面设置及打印

输入命令的方式：

➢“输出”选项卡/“打印”面板上的“打印”按钮

➢ 菜单“文件”/“打印”

➢ 快速访问工具栏上的“打印”命令

➢ 命令：Plot ↙

打开图 11-8 所示的“打印-模型”对话框。

如果已进行过“页面设置”，则在该对话框中的“页面设置”名称下拉列表中将显示出所设置的样式名称，从中选择某一样式名称，再单击“确定”按钮即可按该样式进行打印。如果之前没有进行“页面设置”，也可用“打印-模型”对话框直接进行打印设置。

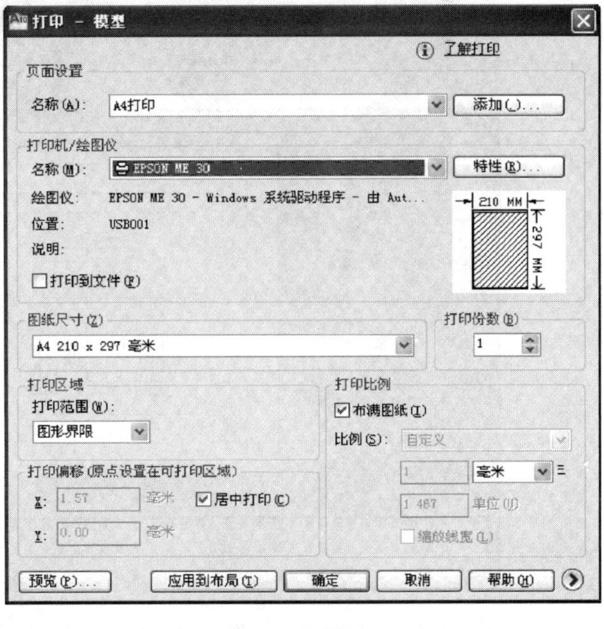

图 11-8　“打印-模型”对话框

“打印-模型”对话框中设置内容、方法与上述的“页面设置”对话框中的设置基本相同。不同之处如下：

1）要新建打印样式，应单击“添

加”按钮，在弹出的“添加页面设置”对话框中输入新页面设置名称后返回图 11-8 再设置。

2）打印份数：确定打印份数。

3）预览。其效果与图 11-6 类似。在预览区右键单击鼠标，选择“退出”或按ESC键，可返回“打印-模型”对话框，选择“打印”可直接打印出来。

4）应用到布局。可将设定的页面设置应用到图纸空间。

设置完成后，单击“确定”按钮即可打印出图。

第二节　从图纸空间输出图形

模型空间与图纸空间是为用户提供的两种工作空间。模型空间为用于建立二维和三维模型的造型环境，是主要的工作空间。图纸空间是一个二维空间，就像一张图纸，主要用于绘制二维图形，并且可以设置各种不同的打印布局。

命令区上方有“模型”、“布局 1”、“布局 2”标签，一般绘制或编辑图形都是选择“模型”标签（称为在模型空间作图），“布局 1”或“布局 2”标签（称为图纸空间）主要用来设置打印的条件，例如，可以选择“布局 1”标签设置为 A4 图纸大小的打印格式，选择“布局 2”标签设置为 A0 图纸大小的彩色绘图机打印格式。

因此，可以在一个图文件中针对不同的绘图机或打印机、不同的纸张大小或比例、分别设置成不同的打印布局（即不同的页面设置）。如果需要按某种页面设置打印，只要选择相关的布局即可，不必做重复的设置工作。

举例：设置“布局 1”打印格式。

步骤如下：

1）选择“布局 1”标签，出现图 11-9 所示的图纸空间。

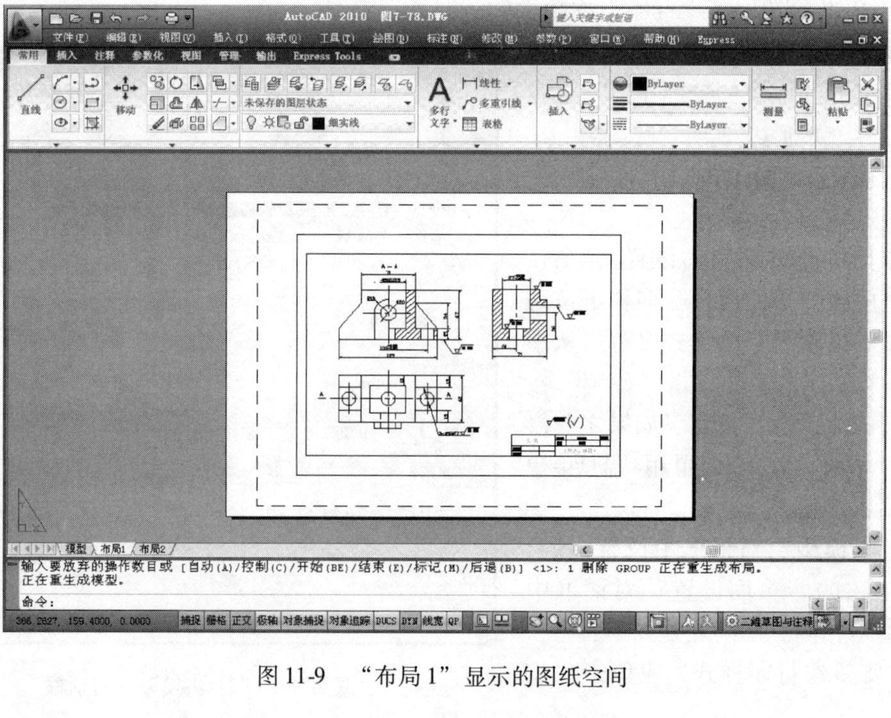

图 11-9　“布局 1”显示的图纸空间

2）鼠标右键单击“布局 1”标签，选择“页面设置管理器”命令，打开图 11-10 所示的对话框。

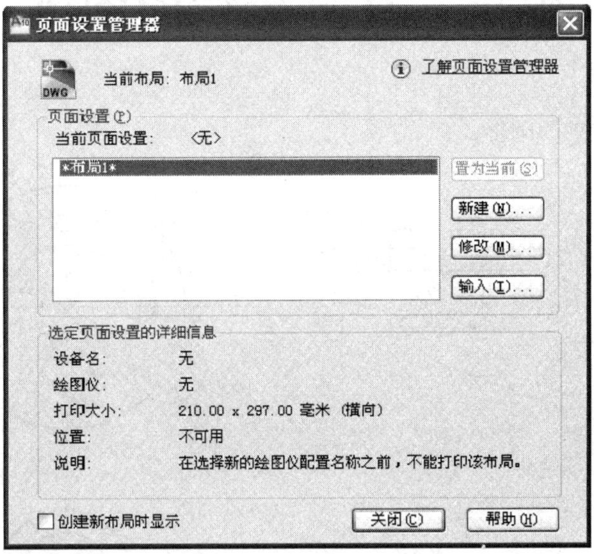

图 11-10　显示“布局 1”的页面设置管理器对话框

3）单击“修改”按钮，将打开“页面设置—布局 1”对话框（与图 11-5 相似），其中进行的设置与第一节所述的页面设置相同，此处略。

同理，可对“布局 2”进行设置。

此外，如果需要添加新的图纸空间环境，可右键单击某布局的标签，选择“新建布局”，依次可增加“布局 3”、“布局 4”等。同样，可对其设置不同的打印格式。

附录　计算机绘图图例

1. 抄画附图 1 所示的图形。

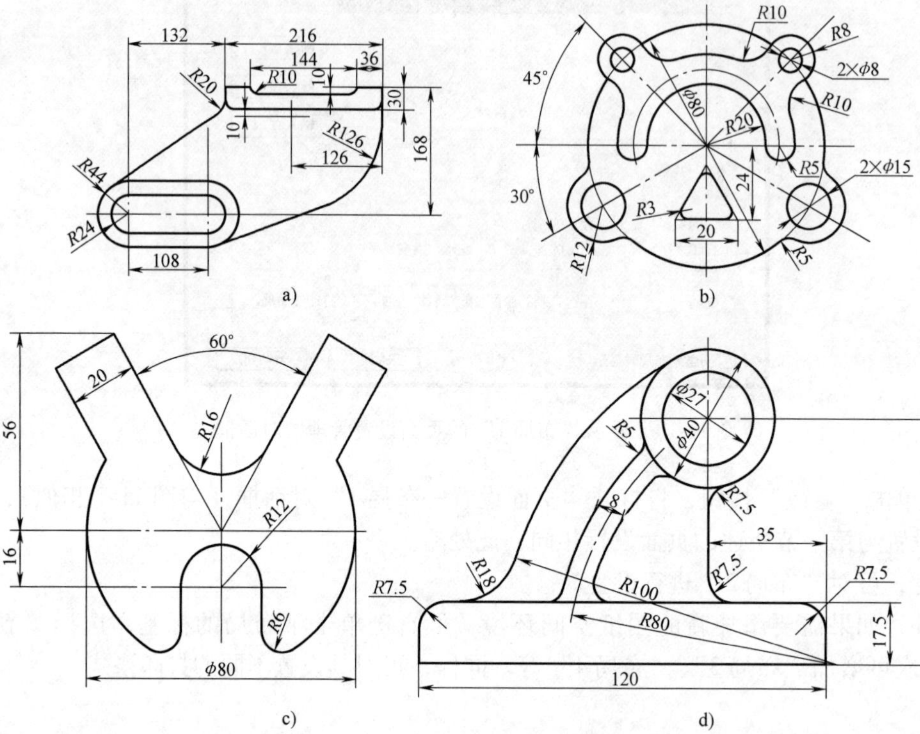

附图 1　题 1 图

2. 抄画附图 2 所示的图形。

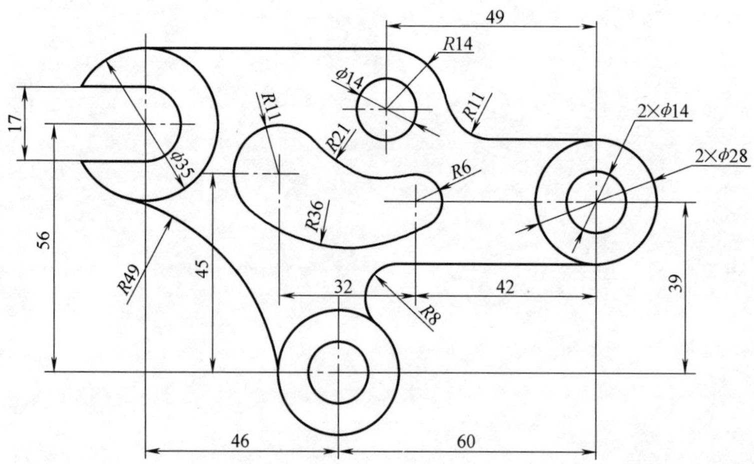

附图 2　题 2 图

3. 抄画附图 3 所示的齿轮轴零件图（图幅 A3）。

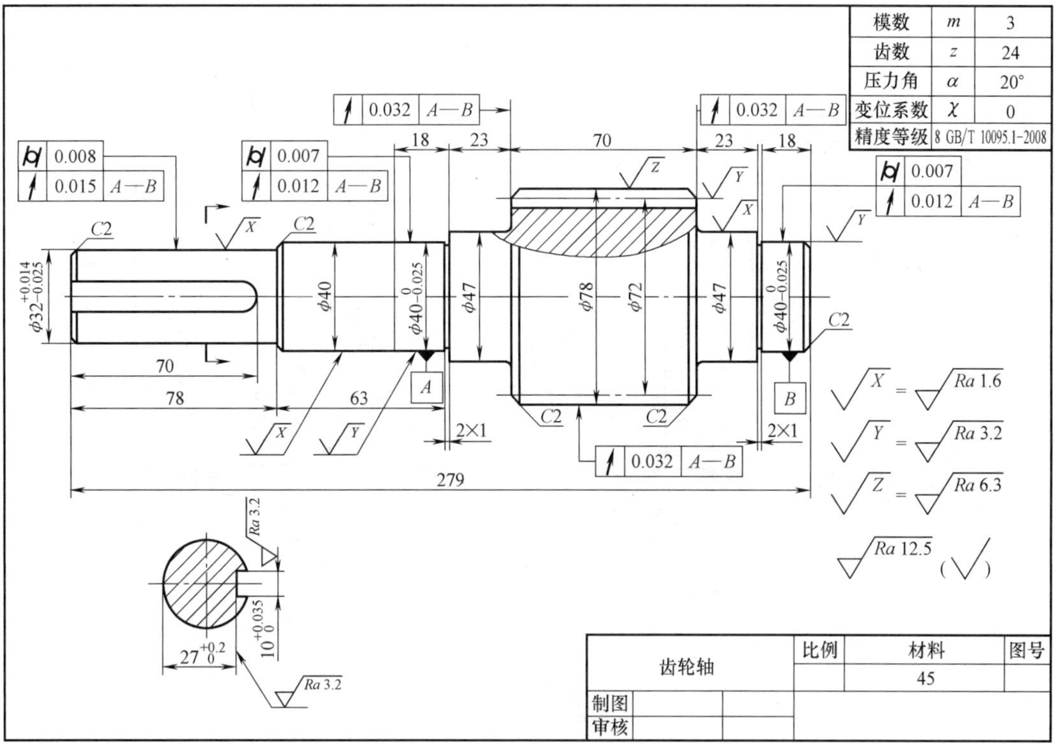

附图 3　题 3 图

4. 抄画附图 4 所示的图形。

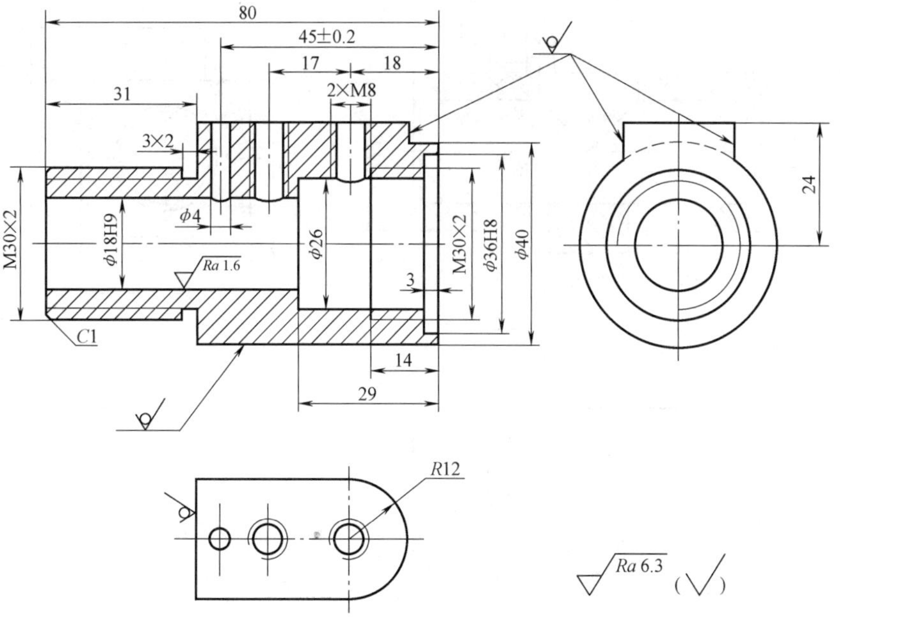

附图 4　题 4 图

5. 抄画附图 5 所示的泵盖零件图。

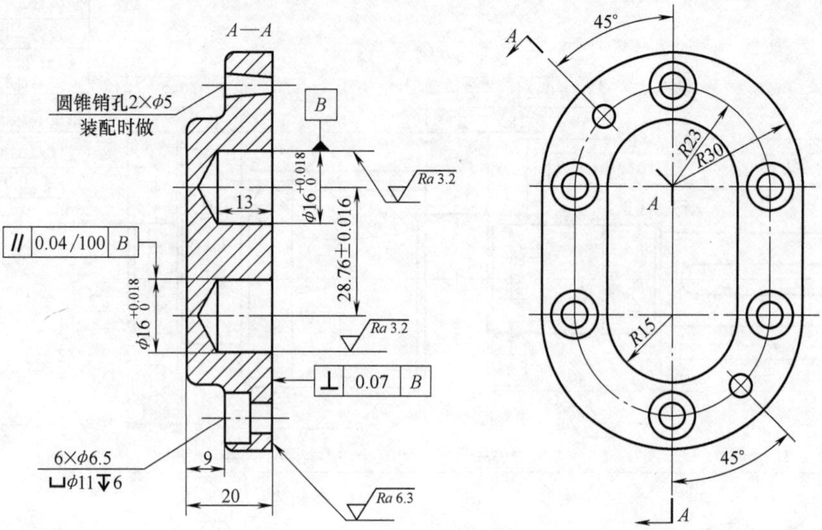

未注铸造圆角R3。　(√)

附图 5　题 5 图

6. 抄画附图 6 所示的图形。

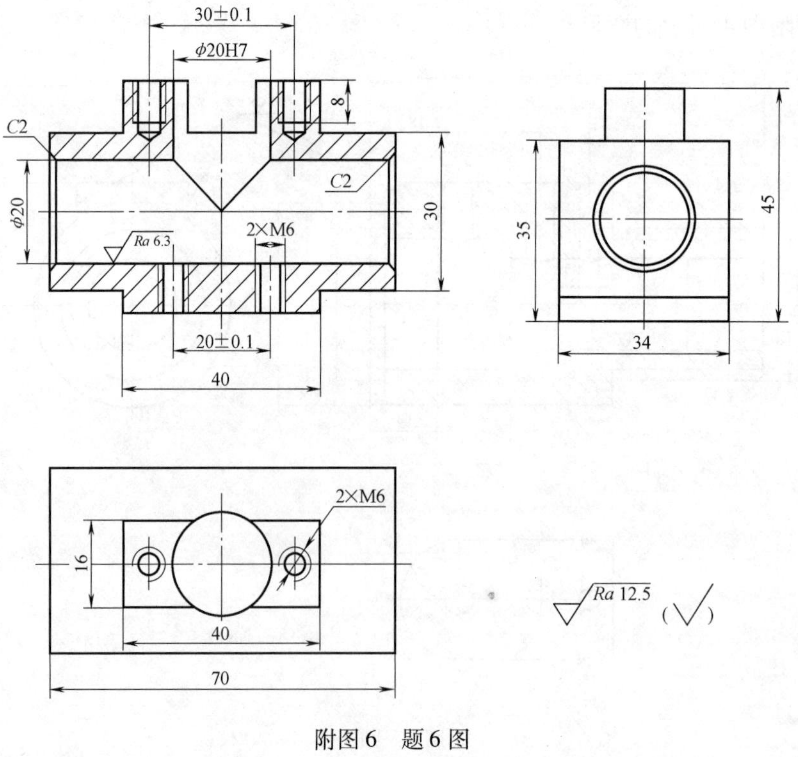

附图 6　题 6 图

7. 抄画附图 7 所示的端盖零件图。

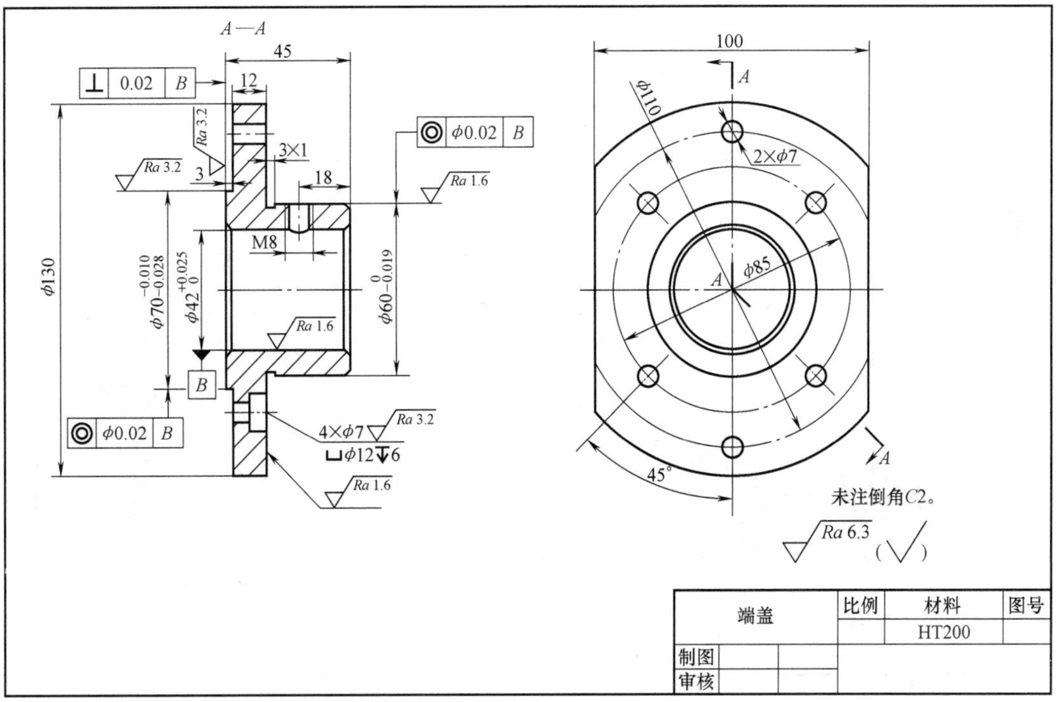

附图 7　题 7 图

8. 抄画附图 8 所示的轴零件图。

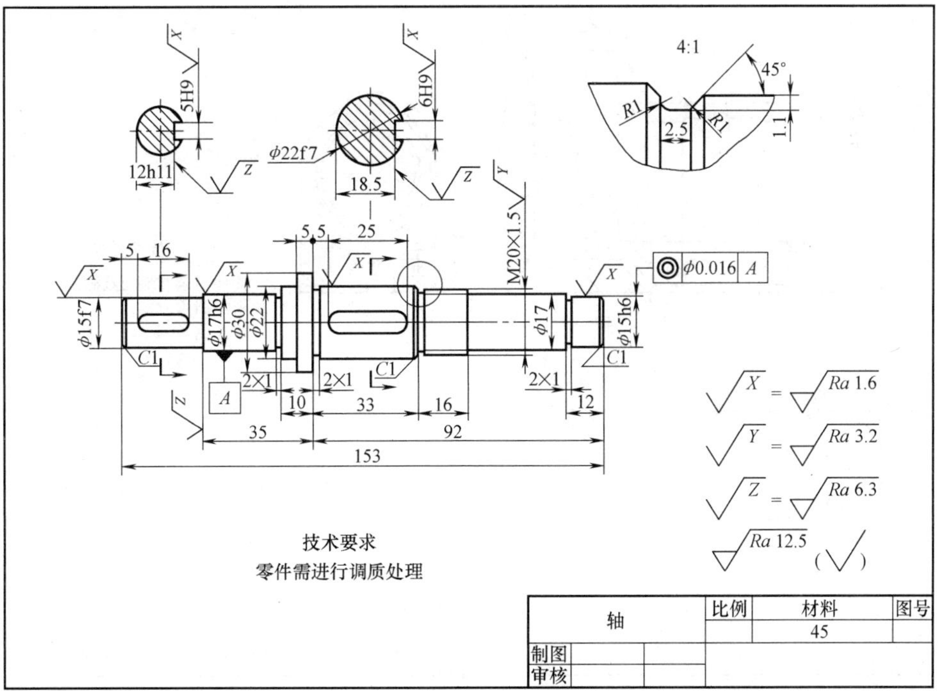

附图 8　题 8 图

9. 抄画附图 9 所示的零件图。

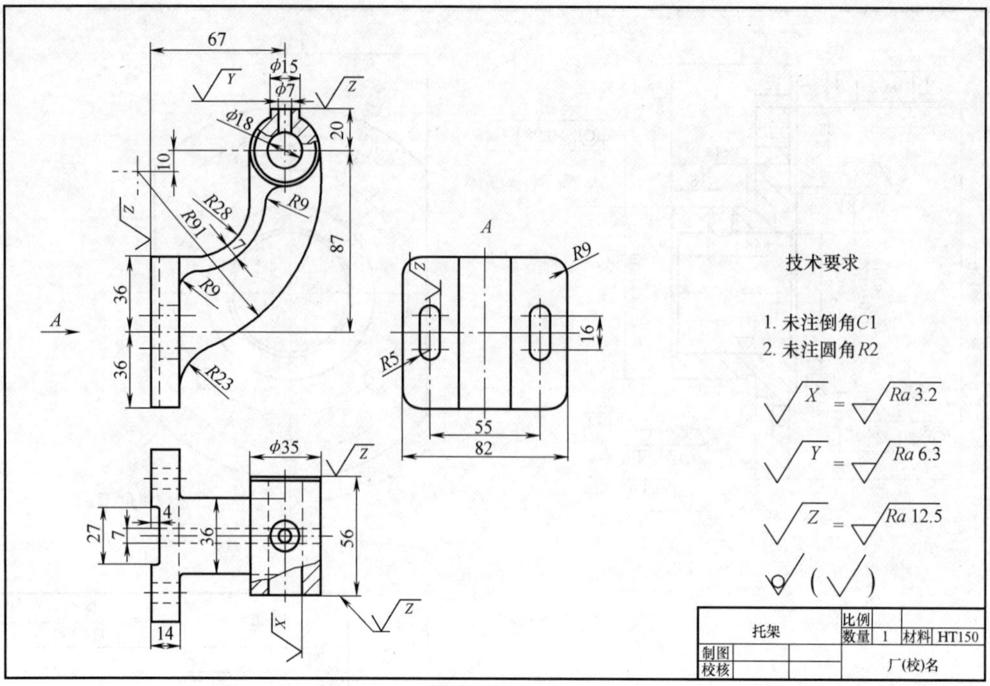

附图 9　题 9 图

10. 抄画附图 10 所示的零件图。

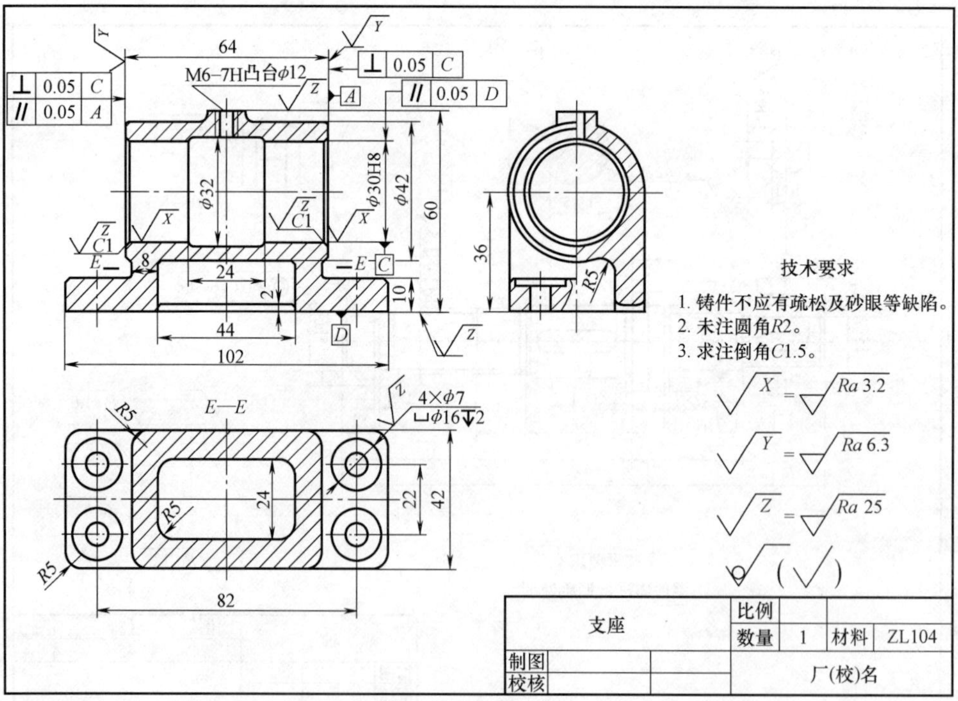

附图 10　题 10 图

11. 根据附图 11 ~ 附图 16 所示的零件图，绘制千斤顶装配图（见附图 17）。

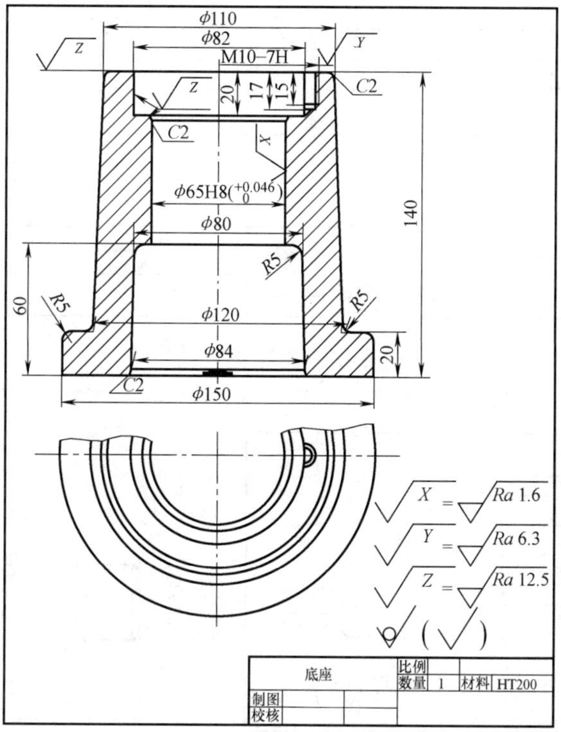

附图 11　题 11 图（一）

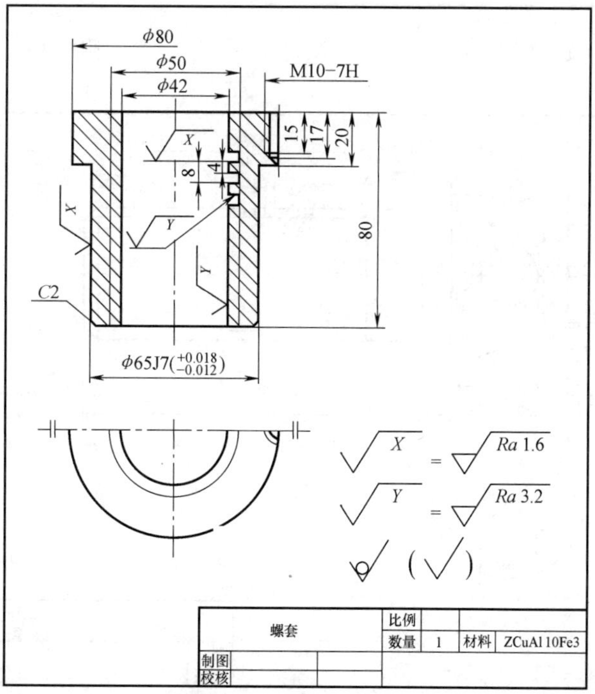

附图 12　题 11 图（二）

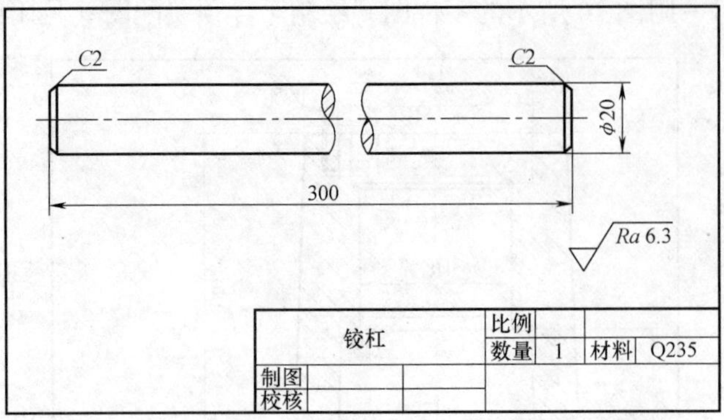

附图 13　题 11 图（三）

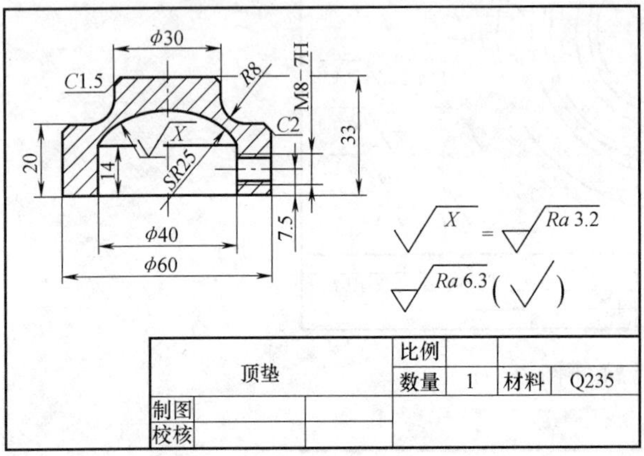

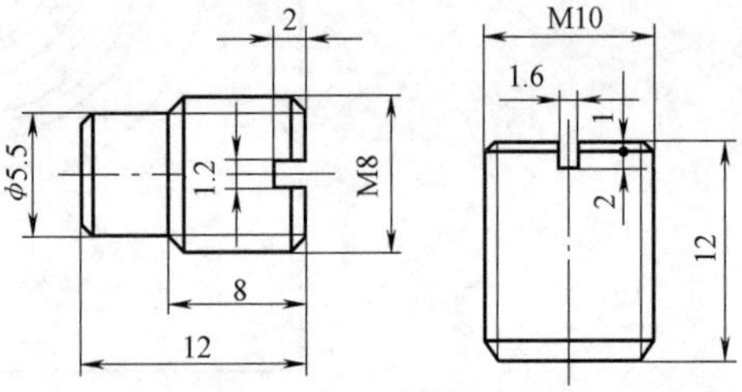

螺钉　M8×12　GB/T75　螺钉　M10×12　GB/T73

附图 14　题 11 图（四）　　附图 15　题 11 图（五）

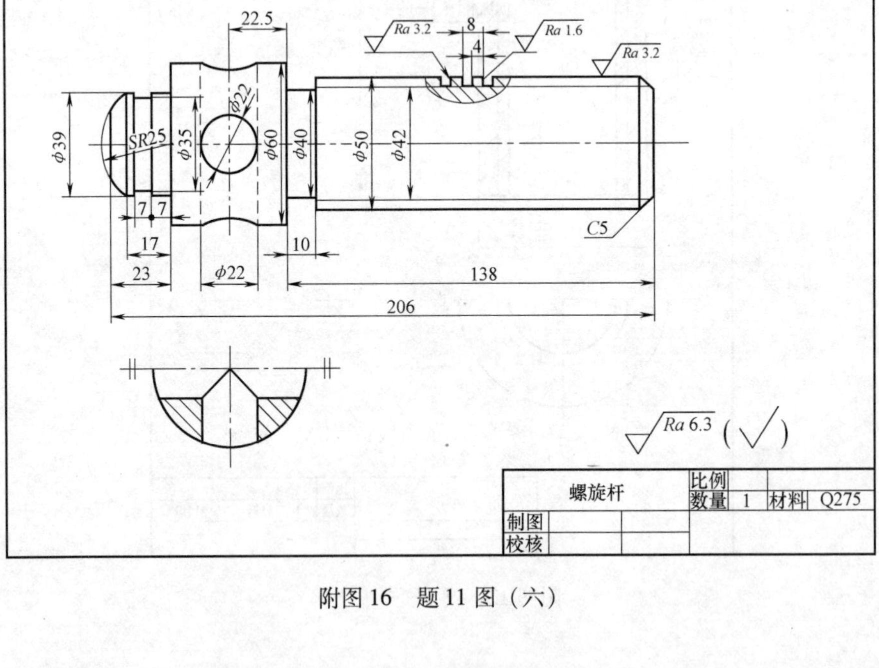

附图 16　题 11 图（六）

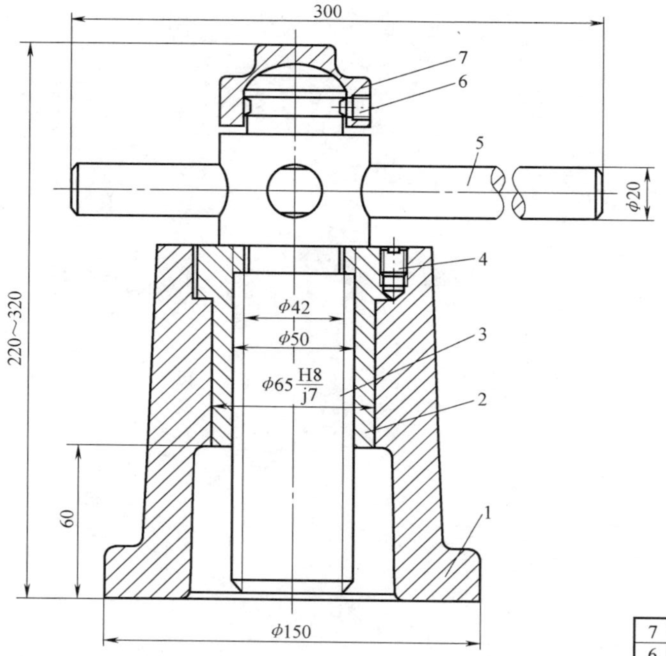

序号	代号	名称	数量	材料	单件重量	总计重量	备注
7		顶垫	1	Q235			
6	GB/T 75–1985	螺钉M8×12	1				
5		铰杠	1	Q235			
4	GB/T 73–1985	螺钉M10×12	1				
3		螺旋杆	1	Q275			
2		螺套	1	ZCuAl10Fe3			
1		底座	1	HT200			

千斤顶		比例	材料	图号
制图		(校名、班级)		
审核				

附图 17　题 11 图(七)

参 考 文 献

[1] 张忠蓉 . AutoCAD 2006 中文版实用教程 [M]. 北京：机械工业出版社，2008.
[2] 张忠蓉 . AutoCAD 2010 机械图绘制实用教程 [M]. 北京：机械工业出版社，2011.